# 알폰소의
# 파스타 스토리아

# 알폰소의
# 파스타 스토리아

초판 1쇄 인쇄일 2013년 12월 30일
초판 1쇄 발행일 2014년 1월 6일

**지은이** 노순배
**펴낸이** 양옥매
**디자인** 오현숙
**교정** 장하나

**펴낸곳** 도서출판 책과나무
**출판등록** 제2012-000376
**주소** 서울특별시 마포구 월드컵북로 44길 37 천지빌딩 3층
**대표전화** 02.372.1537  **팩스** 02.372.1538
**이메일** booknamu2007@naver.com
**홈페이지** www.booknamu.com
ISBN 978-89-98528-90-4(03590)

이 도서의 국립중앙도서관 출판시도서목록(CIP)은 서지정보유통지원 시스템
홈페이지(http://seoji.nl.go.kr)와 국가자료공동목록시스템
(http://www.nl.go.kr/kolisnet)에서 이용하실 수 있습니다.
(CIP제어번호 : CIP2013028858)

# 알폰소의
# 파스타 스토리아

*Alfonso Pasta Storia*

노 순 배 지음

책과나무

## 머리말

　나는 20대 젊은 나이부터 30대 후반까지 이탈리아 문화와 요리에 미쳐 있었다. 양식 요리사들이 그렇겠지만 나 역시 해외에 대한 동경과 선진 조리 기술을 배우려는 욕심 때문이다. 이탈리아로 요리 유학을 떠나 수차례 방문하여 미식 기행과 피자 스쿨에 다녔고 유명 레스토랑 등지에서 스테이지를 하며 이탈리아 요리를 익혔다.

　이 책은 이탈리아를 경험한 기간 동안 느끼고 배우면서 일어난 이야기들을 엮은 것으로 이탈리안 요리를 처음 시작하는 초보 요리사들에게 기본 정보와 기초적인 지식을 전달하는 데 포커스를 맞혀 부연 설명을 하여 흥미로운 읽을거리가 되도록 노력을 했다.

　난 작가가 아니다. 글을 쓰는 재주도 없지만 이탈리아 요리사가 되고 싶어 하는 후배들에게 배움에 대한 열망이 일도록 펜을 들었고 또한, 나의 요리인생에 추억으로 남기고 싶은 마음에 글을 적었다. 나는 주방에서 칼을 가지고 일을 하는 것에 더 익숙한 요리사이다. 그동안의 주방 경험을 토대로 엮은 정보가 이태리 요리사를 꿈꾸는 후배들에게 조금이나마 꿈과 희망의 불씨가 되었으면 한다. 유학을 꿈꾸고 있는 후배들에겐 간접적인 경험담으로 자신감을 갖고 철저히 준비하도록 강요하고 싶다.

익숙하지 못한 언어로 인한 실수담과 시행착오 그리고 나의 이태리 요리에 대한 관심과 사랑을 담으려 노력을 했다. 30대 초반 미식과 와인에 미쳐 이탈리아의 오지 마을과 산속을 오르고 거닐면서 눈여겨 본 소중한 기억을 하나씩 메모하고, 익힌 지역별 요리와 재료들을 엮으며 얻어진 소중한 추억을 하나씩 수줍은 맘을 들어내듯이 꺼내보려 했다.

마지막으로 나의 이탈리아 요리 추억의 반 이상을 차지한 오아시스 레스토랑 가족들과 이탈리아 요리의 전도를 위해 가르침을 주신 안토니오 심 원장님 그리고 늘 뒤에서 응원과 격려를 해주신 어머님과 가족들에게 진심으로 감사를 드린다. 일 꾸오꼬 파스타 반을 통해 만난 학생들과 대학교에서 만난 후배들의 무궁한 발전을 기원한다.

2013년 8월 세종대학교 학술 정보원에서.

**02**
# 두고 온 오아시스의 흔적

# 03
# 알폰소 와인의 향에 취하다

## 06
# 알폰소 드디어 이탈리안 셰프 되다

# 01

# 두려움의 땅 이탈리아

유학 준비를 하던 것과 무료한 직장 생활에 싫증이 난 만큼 대학원 진학과 유학 준비로 인해 직장을 그만 두고 퇴직금을 들고 여행 패키지로 이탈리아로 떠났다. 해외여행은 기차마을을 다니며 미국 서부를 다녀온 것 외엔 아무 데도 다닌 적이 없었다. 미국에서 느끼지 못한 이태리에는 느림의 미학과 현실의 행복한 순간들을 그들의 문화와 사람들을 통해 알 수 있었다.

## 순배는 기차마을 돈가스 요리사

나의 고등학교 시절 꿈은 요리사였다. 담임선생님은 '장래희망이 뭐냐고 질문을 하셨는데 나의 답변을 들으시고는 더 높은 꿈을 가져야하지 않겠냐는 식의 반응을 보이셨다. 학년이 달라져도 내 꿈은 요리사였다. 지금은 왜 선생님들과 부모님이 반대를 했는지 한편으론 이해는 간다.

나는 한 번의 대학입시에 실패하고 요리학원을 다니며 한식 자격증 공부를 시작했다. 시골에서 살았기에 요리를 배우기 위해서는 대도시로 나가야만 했다. 수원의 외가에서 민폐를 끼치며 자격증과 재수를 시작했다. 워낙 기본 지식이 없어서 수도권이 아닌 홍성에 있는 대학 조리과에 입학하여 다니다 경기대학교 조리과에 편입하여 졸업을 했다. 졸업과 동시에 찾아 든 IMF 구제 금융이라는 어려운 국내 취업 상황에 처하게 됐다. 그러던 도중에 호텔 취업에 실패하게 되어 구인광고에 몰입을 하여 자그마한 외식업체 근무를 자처하게 됐다.

조리 전문대학을 거쳐 요리 경력이 있어 면접을 통과하여 기차 테마카페 형태의 오픈 레스토랑에 취업했다. 경기도 분당의 율동공원 내에 공사를 시작하고 급기야는 기차 두량을 높고 사이에 천장과 바닥에 대리석을 깔아 기차 레스토랑을 만들어 오픈하는 외식 기업의 요리사로 본격적인 요리사로서의 일을 시작했다.

물론 이곳이 첫 근무지는 아니었다. 국내 첫 4년제 대학인 경기대 조리과에 편입하여 다니며 이탈리안 레스토랑에서 2년 가까이 일한 경험도 가지고 있어 새로이 오픈하는 레스토랑의 일에는 그리 낯설진 않았지만 선배들의 시선은 좋지만은 않았다. 단지 대학을 졸업했다는 이유 하나만으로 같이 일하는 동료들은 나와 거리감을 두었다. 이상한 것은 오픈과 동시에 선배들 그리고 주방장은 아프다는 핑계로 다른 곳으로 일자리를 옮겨갔고, 혼자 남겨지게 되어 새로운 주방 직원들과 주방장과 일을 다시 시작하게 되었다. 새로운 주방장과 그가 데려온 동료들로 나는 다시 한 번 새로운 주방 환경에 적응해야만 했다.

학교에 다니던 차에 아르바이트 식으로 이탈리아 요리를 접하게 된 나는 경양식 스타일 요리보다는 파인 다이닝 형태의 레스토랑에서

테마카페 기차마을

일하는 것을 꿈으로 간직하여 이태리 요리 유학을 준비하기 시작했다. 그러던 도중에 아버지의 갑작스러운 위암 말기 판정이라는 소식을 전해 받으면서 일시적으로 유학을 보류하게 되었고 병간호와 직장 일을 같이 병행하는 기간에는 유학은 꿈조차 꾸지 못했다. 일 년 정도의 투병 생활후 아버지는 세상을 떠나셨고 나는 한동안 접었던 요리 유학의 꿈을 다시 준비했다.

　유학 준비를 하던 것과 무료한 직장 생활에 싫증이 난 만큼 대학원 진학과 유학 준비로 인해 직장을 그만 두고 퇴직금을 들고 여행 패키지로 이탈리아로 떠났다. 해외여행은 기차마을을 다니며 미국 서부를 다녀온 것 외엔 아무 데도 다닌 적이 없었다. 미국에서 느끼지 못한 이태리에는 느림의 미학과 현실의 행복한 순간들을 그들의 문화와 사람들을 통해 알 수 있었다. 나는 이탈리아라는 나라에 서서히 매료되어 갔다. 2주 정도의 짧은 여행을 다녀온 후 더 절실함을 느낄 수 있었고 국내에서 요리학교를 모집하여 현지 학원식 요리스쿨에 다니는 학교에 등록을 하고 언어와 이탈리아 요리의 기초를 배우기 시작했다. 난 배우고 싶은 열정이 있었고 대학 공부에서도 느끼지 못한 욕심과 관심이 나를 부지런한 학생으로 만들었다. 요리 기초 시간에는 많은 이론적인 질문을 했고 학원 원장님이 직접 직강을 하셨다. 물론 가끔은 이치이프(ICIF)를 먼저 졸업한 안젤라(Angela) 선생님이 우릴 가르치긴 했지만 우린 전문적인 지식과 경험이 풍부한 안토니오(Antonio) 교육 방식에 흥미를 갖게 되었다. 그는 그때보다 지금 더 유명한 셰프이자 교수로 활약하고 있다. 나아가 이태리 요리와 문화를 전수했다는 이유로 이탈리아 정부로부터 그의 공로가 인정되어 문화 훈장까지 받게 되었다.


### 이탈리아 요리 선생님 안토니오 심

한국에 들어온 이탈리아 요리학교인 이치이프(ICIF)가 2000년쯤에 예비학교라는 이유로 개설이 되었다. 물론 안토니오 심 선생님은 이전에 본교 학교와 유럽을 여행하면서 이탈리아 이치이프(ICIF)학교에 미리 가서 이탈리아 요리의 우수성에 빠져 있었다. 그는 한국에서 학생들을 3개월 동안 가르쳐 본교에서 1년 동안 현지 수업과 현장 스테이지 교육을 받게 하는 예비학교의 원장을 맡고 있었다.

난 그때 처음 원장님을 만났다. 지금도 그렇지만 그만큼 요리에 열정을 가진 분은 아직까지 만나지 못했다. 나의 모든 기초적인 배경과 지식은 그의 지침에 의해서 나왔다고 해도 과언이 아니다. 기초적인 이태리 요리뿐만 아니라 양식의 일반적인 지식도 포함된다.

나는 아직도 첫 실기 수업을 잊지 못한다. 샐러드를 접시에

안토니오 심과 함께

담으면서 소스와 드레싱을 검지로 훑어 맛을 보면서 새끼 손가락을 부들 떨고 하늘로 솟구치게 하는 행위는 지금도 원장님의 특이한 몸짓 중에 하나다. 그로부터 받은 수업 중 가장 인상적인 수업은 파스타 수업이었다. 소 채운 파스타인 토르텔리니(Tortellini)나 아뇰로티 달 플린(Agnolotti dal Plin) 등은 이태리 스테이지 생활 중에 내가 이태리 요리사들을 가르친 메뉴 중하나다. 이태리는 지역적인 특색이 강해서 다른 주에서 하는 요리를 잘 모르기에 가능했던 것이다. 그는 요즘 스타 셰프로서 주가를 올리고 있는데 요리 프로그램에서 파스타 관련 진행을 하면서 많은 인기를 끌고 있는 상황이다.

## 이탈리아로 떠나기 위한 준비는 적신호

언어적 감각이 뛰어난 사람을 보면 늘 부러웠다. 하지만 내겐 그런 감각이 없었고 노력하지 않으면 안 되었다. 이치이프(ICIF) 예비학교에 등록하여 언어를 배우는 시간은 짧았고 불과 3개월 후에 떠난다는 생각에 조급함이 늘 머릿속에 산재해 있었다. 오산 형님 집과 방배동을 통학하면서 긴 시간을 이태리어 단어를 외우는 데 투자했다.

그러던 동안에 12명의 유학 준비생의 언어 교육을 담당하는 프란체스카(Francesca) 선생님이 오산 근교의 본가로 내려가 언어 수업을 위해서 오산에서 올라와 수업을 진행하고 있었다. 그녀의 차를 타고 다닌 횟수가 많았고 서울에서 학원까지 올라오는 차 안에서는 늘 나의 이태리어 개인 교습 선생님처럼 개인지도를 해주었다. 물론 차 속에서만 그랬다. 3개월의 짧은 기간이었지만 다른 동기생들은 전문 언어학원을 별도로 다니며 언어에 투자를 많이들 했다. 난 유학 비용과 시간이 부족하여 엄두도 못냈는데 언어 선생님 프란체스카 그녀는 내겐 탁월한 교육자이자 인생 선배였다.

그녀는 '지금 못하는 언어 이태리 가서도 못한다.'고 내게 조언을 했다. 그녀는 아침에 차 운전을 하면서 보조석에 앉은 내게 계속 이태리어로 질문을 하고 답을 이끌어 냈다. 어느 날은 내 머리에서는 스트라이크를 일으켰고 다른 날도 언어의 지겨움을 느끼는 나날의 연속이었다.

우리는 방배동에 유학을 목표로 20여 명 가까이 모여 요리 기초와 언어를 기반으로 교육을 받았다. 동기생들은 전국 각지에서 올라와 이탈리안 요리 셰프를 꿈꾸며 3개월 가량의 예비학교에서 교육을 받고 이탈리아 본교에서 3개월 그리고 스테이지에서 9 개월 수업을 종료를 하면 디플로마를 받는다. 25여 명으로 시작한 우리 동기생들은 국내에서 3개월이 지나자 17명으로 줄었고 낙오자들이 생겨 남은 인원만 이탈리아로 떠났다.

우리는 알이탈리아(Alitalia)를 타고 13시간 정도를 걸려 로마에 도착했다. 다시 로마 공항을 접하는 느낌이 남달랐다. 패키지로 여행 왔었던 그때는 아무런 책임이 따르지 않았지만 유학은 내 인생과 삶이 결정되는 정말 중요한 순간들의 연속이기 때문이었다. 대학 동기생들은 이미 나보다 먼저 특급 호텔에 취업을 하여 나름 대로 경력을 쌓고 일을 배우며 꿈을 이뤄가고 있었기 때문이다. 전문학교를 졸업하고 취업보다는 배움을 선택한 나는 편입 졸업 후에 여러 악재로 좋지 않은 일터를 선택하여 항상 가슴 한편에는 욕구 불만이 있었다. 이런 여러 생각으로 최선을 다해야 한다는 생각에 조급함이 늘 머릿속을 복잡하게 만들었다.

우리는 로마에 내려 국내 항공기인 작은 알이탈리아(Alitalia)로 갈아타서 토리노(Torino) 공항까지 비행을 했다. 작은 비행기라 흔들거리고 기내는 비좁고 냄새도 났고 앞으로 다가올 험난한 유학 생활을 예고라도 하듯이 난기류는 나의 귀를 힘들게 했고 어지러움까지 유발

ICIF 1기 동기생

시켜 토리노 공항에 내려서 짐을 찾을 때는 걷기조차 힘들 정도였다. 각자의 짐을 찾고 나가자 학교에서 나온 언어 통역 선생님인 한국인 소피아와 이태리 현지 기사가 우리를 맞이했다. 우리는 학교에서 임대한 차를 타고 50분쯤 달렸고 자그마한 2층 건물의 한적한 시골 마을의 공터가 넓은 건물에 우리를 내려놓았다. 우리는 짐을 내려 놓고 식당에 모여 있었다. 학교 관계자는 룸메이트와 각자의 방을 배정했다. 나는 2명과 같이 사용해야 하는 방에 배정이 되었고 방에 들어가자 큰 방 앞에 자그마한 침대와 옷장이 있는 방이 있었고 안쪽으로 들어가니 큰 방에 침대가 두 개 놓여있었다. 난 코골이가 있어 룸메이트에게 양해를 구하고 밖에 침대를 사용하겠다고 말을 했고 그들은 아무런 반대를 하지 않았다.

아침이 되고 우리가 위치한 곳이 정말 한적한 시골인 데다 인적이 드문 산골이며 자그마한 마을이란 걸 알 수 있었다. 우리는 간단한 현지 스타일식으로 아침 식사를 하고 통역 선생님을 따라 학교까지 걸어서 올라갔다. 숙소는 저지대의 평야 지대에 위치해 있었으나 학교는 오래된 성을 개조하여 만든 곳이었다. 외관은 멋있지만 내부는 오래되어 쾌쾌한 냄새가 풍겨 나왔다. 그러나 강의실과 실습실은 수준급임을 알 수가 있었다.

나의 룸메이트는 친구 석진과 반장인 형욱이 형이다. 석진은 한 살 어린 친구로 예비학교 때 같은 또래가 없어 한 살 어리지만 친구를 맺고 편한 상태로 지내고 있는 편이었다. 그는 3개월 동안 예비학교

ICIF 요리학교

때부터 요리에 대한 감각과 본능적으로 요리사임을 풍기는 이미지를 가지고 있었고 일에 대한 열정 또한 대단함을 과시하고 있었다. 심 원장님 또한 그의 요리적인 감각을 인정했고 난 늘 그를 부러움의 대상으로 삼았다. 형욱 형은 전직 시청 공무원으로 요리가 좋아 잘 다니던 직장을 그만두고 자그마한 외식 업체에서 요리에 대한 경험을 쌓았다. 한국에 돌아가면 레스토랑을 오픈할 것이라며 당당한 포부를 던졌다.

그는 외모에서부터 풍기는 귀공자 스타일로 요리사 일을 전혀 하지 않을 분처럼 보였고 더구나 자상함까지 가지고 있어 동기 여자들에게도 인솔자로서 자상한 오빠, 동생으로 인기가 대단했다. 한번은 일본 학생들과 식당에서 화기애애한 분위기로 술자리가 만들어졌는데 술에는 항상 음주 가무가 연결되는 것이 당연했다. 일본 학생과 우리는 노래 대결이 붙었는데 반장의 '오솔레미오'는 대박이었다. 그의 푸근하고 지적이고 선한 이미지에서 나오는 칸조네는 일본 여학생들을 매료시켰다.

ICIF 요리학교

코스틸리오레 다스티 (Costigliore d'Asti)

## 된장국은 안 돼!!! 소주 대신 그라파는 어때!

우린 한 달이 채 가기도 전에 일을 치고 말았다. 매주 수업이 종료되는 금요일 저녁은 술 파티가 벌어졌다. 남자 방을 거쳐 여학생과 누님들까지 각자의 방에서 술판이 서서히 벌어졌다. 하지만 이번만은 달랐다. 서로 술이 취하다 보니 큰 자리가 필요했고 식당으로 장소를 옮겼다. 반장을 선두로 해서 부족한 술을 사기 위해서 각자 성의껏 회비를 걷었다. 나와 석진은 술을 사러 걸어서 10분 거리에 있는 마트로 갔고 몇 명은 한국에서 가져온 여러 가지 양념으로 국을 끓이기 시작했다. 그건 다름 아닌 섞어찌개였다. 동생인 희택은 오후에 실습을 하고 남은 감자와 돼지 호박과 이태리 고추를 미리 챙겨 온 것이다. 이 모든 것을 넣어 국을 끓였는데 거기에는 아직도 남은 된장과 고추장을 섞었고 그리고 종합 조미료인 라면 수프를 넣어 끓였다. 우리는 이 찌개를 안주 삼아 그라파를 마시기 시작했다. 독한 술인 *그라파(Grappa)는 찌개와 잘 어울린 듯했다.

다음날 아침 주말에는 학교 식당이 문을 닫기 때문에 2주에 한 번은 학생들이 조를 짜서 기숙사 학생들이 먹을 음식을 준비해야 한다. 그런데 당번인 우리나라 조는 나가지 않았고 학교 주방의 총괄 셰프인 파올라(Paola)는 극도로 열을 받았다고 했다. 다들 숙취에 당번 학생과 다른 학생들도 식사를 하러 가지 않아서 많은 음식이 버려졌다고 난리였다. 문제는 그것이 전부가 아니었다. 월요일 날 아침 기숙사 식당에 아침 식사를 챙겨주시던 아줌마는 비명 소리를 지르고 나갔다는 것이다. 금요일 저녁에 끓여 먹었던 음식의 냄새가 아직도 남아 있어 그녀에게 정말 역한 냄새로 다가왔던 것이다. 그 사실은 총장에게 보고가 되었고 언어 통역 선생인 소피아는 우리를 대신해서 학교 측에 사과 인사를 해야만 했고 그녀는 우리를 보며 한심한 듯 고개만 갸우뚱거렸다.


## 일요일은 피제리아 마달레나(Pizzeria Madalena)에서

학교 수업은 평일 9시부터 시작을 한다. 한국에서 언어 준비를 하는 시간이 짧아서 늘 언어에 대한 부족함이 많아 평일이면 6시에 일찍 일어나 숙소 뒤편 향초 밭에서 혼자 그날 사용할 표현을 암기하고 "최보선의 이탈리아어"를 읽어 가면서 조용한 기숙사의 아침을 깨웠다. 늘 같이 했던 향초 밭은 다임, 라벤더, 로즈마리 등이 이른 아침

그라파 이야기

그라파는 이탈리아의 증류주로 포도 찌꺼기에 향초와 주정을 강화하여 만든 알코올 음료다. 보통 알콜도수는 35%~60%까지 다양하다. 그라파의 맛과 향은 어떤 포도를 사용했는지 그리고 증류 정도에 따라 맛과 향이 다양하다. 와인 양조장에서 사용 된 포도 찌꺼기인 포도 껍질, 씨, 줄기, 과육 등이 섞여진 것을 증류하여 만들어 진다.

그라파는 유럽 연합에서 법적인 보호를 받으며 보통 무거운 음식을 먹은 후 마시는 것이 대부분이다. 그라파는 색이 맑고 투명하며 포도 껍질의 색과 숙성시키는 통에 얼마나 숙성시켰는지에 따라 색이 노란색 혹은 붉은빛의 갈색으로 변하기도 한다.

에 나의 머리를 맑게 해주곤 했다. 하지만 나에게도 휴식을 줄 시간은 필요했다. 그것이 늘 일요일 아침이다. 그러던 중 한국에 브레베 (Breve: 단기과정) 코스로 오셨던 요리사 선배 중 임성빈 씨가 새벽부터 공부하던 나의 모습이 보기 좋다며 한마디 인사를 건네시면서 산책을 나가셨다. 난 그의 말이 무슨 의미인지 그때는 잘 몰랐다.

일요일 점심과 저녁은 학교 근처 마달레나에서 우린 항상 식사를 했다. 그렇다고 매일 피자만 먹는 것은 아니다. 단품으로 나오는데 큰 뷔페 접시에 나눠 먹기 좋도록 나오는데 전채 요리나 샐러드, 파스타 그리고 고기요리가 나올 때도 있지만 대부분 파스타 요리에서 마감을 한 후 커피를 마시고 식사를 마친다. 큰 접시에 담겨 나오면 미리 배식이 이뤄진 테이블에서 손을 너무 타게 되면 소량의 음식을 먹어야 하는 단점이 있어 우린 늘 중간 자리를 선호했다. 다음 요리는 마지막 자리에서 서브가 시작되므로 중간 자리가 좋았다. 한참 젊은 나이들이라 늘 배고팠다. 우리는 이태리 요리를 배우긴 하지만 입맛은 한국 토종이라 현지의 음식의 맛과 간에 적응하기에는 몇 개월이 걸렸다. 처음에는 센 간에 속이 쓰리고 아리고 할 정도로 다들 고통을 겪었다. 지금의 우리는 왕성한 식욕을 부르는데 짠맛에 익숙해져 많은 양에 욕심을 가졌고 양은 늘 부족했다.

늘 주말 아침은 부산하게 일찍 일어나 이곳 저곳을 돌아다니며 쉬는 날을 아쉬워했다. 학교 주변의 시장은 늘 아침에 열어 12시 정도면 파장을 한다. 시골 아줌마와 아저씨들이 자신들이 만든 혹은 재배한 물건들을 자판에 벌리면서 돈을 주고 사는 주변의 주민들도 있지만 서로에게 필요한 물건을 교환하는 모습도 쉽게 눈에 띄었다. 늘 요리책이나 아니면 재료 사진으로 밖에 볼 수 없었던 이태리 시골 농가에서 만들어진 이름이 알려지지 않은 흙이 진하게 발라져 있는 쾌쾌한 치즈들도 보였다. 늘 잔칫집에서 볼 수 있는 이동식 차량을 가지고 판매하는 살루메리아(Salumeria: 염장 고기류)나 이동식 정육점도 다양한 육가공품을 판매했다. 난 이런 모습이 좋아 일요일이면 이곳을 찾았다.

## 쇼핑 중독에 빠진 선배 요리사들

우리 기수들이 본교 수업을 얼마 남겨두지 않은 시간에 한국에서 조리과 교수들과 요리사와, 푸드스타일리스트 그리고 외식 관련 업종에서 일하는 선배들이 브레베 코스로 왔다. 브레베 코스는 단 1달 코스로 와서 학교에서 이태리 전통 요리만 수업 받는 과정으로 외식업계 종사자들이 주축으로 구성되어 있었다. 우리는 수료를 3주 남기고 한국 분들이 와서 기분도 좋았지만 현장에 대한 조언과 인맥을 쌓기에 좋다는 생각에서 더더욱 신났다.

브레베반 선배들은 간혹 술자리에 우리들 중 몇몇을 불렀는데 술과 음주 가무에 능숙한 동료들은 늘 재미있게 놀고 왔다. 끝마무리는 고스톱을 치며 얼마나 돈을 잃고 얻었는지 등에 대해 하는 말이 흘러

나왔다. 브레베 코스 선배들이 떠나기 전 주말에 버스를 임대해서 밀라노에 쇼핑을 하러 간다는 소문이 자자했다. 우리들은 삼삼오오 모여서 흉을 보기 시작했고 쇼핑을 하고 돌아온 일요일 저녁에는 놀라서 기절할 뻔했다. 이른바 외식인 선배로서 해외에서 이런 행동을 할 수 있을까! 하는 의문이 들 정도였다. 버스에서 내린 선배들은 양손에 명품 브랜드명이 적힌 쇼핑 가방이 들려 있었고 그 양도 어마어마했다. 오늘 저녁이 전부가 아닌 것에 대해 우린 충격을 받았다. 다음 날 아침 아스티(Asti) 시내에 가서 이런저런 쇼핑을 하고 돌아온 선배들은 선물 꾸러미들을 그들의 기숙사 문 앞에 쌓아 놓았고 우리들은 실망감에 빠졌다. 그들은 외식업계 처음 입문하는 초보라 해도 다 알 만한 인물들이었기에 더더욱 실망감은 가중되었다.

## 허술한 이치이프(ICIF) 학교 행정

통역 선생이 출근을 안 했다. 첫 번째 요리 수업이 시작하여 10분 그리고 30분이 지나도 오지 않아 우리들은 서로 술렁이기 시작했다. 기다렸지만 끝내 그녀는 오지 않았다.

학교의 관리 총괄을 맡고 있는 디렉터는 통역 선생이 몸이 좋지 않아 오지 못했다며 우리들에게 상황을 설명했다. 또한 이런 어려운 상황 속에서 우리들 중 언어를 잘하는 한 사람이 오늘 수업을 통역하여 마무리하자는 의견을 제시했다. 동기들 중 대다수 사람은 언어적 감각이 뛰어난 인숙 누나에게 서로 의지했지만 그녀도 학생이기에 희생을 강요할 순 없는 노릇이었다. 언어를 잘하긴 하지만 통역 선생이 아닌 요리를 배우고 싶어 하는 학생이었다. 똑같은 학비를 지불했고 당연히 누려야 할 기본이었기 때문이었다. 다행히 소피아는 우리를 위해서 희생을 하며 학생이 아닌 통역으로서 일을 시작했다. 피에트로발디(Pietro Baldi)의 요리 수업에서 그녀는 놀라운 통역 실력을 발휘했다. 우리는 그녀의 언어적 감각에 다시 한 번 놀라지 않을 수 없었다. 그녀는 대학에서 영문학을 전공했고 영어 통역을 한 적도 있다고 했다.

언어 선생인 소피아는 오후 수업에 아픈 표정으로 나타났다. 어디가 아픈지 얼굴 표정이 어둡고 슬픔이 가득해 보였다. 우린 다들 걱정을 많이 했지만 이상한 소문이 들렸다. 전날 늦은 새벽까지 술을 같이 먹은 동료들이 있었기에 술병이 난 것 같다며 말이 새어 나왔다. 그녀에 대한 불신감이 커져만 갔다. 늘 이태리 생활의 교과서처럼 주의사항과 인간관계 등을 말했기에 그녀에 대한 불신은 더더욱 커졌다.

그 후로 얼마 후 정말 어처구니없는 일이 닥쳤다. 수업 시작하고 1달이 지나 통역 선생이 바뀌었다. 소피아 선생은 그나마 이태리에서 10년 이상 거주하면서 현지인과 같은 유창한 언어 실력을 발휘했다. 개인적으로 몸이 아픈 관계로 안젤라 선생으로 교체가 이뤄졌다. 그녀는 우리보다 1년 전에 졸업하여 국내에서 예비학교에서 그녀에게 요리 수업을 들은 바 있었지만 통역을 하기에는 부족한 언어 실력을 가지고 있었기에 우리는 화가 날 수밖에 없었다. 요리 수업이나 일반적인 통역은 큰 문제가 없었지만 문제는 와인 수업과 와이너리 견학을 가거나 파스타 공장 견학 등을 하면 수업에서 많은 허점이 발생했다.

와인 수업에서는 와인 선생과 언어 선생은 옆에 나란히 앉아 같이 시음하면서 와인의 이론, 시음한 와인의 특성 및 시음 요령 등을 설명하면서 와인 수업이 진행된다. 와인의 평가를 구체적으로 평가표에 기입하는 요령과 방식을 전달하기에는 언어 선생님의 언어 이해력이 떨어지는 느낌을 받으면 와인 선생님은 비아냥거리는 말투로 그녀에게 퍼부었다. 그 일로 안젤라는 눈물을 보이면서 밖으로 나가 버렸다. 한참 후 우리 반 반장은 그녀를 다독거리며 다시 들어와 통역을 했지만 만족스럽진 않았다. 와인 선생은 한참을 와인에 대해 설명은 했지만 와인의 대한 사전 지식이 없었던 그녀로서는 단 몇 마디로 통역이 끝났다. 자신이 아는 언어 상식으로 통역을 무마시키는 듯 보였다. 이런 상황들이 학생들로부터 학교 관계자들의 아이러니한 불신 행정에 불씨를 댕겼다. 그리고 이런 일들의 반복이었다. 언어는 단 몇 개월 만에 늘지가 않는다. 와이너리 견학을 가서도 같은 일이 반복되어 우리는 수업 태도도 좋지 않았고 다들 지쳐갔다.

학교에는 나라별 선생들이 정해져 있었다. 한국 반 담당 선생은 피에트로 발디였다. 그는 환갑이 넘은 나이로 마치 시골 할아버지 같은 외모를 하고 있었다. 통역 선생은 그가 와인너리를 가지고 있다며 그의 요리도 그렇지만 훌륭한 인간성을 강조하며 그를 치켜세웠다. 일본반은 세르지오 자네티(Sergio Zanetti)가 맡았다. 그는 훤칠한 키와 오뚝한 코를 가진 외모로 학생들뿐만 아니라 학교 관계자 여성들은 그에게 모두 호감을 가지고 있을 정도로 외모가 탁월했다. 그는 후에 일본과 한국의 호텔에서 총 주방장으로서 일을 해왔다. 국내 모 외식업체에서 그를 초청 강사로 불러 국내에서 한 번 그를 본적도 있었다. 같은 시기에 일본인반과 한국인반이 동시에 수업이 진행되었다. 일본인 반은 일본에서 예비학교를 거쳐 학생을 선발하여 본교로 보내지는데 그 일을 담당하는 것이 노자와라고 하는 일본인이었다. 이탈리아에 오랫동안 거주하면서 일본인 요리사들의 교육과 안전 등을 담당하는 일을 한다.

피에트로 발디 선생은 선생님 같지가 않고 농부아저씨 같은 이미지가 강했다. 그는 학교 부근에서 포도 농사를 짓고 홀로된 어머니를 모시고 사신다. 그의 나이도 60이 넘었지만 그의 어머니가 외관상으로 봐서는 더 정정해 보였다. 가끔 그에 집에 놀러 갈 때면 환갑이 넘은 나이인 선생님에게 대하는 태도는 어린아이 대하듯이 하는 것에 깜짝 놀라지 않을 수 없었다. 자식이 아무리 커도 부모 앞에서는 어린이라는 말이 맞는 것 같다.

오늘은 생선 수업을 하는 날이었다. 산 피에트로(San Pietro) 생선을 잡아 뼈를 발라내는 식의 1인 실습이 이뤄졌다. 한 사람에 한 마리씩 실습을 해야만 했고 생선은 비닐 주변에 큰 검정색의 반점이 있는 것이 특징이다. 뒤늦게 들은 정보이지만 이생선에 관한 여담이 있다. 예수의 제자인 성 베드로(San Bedro)는 전직이 어부였는데 어느 날 바다에서 생선을 손으로 잡아 집으로 가져와서 놓았더니 물고기 등지느러미(아랫부분)에 손가락으로 눌렀던 부위에 크고 붉은 반점이 생겼고 사라지지 않고 오랫동안 남아 있었다고 한다. 그래서 어부인 성 베드로 이름을 따서 이 생선에게 '산 피에트로'(San Pietro)라는 이름이 붙여진 것이라고 한다.

생선 수업이 진행 중에 갑자기 마른 하늘에 날벼락 이 치는 듯 천둥소리와 함께 맑은 하늘에서 비가 오기 시작했다. 빗방울 소리가 아닌 둔탁한 소리가 나며 비가 오기 시작했다. 소리에 민감한 선생님은 창 밖을 본 후 통역 선생에게 몇 마디를 건네며 밖으로 나가버렸다. 하늘에서는 큰 우박이 떨어지는 소리가 들려왔다. 갑자기 통역 선생인 안젤라는 귓속말로 우리에게 이야기를 하면서 불안한 감이 맴돌기 시작했다. 발디는 허겁지겁 나가 차를 타고 멀리 사라져버렸다. 우리는 어리둥절하여 이유를 몰라 안젤라에게 물었는데 그는 큰 우박에 자기 포도밭이 걱정되어 집으로 허겁지겁 나간 것이라고 했다. 결국 발디 선생은 수업도 빠뜨리며 포도 농장에 애착을 보였다. 그는 포도밭을 가지고 있었고 주 생계는 요리학교 선생님이 아닌 와이너리 사장이었다. 오늘의 불쾌감은 얼마 가지 않아 사라지고 말았다. 그의 포도 농장과 와인 저장 탱크 그리고 포도밭의 규모를 보자 나라

발디 선생님의 창고

도 그렇게 했을 듯 했다.

얼마 후 선생님으로부터 초대를 받았고 집과 집 사이에 있는 양조장 등을 둘러보며 간단하게 준비한 음식으로 저녁을 해결할 수 있었다. 주방은 우리네 시골 부엌처럼 작고 볼품이 없었고 이층은 창고로 사용하고 있었으며 건초더미가 가득했다. 난 이층에 올라가 멀리 보이는 포도밭의 광경을 보았다. 주변의 코스틸리오레 다스티(Costigliole d´Asti)의 언덕과 포도밭이 펼쳐진 구릉지들이 한눈에 들어왔다. 여학생들은 할머니를 도와 점심을 준비했고 남자들은 선생님 그리고 동네 일꾼들과 같이 포도밭에 광주리를 가지고 가 청포도를 따기 시작했다. 해가 떨어지는 시점까지 허리를 굽히고 펴기를 반복하며 아픈 허리를 일으키는 동작과 한숨을 몰아 쉬면서 작업을 했다. 와인이 만들어지기 전 수확의 기쁨이긴 하지만 허리가 아픈 고통에 비해 단맛의 와인을 나는 좋아하지 않았다. 우리가 반나절 내내 모스카토 (Mocato)라고 하는 청포도 품종을 땄는데 품종은 이곳 아스티(Asti)에서 많이 재배되는 품종이면서도 유명한 와인이다. 약간의 발포성과 단맛이 나는 *아스트 스푸만테(Asti Supumante)도 같은 품종으로 만들어져 세계적인 와인으로 명성이 자자하다. 다음날 아침에는 일어나는 시간이 꽤 오래 걸렸다. 허리가 끊어질 듯 한 아픔으로 겨우 일어나 첫 수업에 지각을 했다. 대부분 학생들은 1교시인 언어 수업에 지각을 했고 언어 선생님인 클라우디아(Claudia)는 우리들에게 불만을 토로했다.

## 대단한 일본 요리사들

매주 토요일에는 수업이 없고 학생들을 위해서는 식사를 제공해야 하는데 학교 측에서는 머리를 잘 쓴 것 같다. 같은 기간에 수업을 하는 학생들에게 격주로 주방에서 실습을 하고 준비한 음식을 팔기도 하지만 다른 나라 학생들에게 점심을 제공하기에 준비를 한다. 기숙사에는 주말에는 점심과 저녁을 제공해 주질 않아서 수업이 없어도 학교에 와야만 했다. 격주로 다른 나라 학생들을 위해서 음식을 준비하고 직접 서빙까지 맡아서 제공해야 하는 번거로움이 우릴 기다렸다. 우리들은 대부분 요리사를 위해서 이탈리아에 요리 유학을 왔지 서빙을 배우러 오지는 않았다는 표정으로 불만을 토로했다. 그러나 일본인들만은 달랐다. 남학생들은 절도 있으면서 실수도 없이 매 코스마다 개인별로 서빙을 해주며 끝마디에 잘 드시라는 친숙한 어투로 '본 아페띠또'(Buon Appetito: 맛있게드세요)를 친절하게 덧붙였다. 은근히 그들이 서빙을 하면서 실수하기만을 기다렸다. 하지만 대부분 학생들은 당당하게 너무나 훌륭하게도 서비스를 잘해 나갔다.

일본반은 우리보다 한 달 먼저 수업이 시작되어 선배 아닌 선배였다. 한 달이라도 다르긴 달랐다. 우리 반은 실수의 연속이었다. 접시 3개 정도를 들고 가면서 버거워서 소스를 흘린다든지 샐러드 야채가 떨어지는 등의 실수는 기본이고 다 먹고 난 접시와 포크를 퇴식하는데도 바닥에 식기류를 떨어뜨리는 건 허다했다. 일본반은 그런 우릴 보며 안쓰러워하는 눈초리를 내비치며 우리를 동정하는 눈치였다. 우리는 하나같이 서로에 대한 걱정의 눈초리와 나아지겠지 하는 희망의 눈빛을 교환했다.

아스티 스푸만테
이태리 북부 피에몬테 주 알바(Alba), 아스티(Asti) 주변에서 생산되는 발포성의 화이트 와인이다. 1993년 이탈리아 와인 등급인 D.O.C.G를 받았으며 모스카토라는 포도 품종으로 만들며 알코올 도수가 낮아 디저트 와인으로도 사용된다.
이 와인은 1870년 카를로 간차(Carlo Guancha)가 프랑스에서 샴페인 만드는 공정을 배워 와 와인을 만들었다.

## 시끄러운 이태리 꼬맹이 녀석들

수업 종료 후 나는 저녁 식사 준비를 위해 다시 학교 레스토랑 주방 보조 역할을 해야만 한다. 기숙사에 있는 학생들은 모두 저녁을 학교 레스토랑을 이용하는 데 그러나 순번과 날짜에 맞혀 학교 레스토랑 책임을 맡고 있는 파올라라는 여자 셰프를 도와 50여 분의 식사를 준비 해야만 했다. 오늘 저녁은 간단한 샐러드와 바르베라 리조또 (Barbera Risotto) 그리고 쇠고기 살팀보카(Manzo Saltimboca: 겹으로 자른 소고기, 얇게 자른 프로쉬우또와 세이지 잎을 겹쳐 팬에구운 요리) 요리를 제공했다.

준비 조 학생들은 다른 학생들이 식사를 다하게 되면 마지막에 남겨둔 음식을 담아 테이블에 나가서 식사를 했다. 식사를 하고 기숙사로 돌아와 각자의 휴식시간을 보내고 있는데 어디선가 갑자기 오토바이 굉음 소리가 들려 나가보니 동네 꼬마 녀석들이 기숙사 잔디밭을 가로질러 마치 시위를 하듯 기숙사 이곳저곳을 돌아다니며 시끄럽게 난리를 치고 있었다. 우리들 중 아무도 나서서 자제를 하지 못하고 그들이 치는 불장난을 보며 방관할 수 밖에 없었다. 간혹 그들의 우두머리는 기숙사 대문 근처까지 와서 무어라 우리가 알아듣지 못하는 말을 지껄이면서 우리에게 위협을 가했고 다들 이태리어를 못해 뭐라 해야 할지 서로 눈치만 보고 있었다.

급하게 도착한 통역 선생인 소피아가 이태리어로 몇 마디를 했는데 모두 잠시 주춤거리면서 사라져 버렸다. 후에 언어 선생님에게 "아니 뭐라고 했기에 꼬마 녀석이 물러났어요?" 하고 묻자 소피아는 그냥

가지 않으면 경찰을 부르겠다고 했을 뿐이라고 말했다. 의외로 간단한 표현이 상황을 면할 수 있구나 라는 생각을 하게 되었다.

난 언어를 하면서 문장과 의미 그리고 문법에 신경을 쓰며 말을 해야 한다는 강박관념이 늘 머리를 감싸고 있었던 것 같았다. 우리는 이번 일을 겪으면서 언어의 소중함을 더 절실히 느꼈다. 언어를 못하면서 주방과 타지에서 각자에게 닥칠 언어의 징크스를 깨야만 한다는 생각은 모두 인식을 했지만 실천은 서로에게 별개의 문제였다. 그러면서 우리는 즐거운 학교생활을 하면서 앞으로 다가올 스테이지 생활에 어려운 상황은 모른 채 기숙사에서 방과 후 얼마 남지 않은 학교생활을 아쉬워하며 파티만을 즐겼다. 각자에게 닥칠 어려움을 모르고 말이다.


**순배야 요리는 조리 원리를 알아야 한다**

학교 수업은 1교시 언어 수업과 와인 수업이 있는 날을 제외하고는 오전과 오후에 요리 수업이 진행된다. 하루에 실습수업이 있는 날이면 조리법 정리나 나만의 노트를 정리하는데 방과 후에 나는 많은 시간을 도서관과 기숙사에서 보냈다. 그날그날 배운 이태리 전통 조리법을 정리하는 데 늘 힘을 기울였다. 그러면서도 이해가 가지 않는 부분은 다음날 선생님과 통역 선생인 소피아에게 질문을 던졌다. 한국 내에서 4년 정도의 조리 경험을 가지고 있었던 나는 조리 실무와 이론 부분에서 많은 것이 약하다는 것을 알았기에 더더욱 이론적인 원리를 알아야 한다고 생각했다. 이론적인 사항을 정리하여, 배운 조리법에 꼼꼼하게 기록했다. 그리고 또 한 가지는 이탈리아 요리의 특징과 핵심을 찾아야 한다는 나만의 강박관념에 늘 사로잡혀 있었다. 그래서인지 늘 고민에 잠겨있었고 주위 동료들이 무슨 일이 있냐며 말을 건넬 정도였다. 요리 수업 내용이 이탈리아어로 진행되기 때문에 통역 소피아에게 귀를 쫑긋 기울일 수밖에 없었다. 물론 그녀는 일상회화는 이탈리아인 수준으로 능숙하게 구사했다. 하지만 동시 통역으로 진행되는 조리 수업의 경우, 전문적인 조리 분문의 통역이 매끄럽지 못한 면도 있었는데, 이런 부분을 제외하고는 난 늘 그녀가 하는 말에 신경을 써서 공부했다.

　나의 무식함은 파스타 첫 수업에서 드러났다. 일반 업체에서 처음 요리를 시작한 나로서는 선배들의 행동을 그대로 따라 했다. 스파게티를 삶는 방법에 대해서는 면물에 소금과 달라붙지 말라며 올리브유를 넣어서 삶으라며 배웠다. 심지어 면이 익어가는 것을 확인하기 위해 면발을 꺼내 벽에 던져, 붙으면 익은 것이니 건져내어 찬물에 씻었다. 이런 나의 행동은 피에트로 발디와 통역 선생인 소피아에게조차 요리에 대한 신뢰를 주지 못하는 행동으로까지 비춰졌다. 선생은 통역에게 왜 파스타 삶은 물에 올리브유를 넣었느냐는 질문을 했고 난 달라붙지 말라고 넣는 것이 아니냐며 되물었다. 선생님은 "너희 나라에는 올리브 나무가 있어 올리브유를 그렇게 낭비하나 보지."

하며 비아냥거리는 말투로 날 몰아세웠다. 이런 모든 행동에서 나의 무식함이 들통이 나서 한동안 동료들과도 어울리지 못했다. 선생님은 내게 면은 물속에 잠겨 있고 기름은 물 표면에 있어서 아무런 효과를 얻을 수 없고 단 꺼낼 때 일부에 기름 입자가 묻어 나온다며 내게 자세한 설명을 해줬다. 그리고 삶은 면을 찬물에 헹구면 면간이 약해지고 전분질이 빠져 맛이 없어진다는 말로 그 말을 이해했다. 그의 말이 설득력있게 들렸다.

통역 선생은 수업이 끝난 후 사석에서 내게 별명을 하나 붙여 줬는데 다름 아닌 영어로 다람쥐인 스퀴럴(Squirrel)이라며 그녀는 비아냥거렸고 일시적으로 머리에 주입하는 행동을 할 때쯤에 순간 공허한 상태가 된다며 수업 태도에 대해 한 가지 덧붙였다.

정리하는 데 노력을 기울인 이유는 물론 내 자신을 위해서 이기도 했다. 하지만 한국을 떠나기 전 이치이프(ICIF) 원장인 안토니오 심이 나를 불러 조리법 정리를 잘해서 보여줄 수 있겠느냐는 부탁을 한 적이 있었기에 더더욱 정리하는 것에 심혈을 기울여야만 했다. 지금 그는 한국 내에서 손꼽을 정도의 실력을 갖춘 이탈리안 스타 셰프 겸, 조리과 전임 교수 그리고 이탈리아 요리 학원장이다. 그에게 붙는 수식어는 참으로 많다. 그에게 배울 초창기에는 이탈리아 요리에 대한 깊이와 전문성이 부족해 보였지만, 지금은 다르다. 특수 마니아층이 형성되어 요리를 배우기 위해 수습 일을 자처하는 경우도 많으며 그의 요리 수업을 듣기 위해 줄을 서는 주부님들도 상당히 많다고 들었다. 그는 오너 셰프이기도 하며 수년간 이탈리아 요리에 빠져 이탈리아 문화를 보급했다는 이유로 이태리 정부로부터 훈장까지 받아 이태리 요리 분야에서 독보적인 위치를 차지하고 있다.

그 시절 나는 신경을 써서 꼼꼼히 배운 내용과 도서관에 있는 참고 서적을 뒤져 가며 메모하고 정리했다. 본교 수업 한 달 정도를 남겨두고 한국에서 단기 코스를 수료하기 위해 외식업계 종사자, 교수, 푸드스타일리스트 등이 들어왔다. 숙소는 우리와 같이 기숙사에서 생활했고 그 중에 심 원장님이 포함되어 있었다. 도착 후 얼마 되지 않아 원장님은 내게 조리법을 보여 달라며 도서관에서 복사를 시작했다. 그의 눈은 늘 먹이를 찾아 헤매는 하이에나(Hyena) 처럼 초롱초롱 빛이 났다. 도서관에서 공부를 하면서 서재에 꽂혀 있는 한국 책을 봤다. 나의 은사님이시고 경기대학교 교수로 재직 중이신 진양호 교수님이 출판하신 서양조리책이 꽂혀있었다. 난 놀라지 않을 수 없었다. 이태리에 오기 전, 요리학교에 대해 찾아가 상담을 한 적이 있었는데 교수님이 가지 말라고 하셨던 말이 떠올랐기에 더더욱 감정이 묘했다. 교수님도 오래 전에 학교 참관 수업을 듣고 한국 학생을 위해 책을 기증을 했고 도움이 되었으면 한다는 문구가 첫 장에 씌어 있었다. 왠지 모를 소름이 엄습해 왔다. 아마 여기가 한국인 아닌 이탈리아의 시골의 한적한 요리학교의 작은 도서관이라 더더욱 그런 것 같았다. 한글이 보이는 요리책이 있어 느낌도 남달랐다. 혼자 공부를 하며 있었는데 친구 석진은 열심히 한다는 말과 함께 어슬

렁어슬렁 올라와 도서관 서재로 눈을 옮기면서 신기한 책을 발견했다며 호들갑을 떨었다. 그것은 파스타 책인데 이태리 요리의 마에스트로 직함을 받은 세르지오 메이(Sergio Mei)가 쓴 책이었다. 그는 밀라노 포시즌 호텔에 총 주방장으로 평생 요리를 한 스타 셰프이기도 하다. 석진은 책이 좋고 요리 사진도 잘나왔다며 몰래 훔치겠다며 고집을 피웠다. 솔직히 나도 탐이 나는 책이기도 했다. 나는 수업을 마치고 거의 매일 이곳 도서관에서 정리를 하며 한적하고 조용한 시골의 정취를 느끼면서 저녁 시간을 마감했다.

## 태호는 저녁만 되면 폭군으로 변한다

우리 동기들은 모두 개성이 강하다. 그 중 태호 형은 건설 일을 했고 요리를 좋아해 요리 관련 자격증을 모두 취득했다. 심지어는 복어 자격증과 중식, 그리고 안마사 자격증까지 가지고 있어 가끔 몸이 아프다고 하는 여학생들에게 침을 놓아주는 모습도 종종 보았다. 늘 자상해 보이는 그는 낮에는 선하고 착한 형이지만 늦은 저녁에는 항상 술에 취해 난폭한 폭군으로 변했다. 술을 좋아하는 형이지만 와인 수업에는 종종 결석을 했다. 그에게는 와인보다는 알코올 도수가 높은 그라파를 선호했다. 와인 수업은 일주일에 두 번 정도를 들으면서 직접 음미하고 마시기도 하지만 대부분 테이스팅만 한 후 버린다. 하지만 와인 수업에 관심이 없거나 술을 좋아하는 친구들은 그날 와인 테이스팅이 끝나기도 전에 반 이상 학생은 취해 있었는데, 그 중 한 명이 태호 형이었다. 그는 오후 늦게 있는 수업이 있을 때에는 결석을 많이 했고 아스티(Asti) 시내에 나가 자신만의 방법으로 스트레스를 푸는 듯 보였다. 와인 수업이 대부분 3시간 정도가 진행되고 나면 그는 시내 중국집에 가서 리소 칸토네제(Riso Cantonese)인 완두콩, 햄과 계란이 들어간 볶음밥과 매콤한 우리식 게살 수프를 사와서 어린 동생에게 건네며 밥이라고 생각하고 먹으라고 챙겨줬다. 그때도 그는 취해 있었다. 그러던 형은 야심한 밤이 되면 이상한 굉음 소리를 내며 매일 밤 취해 정원을 서성거리며 떠들었다. 방에서 큰 소리를 내기도 하고 간혹 벽을 치면서 아윽 아윽 소리를 크게 지르곤 했다. 동기들 대부분이 이런 형의 태도를 이해하지 못했다. 하루는 형이 취해 정원을 돌아다니다 지쳐 자신의 방의 침대인 줄 알고 내 침대에 자고 있었다. 난 할 수 없이 옆방에서 자야만 했다. 그런 형은 낮에는 더더욱 자상하고 선한 이미지였고 후배들을 너무 잘 챙겨 주었다. 그런데 저녁은 달랐다. 누구도 형의 과거를 몰랐고 괴상한 행동을 말리는 이도 없었다.

이제 수업은 반이 지났고 동료들 대부분이 요리를 배우면서 별급 레스토랑에서 식사를 한번 해봐야지 않겠냐며 다들 아우성들이었다. 그 발단은 언어 선생님이 부추긴 듯 보였고 언어 선생님, 통역 선생들의 조언에 의해 각자의 의견을 수렴하고 있었다. 석진과 나는 체재 비용이 넉넉하지 않아 벤치마킹에 동의하지 않았다. 그런 사실을 안 태호 형은 동기들 다들 가는데 둘만 빠지면 이상하지 않겠냐고 말했다. 난 사정이 좋지 않다는 말을 건네며 좋은 식사하시고 오시라는 말을 건네며 자리를 피했다. 다음날 오후 태호는 나와 석진을 불러 자신이 비용을 지불하겠다며 같이 가지고 했고 나는 어떻게 해야 할지 순간 망설였다. 한국에 돌아가면 삼겹살에 소주 한잔 사라며 말을 마무리했다. 그는 이렇게 평소에 자상하고 배려심이 깊었다.

레스토랑은 학교에서 가까운 곳에 위치해 있었다. 물론 우리의 디저트와 빵 수업을 담당했던 우고 선생님의 레스토랑이기도 한 구이도(Guido: 1960년 아스티에서 오픈한 이래 현재는 폴랜조(Pollenzo) 지역으로 이전하여 영업을 하고 있는 별급 레스토랑)라고 하는 별급 레스토랑이다. 그날 저녁 무려 4시간 동안 벌을 섰다. 한국에서 레스토랑에서 식사를 한다면 고작 한 시간이면 충분했다. 하지만 여기 레스토랑은 달랐다. 레스토랑에 도착하니 매니저가 우리를 기다리고 있었다. 그는 우리에게 먼저 보여줄 곳이 있다며 지하 와인 저장고로 우릴 안내했다. 여기 저장고는 100년이 넘은 곳이며 조상 때부터 사용해 왔다고 강조했다. 우리는 들어서는 동안 싸늘함이 엄습해 왔으며 TV에서 보았던 거미줄이 쳐진 그 모습이 여기에도 있었고 와인들이 먼지에 수북하게 쌓여있었다. 매니저는 무려 100년이 넘은 와인도 소장하고 있다며 자랑을 했다. 우리는 궁금한 것을 물어보고 싶었지만 언어 소통이 잘 되지 않았고 우리 중 제일 잘하는 인숙 누나는 이태리어와 영어를 번갈아 가면서 그에게 질문과 답을 이끌어 냈다. 그런 누나의

모습을 보며 우린 다들 부러워했
다. 레스토랑으로 들어서는 순간
홀의 규모와 인테리어 등이 중세
의 백작들의 식탁을 보는 듯했
다. 웅장하고 분위기가 무거웠
다. 우리는 착석하여 아페르티

구이도 레스토랑 셰프 우고

보(Apertivo: 한입크기의 음식과 발
포성 와인을 마시는 코스)를 시작으로 디저트까지 식사
하는 데 무려 4시간이 더 걸렸다. 우리는 큰 원탁에 5명씩 앉아서 식
사를 했으며 긴 시간 동안 더 이상 할 이야기도 없었고, 나는 피곤함
이 몰려 왔고 순간 코를 골며 졸기까지 했다. 늦게까지 식사를 하며
시간가는 줄도 모르고 우리들은 정찬코스의 가짓 수 때문에 이미 배
가 터지도록 불렀고 지쳐있었다.

　나는 이태리 빵을 포함한 유럽식 빵은 식감이 단단하여 좋아하지
않는다. 모든 빵들이 그러하고 특히 식사를 시작하면서 나오는 식전
빵도 그러하기에 좀처럼 손이 가지 않는다. 동기들은 그런 나에게 처
음에는 딱딱하고 맛이 없겠지만 씹을수록 단맛이 나면서 부드러워
진다며 설득했다. 특히 제빵 수업 시간에는 늘 대표적인 빵을 만들기
에 여념이 없었는데 치아바타(Ciabatta: 겉이 딱딱하고 속결이 차진 질감을 가
진 슬리퍼 모양의 빵), 포카치아 (Focaccia: 제노바의 올리브 유를 넣은 빵) 그리
고 파네 꼬무네(Pane Comune: 일반적인 딱딱한 빵) 등의 이태리의 기초적

구이도

이고 대표적인 빵을 만들기 시작했다. 우고(Ugo) 선생님은 너무나 쉽게 반죽을 다루고 성형하며, 빠르게 다음 조리 작업을 진행했다. 그가 만들어 낸 완성품인 빵은 모양도 그럴싸했지만 학생들은 맛있다며 난리들이었다. 그는 별급 레스토랑의 오너 셰프로 이탈리아 에서도 인정을 받은 마에스트로였다. 그의 어머니가 주방을 맡고 있고 그는 디저트 및 제빵 등을 책임진다고 했다. 그는 특히 세몰라(Semola: 노란 빛을 띤 경질 밀가루)를 사용해 토핑을 넣어 만든 포카치아를 선보였는데 국내에서는 이처럼 다양한 방법으로 구워 낸 빵은 보질 못했고 그는 역시 훌륭한 장인이었다. 특히 제빵 시간에 실습했던 치아바타는 나에게 무척 힘든 빵이었다. 반죽이 질어서 손에 달라붙기 일쑤였고 성형을 하는 것부터 보통 힘든 일이 아니었다. 그리고 오븐에 구울 때 스팀과 오븐 구멍을 열어야 할 시점 등은 나에겐 까다로운 대상이었기에 제대로 빵이 나오지 않았고 요령을 모른 채 지나갔다. 지금도 치아바타는 제대로 굽지 못한다는 것이 너무나 창피하다. 한국에 돌아와 시간이 지난 후에 SNS를 통해 그의 소식을 알 수 있었는데 그는 이미 전 세계적으로 유명한 스타 셰프가 되어 있었다.


### 파마산 치즈가 아닌 파르미지아노 레지아노(Parmigiano Reggiano)

이태리 요리를 처음 시작할 때는 파마산 치즈의 실체를 알지 못했다. 국내에서는 전문 매장이나 식품 코너에 가지 않으면 조각으로 파는 파마산 치즈를 보기가 힘들었다. 그렇기에 피자집에서 테이블에 올려 둔 초록색 플라스틱 통에 담긴 치즈가 파마산 치즈인 줄만 알았다. 하지만 그건 오리지널 치즈를 소량 가미해 맛과 향을 낸 이미테이션이란 걸 시간이 지난 후에 알았다.

　내일은 수업이 없는 날이다. 금요일까지는 수업이 있지만 학교 수업 중 견학을 가는 기회가 몇 번이 있는데 그 중 한 번은 이태리 요리에 기본 양념인 파마산 치즈를 만드는 공장 견학이 있는 날이었다. 견학 전날 밤에 다음날에는 견학이라는 가벼운 마음을 가지고 있었기에 하루 종일 수업에 신경을 쓰지 않아도 된다는 편안함에 늦은 밤까지 술과 노래를 부르며 외로운 유학 생활을 즐겼다. 아침에는 전날 늦게 까지 술자리에 있었던 사람들은 버스가 기다리는 동안에도 침대에서 일어나지 못했다. 그런 상황을 본 학교 관계자와 통역 선생님인 소피아는 얼굴을 잔뜩 찌푸렸고 나쁜 욕이 혀를 통해서 나왔다. 그녀는 한국사람 이미지가 안 좋아지며, 얼굴에 먹칠을 한다며 씩씩거렸다.

　피에몬테 주에서 공장이 있는 파르마가 있는 로마냐 주까지 가야했음으로 장시간 차를 타야만 했다. 문제는 오랜 시간 버스를 타고 가면서 일어났다. 버스를 타고 고속도로를 주행하고 있는 도중에 자리 맨 끝쪽에 앉아 있던 막내 상령이는 뭔가 급하고 힘들어 하는 모습에 기사에게 이상한 바디 랭귀지를 구사하는 듯했다. 상령이는 급했다. 화장실이 아니라 전날 먹은 술에 속이 뒤집힌 모양이었고 차가 정차

할 여유도 주지 못한 채 그는 버스 계단에 분비물을 힘껏 쏟아 버렸다. 그런 모습을 본 이태리인 버스 기사는 황당해 하며 특유의 제스처와 언어를 쏟아내며 불쾌감을 직설적으로 표현했다. 잠시 우린 멍하니 바라보며 더럽다는 생각을 뒤로하고 걱정 먼저 들었다. 우린 서둘러서 치우려고 노력했다. 가지고 있는 물을 걷어 뿌려서 이물질은 제거했지만 악취는 차를 내리는 시간까지 남아있었다. 전날 먹은 그라파(Grappa)가 구토의 근원이 된 듯했다. 하루가 지난 후에 들은 이야기지만 초저녁에 준비한 맥주, 그라파 등이 모두 동이 났는데 9시면 마트가 문을 닫기에 늦은 저녁까지 하는 바에 가서 그라파를 사와서까지 마셔서 이런 상황이 발생했다며 다들 투덜거렸다. 같이 마셨던 수민과 민경도 따가운 눈초리를 피하진 못했다. 상령은 이제 갓 20살이었기에 더더욱 그랬다. 그는 막내로서 그런 행동에 전혀 책임 의식도 못 느끼고, 위축도 들지 않았다. 더 웃긴 건 '소주 먹었으면 괜찮았을 텐데 그게 그라파라 느낌이 다르다며' 태연한 척을 했다.

우리는 몇 시간을 달려 에밀리아 로마냐 주의 파르마(Parma)라는 곳에 도착하여 파마산 치즈 공장에 도착했다. 공장 관계자가 나와 우리를 반갑게 맞이해 줬고 만드는 공정마다 자세한 설명이 곁들여져 진지한 현장 수업을 이어갔다. 소피아는 감정을 자제하며 자세하게 자신의 임무인 통역을 열심히 해줬다. 점심은 파마산 치즈가 듬뿍 들어간 리조또(Risotto)로 허기진 배를 채웠다.

## 순배는 시끄러운 학생

나는 이태리어를 잘 못했다. 언어적 감각이 뛰어난 사람을 보면 대다수가 수다스럽고 자신의 의사 표현을 정확히 하는 편인데 난 내성적이며, 소극적이며 대범하지도 못했다. 국내에서는 더더욱 그랬다. 그러나 이태리에서 사는 동안은 당당하고 씩씩한 사람으로 달리 행동하고 싶었다. 학교를 마치면 늘 몇몇이서 마을을 지나 집과 집 사이에 비탈길을 내려가며 1층 상점과 2층의 가정집 사이를 걸어가는데 발코니에 나와 있는 아줌마와 나이 든 할머니들이 우리를 신기하다는 듯이 바라보곤 했다. 난 그것을 의식적으로 주시하고 아주 큰소리로 '보나세라'(Buona Serra: 저녁인사)를 외치면서 나의 소심함을 떨치려 노력했다. 실제로 이런 행동이 언어를 남들보다 빨리 배울 수 있었던 배짱을 만들어 준 것 같다. 내가 알고 있는 언어를 반복하기 위해서 주말에 학교 주변에 시장이 열리는데 상점 주인들과 레코드 상점 아저씨 그리고 여러 가지 제철 과일과 야채와 종묘를 파는 아줌마 등과 판에 박힌 언어만을 하며 반복 학습을 했다. 물론 늘 하는 언어지만 이런 것들이 같이 시작한 동료들보다 더 나은 언어를 구사할 수 있었던 방법이 된 듯했다. 언어는 반복 학습

열공하는 알폰소

이라는 말에 나는 공감을 한다. 아침에는 그날 쓰고 싶은 회화를 미리 연습하여 동료들이 옆에 있는 모습을 보고 더 당당하게 이태리어를 구사했다. 하지만 그것이 전부였다. 늘 하던 이야기를 또 하고 그랬는데도 불구하고 언제쯤 자유자재로 언어를 구사하게 될지 나도 궁금했었다. 그래도 매일 남들보다 일찍 일어나 기숙사 뒤편 향초 밭에서 '최보선의 쉬운 이탈리아' 책을 읽고 또 읽어 내려갔다.

## 졸업시험 사지오 피날레(Saggio Finale)

우리는 3개월 동안의 학교 수업을 마쳤고 각자 원하는 스테이지를 나가야 했다. 그동안 배운 것을 시험 삼아 학교 관계자들과 다른 반 동료들 그리고 한국 브레베 반 등을 불러 식사를 대접하며 졸업시험 삼아 결과를 평가받았다. 3개월 동안의 평가를 받고 학교 생활을 마치며 각자 원하는 레스토랑으로 떠나게 된다. 졸업시험은 코스 요리로 진행되는데 각자 코스에 맞혀 두 세 명이 맡아서 50인분의 요리를 준비해야만 했다. 식사 손님들은 그들뿐만 아니라 학교 교장과 학교가 위치한 마을인 코스틸리오레 다스트(Costilgliole d'Asti)지역의 관계자 등이 포함되어 있었다. 우리는 식사 빵과 전채, 파스타 요리, 메인 요리, 디저트 순으로 각자 맡아 준비했다. 우리보다 먼저 수료를 하는 한국 브레베 코스 학생들도 직접 그동안 배운 음식으로 수료식 겸 사지오 피날레(Saggio Finale: 졸업시험)를 했는데 우리가 손님이 되어 식사를 하고 평점을 매길 수 있었다. 그들의 요리는 훌륭했지만 한국에서 유행하는 한국식 이태리 요리 방식과 기법이 가미되어 손님과 학교 관계자들에게는 큰 반응을 보이질 못했다. 그러나 내겐 생소하고 멀기만 한 조리 기법들이 배열되어 내 얼굴에선 부러움이 표현되었다.

벌써 2주 후로 졸업시험 날짜가 코앞으로 다가왔다. 우리가 선배들의 음식을 앉아서 손님처럼 먹었지만 이제는 우리가 메뉴를 구성하여 손님들을 위해서 만들어야만 했기에 생각보다 긴장감이 맴돌았다. 모든 메뉴는 우리 반 담당 피에트로 발디 선생님의 지시 하에 이뤄졌다. 나는 전채를 맡아 음식준비를 했다. 들어갈 재료는 다름 아닌 토끼 고기였다. 동기인 태인과 같은 조가 되어 요리 준비를 했고 토끼 고기를 손질하는 것부터 우린 오랜 시간을 소비했다. 토끼는 잔뼈가 많았기에 5마리를 손질하는 데 무려 3시간이 넘게 걸렸다. 우리는 졸업시험이 내일이란 걸 잊은 채 쉬어가며 쉬엄쉬엄 준비를 했다. 결국 발디 선생님은 한심한 우리를 보고 답답해했고 시간이 부족하다며 투덜대면서 안타까운 듯 손을 보탰다. 손질한 고기를 인덕션(Induction Ranger: 전기 레인지) 옆으로 가져와 달궈진 팬에 올리브유를 두르고 으깬 마늘, 향초인 로즈마리, 세이지, 월계수 잎을 볶은 후 토끼 살을 넣어 앞뒤로 진한 갈색을 낸 후 화이트 와인을 넣어 불을 낸 후 조려 건져 냈다. 그런 다음 고기 국물은 식혀서 화이트 와인 식초와 여러 가지 야채를 넣어서 드레싱을 만들어 냈다. 그런 후 유

Paglia e Fieno

리병 속에 구운 토끼 고기를 넣고 남은 고기국물을 넣어 병입을 했고 병목 부분에 비닐을 둘러 감싸고 뚜껑을 닫고 중탕으로 3시간 정도 약한 불에서 서서히 끓였다. 기다리는 동안 우리는 같이 곁들일 야채와 오렌지 등을 손질하여 냉장고에 정리하여 보관했다. 토끼 고기는 조리가 끝이 나서 우리는 내일 접시에 담아 제공을 하면 문제가 없었다. 다른 조는 아직도 부산했다. 특히 프리모(Primo: 밀가루를 주재료로 만들어진 음식이 제공되는 정찬코스단계)를 맡은 석진, 선희 누나 조는 아직도 반죽과 씨름을 하고 있었고 결국 시금치를 넣은 딸리아뗄레와 샤프란을 넣어 만든 팔리아 에 피에노(Paglia e Pieno)가 완성되었다. 초록색과 노란색을 반반 섞어서 풀과 건초를 표현하는 면을 만들어 냈다. 소스는 바질 페스토를 사용 하는데 지나치게 믹서기에 오래 갈아서 색이 누런 빛이 돌았고 석진과 누나는 다시 만들어야 할지 고민을 하고 있었다. 오늘은 다들 이태리에서의 지친 하루를 보냈고 내일은 모두에게 바쁜 하루였음을 기억할 것이다.

　다음날 우린 점심 식사 시간에 맞춰 50인분 정도 음식 준비를 해야만 했고 또한 살라(Sala: 홀 준비) 준비도 당연히 우리의 몫이었다. 우리는 열두 시에 음식이 시작되므로 음식 준비와 접시 등 수량을 체크하고 모든 걸 마쳤고 준비 시작만 기다리는 동안 전채와 빵 그리고 아페르티보(Apertivo) 음식을 준비하는 조부터 접시에 음식을 담기 시작했다. 테이블에는 전 조원들이 만든 빵과 아페르티보가 담겨 있어 제공이 된 상태였다. 이제 우리 순서였다. 우리는 접시에 모둠 샐러드를 작게 잘라서 준비한 것을 접시 중앙에 소량 담고 어제 유리병에 담겨 삶은 토끼 고기 살을 올리려고 하는 순간 이상한 냄새와 함께 손에는 끈적끈적한 점액질이 묻어 나왔다. 난 이것이 상했음을 알 수 있었다. 등에는 식은땀이 흘렀고 도대체 어떻게 해야 할지 모르던 순간 발디 선생님은 그런 나를 보고 사태의 심각성을 인식한 후 주방에 근무하는 파올라에게 뿔닭의 가슴살을 가져오라고 했다. 우리는 선생이 지시한 대로 가슴살을 얇게 포를 떠서 소금과 올리브유와 향초를 뿌린 후 구운 후 젓가락 모양으로 잘라서 샐러드 위에 뿌렸고 토끼 즙으로 만든 드레싱을 뿌린 후 서빙이 진행 되었다. 우리의 50인분의 음식이 디저트까지 서빙이 마감되고 나는 다리가 풀렸다. 발디 선생님은 어떻게 그런 생각이 떠올랐을까 하는 생각이 들 정도이다. 그것이 요리 경력의 차이와 주방장의 책임인 듯 보였다.

우리가 준비한 요리들이 모두 제공된 후 학생들은 전부 식당으로 나오라는 신호가 떨어졌다. 우리는 많은 박수를 받으며 입장을 했고 나는 얼굴이 빨개졌다. 우리들 중 언어가 제일 뛰어난 인숙 누나와 철환은 3개월 동안 학교 생활에 대한 느낌을 적어 손님들 앞에서 읽기 시작했다. 마지막으로 손님들이 평가한 음식 점수를 공개하기 시작했다. 물론 기대는 하지 않았지만 역시나 우리 조는 제일 낮은 점수를 받았고 혹시 손님들은 토끼 고기가 아니고 뿔닭 가슴살인지 눈치를 챘을까 하는 생각이 들었다. 준비하는 과정에서 먹어본 결과 토끼 고기가 마치 닭가슴살 맛이 났다는 것을 알기에 그런 것이다. 혹시 다들 미세한 맛에 눈치를 챘을까? 생면 파스타를 했던 석진 조는 최고점을 받았다.


## 졸업 파티는 저수지에서

우린 학교 정규 수업을 마쳤고 피에트로 발디 선생님은 우릴 동네 잔치에 초대를 했다. 학교 선생들과 관계자들을 불러 즐거운 시간을 보내자며 파티를 기획한 것 같다. 발디 선생님은 이 지역 꼬스틸레오레 다스타(Costigliore d'Asti)에 오래 살아서인지 많은 분들과 친분이 있었다. 이미 준비된 저수지 주위에 모여서 우린 서너 명씩 각자가 맡은 요리 부분에 한에서 최선을 다하며 3달 동안 배운 요리 솜씨를 뽐내려 서로 칼질이나마 최고인냥 으시대며 다들 몰입했다. 바비큐와 음식들을 준비하여 파티가 시끄럽게 진행이 되었다. 준비된 음식은 테이블에 가지런히 놓여 동네 어르신들 먼저 식사를 시작으로 우리들도 각자의 접시에 음식을 담아 한가로운 식사를 마쳤다. 바비큐를 하고 남은 장작은 시간이 흐를수록 불씨가 시들어갔지만 밤의 열기는 깊어져 갔고 파티 또한 절정을 향해 치달았다. 밤 기운은 동네 꼬마 녀석들을 잠재우기에는 역부족인 듯 보였다. 역시나 파티에는 시끄러운 뭔가가 있어야 함을 아쉬워하듯 녀석들은 폭죽을 가져와 핑음을 내며 좋아했다. 우린 하늘과 저수지에 비친 불꽃을 보며 지난 3개월을 아쉬워했다. 학교 조리 수업에 언어가 미숙해 준비 조를 하면서 겪은 실수들, 기숙사에서 취해서 힘들었던 기억, 와인 시간의 사건 사고들 그리고 소중한 요리 수업 시간들을 회상하면서 내 가슴속 깊이 추억이 간직될 것 같았다.

# ♨ 첫 번째 레스토랑 스테이지

## 나의 첫 스테이지 '라 볼리아 마타'(La Voglia Matta)

나에 첫 스테이지는 라 볼리아 마타라는 레스토랑으로 결정되었다. 우리는 원하는 레스토랑과 지역 등을 학교 측에 제출했고 학교 관계자들은 최대한 의사를 반영하여 결정을 했다. 나는 혼자 스테이지 생활을 결정하고 미식의 도시이며 파스타의 중심지 볼로냐를 꼽아서 제출했는데 볼로냐(Bologna)에서 가까운 라벤나(Lavenna)로 결정이 됐다. 레스토랑의 이름을 받아보고 사전을 찾아봐도 나로서는 쉽게 해석이 되지 않는 레스토랑 이름이었다. 통역 선생인 안젤라(Angela)에게 묻고 나니 뭔가 심상치 않은 기운이 느껴졌다. '미치고 싶다'라는 의미, '이건 뭘까!'라는 의문점이 들었다.

우리는 마지막 졸업 시험인 사지오 피날레(Sagio Finale)를 마치고 나서 기숙사에서 밤새도록 파티를 벌일 계획을 가지고 있었다. 기숙사로 돌아와 각자 휴식을 취하면서 7시에 기숙사 식당에 모여 이별 파티를 벌이기로 했다. 시간이 되기 전에 동기 중 반장은 요리 선생님인 피에트로 발디 선생님이 왔다며 각 방에 노크를 하며 호들갑을 떨었다. 발디는 통역 선생님인 소피아와 같이 들어와 한 명씩 호명해 가면서 자신이 직접 만든 와인을 한 병씩 선물로 주기 시작했다. 이제는 내 이름이 호명되고 먼저 받은 사람들도 그랬듯이 나는 악수와 바치(Baci: 볼 키스)를 했다. 발디는 내게 몰토 브라보(Molto Bravo)라고 말을 하면서 와인을 건넸다. 나는 그 말이 모든 졸업생에게 의례적인 말인 줄 알고 별 반응을 보이지 않았다. 항상 많은 욕심과 질투 그리고 고집 센 석진은 그 말을 듣고 나를 부러워했다. 나는 헤어짐을 아쉬워하며 밤새 술을 먹고 많이 취했다. 동기들과 헤어짐이 아쉬워 많은 술을 마셨고 석진과 같은 침대에 떨어져 잠이 들었다.

　아침 일찍 우리를 기다리는 학교 버스가 기숙사에 도착한 줄도 모르고 각자 방에서 전날 마신 술 때문에 숙취에 힘들어하면서 힘겹게 일어나 서로에게 행운을 빌면서 이별을 청했다. 학교 근처에 스테이지를 떠나는 동료들을 제외하고 우리는 각자 떠나는 모습을 뒤로하고 원하는 레스토랑으로 발길을 옮겼다. 학교 근처의 피에몬테를 제외하고 학교 근처로 가는 학생은 주방장이나 사장이 직접 차를 가지고 데리러 오는 모습도 보였고 중부지방이나 타 지역으로 떠나야 하는 동기생들은 아스티(Asti) 역까지 학교 버스를 타고 서로 원하는 시간의 기차를 타고 떠났다. 나는 반장과 도경 누나와는 에밀리아 로마냐 주이므로 방향이 같았고 그리고 진아 누나는 마르케 주인 앙코나(Ancona) 방향이었다. 열차를 타고 서로가 원하는 목적지가 도달하기를 바라면서도 아쉬워하며 내리기 시작들 했는데 진아 누나는 먼저 내려 다른 열차로 갈아타기 위해 이별을 고했고 기분이 참으로 묘했다. 우린 3시간 동안 밖으로 비쳐지는 풍경을 보기도 하고 잠을 청하기도 했다. 드디어 우리가 헤어질 곳으로 도착한 것은 볼로냐(Bologna)였다. 볼로냐를 가리키는 이정표와 열차 차로가 다른 도시에 비해 많은 걸 보니 이곳이 교통의 중심지인 듯해 보였다. 반장과 도경 누나는 열차에서 내리지 않고 리미니(Rimini)까지 갔다. 나는 그들과 헤어짐을 아쉬워하며 발길을 옮겼다. 볼로냐에서 내려 다시 플랫폼을 바꿔서 지역 구간을 반복 운행하는 레지오날레(Regionale)를 탔다. 대도시인 볼로냐를 지나자마자 평야지대가 펼쳐지고 대부분은 과수원인 듯 배, 사과, 야채 등이 많이 보이는 편편한 지대가 차창 밖으로 펼쳐져 앞으로 다가올 나의 스테이지 생활과는 전혀 관련이 없어 보였고 혼자 여행을 하면서 느끼는 외로움과 고독이 밀려와 미칠 것 같았다.

우고(Ugo)라는 간이 역에 내리자 레스토랑 지배인 알프레도가 차를 대기하고 기다리고 있었다. 난 수줍은 말투와 힘이 없는 목소리로 차오 피아체레(Ciao Piacere: 안녕하세요. 만나서 반갑습니다.), 코메 시 키아마(Come Si Chiama: 이름이 뭐니?) 등등 내가 첫 만남에서 할 수 있는 최대의 초급 회화를 구사했다. 마치 책을 암기한 듯 그에겐 나의 억양과 인사말이 어색하게 들렸는지 그는 고개를 갸우뚱거렸다. 나를 싣고 달리는 차창너머 고즈넉한 시골 풍경과 풍부한 나무들, 회색과 아이보리 빛의 주택들이 나무 사이사이에 비쳐 나의 마음을 편안하게 했다. 하지만 뒤에 다가올 나에 고된 실습 생활을 인지하지 못한 채 나는 감성에만 푹 빠져있었다.

차가 멈추고 회색빛으로 둘러싸인 3층 건물의 자그마한 호텔이 보였다. 국내 특급 호텔은 규모가 크지만 유럽의 호텔은 고층 건물로 짓지 않는다. 그러다 보니 자그마한 호텔은 정말 작아서 우리나라 모텔 수준 정도의 규모를 가지고 있는 호텔도 많다. 레스토랑 입구에 내려 여행용 가방을 끌고 현관 앞을 서성이고 있는데 차를 주차하고 나온 알프레도는 초인종을 누르라며 내게 말했다. 다시 문이 열리기를 기다리며 1분 정도가 지나고 유리문이 열렸고 체구가 큰 금발의 여자가 뒤뚱거리며 내게 윙크를 하듯 인사말을 건넸다. 난 머릿속으로 포스가 대단하겠다는 생각밖에 들지 않았다. 알프레도는 우리의 셰프이며 여기 레스토랑의 주인이라며 그녀를 소개했다. 나는 은근히 걱정이 되기 시작했고 잡생각이 들기 시작했다. 알프레도는 숙소를 안내해 주겠다며 나를 데리고 호텔로 올라갔다. 그러나 마지막 층에서 다시 계단으로 올라가니 결국 도착한 곳은 다락방이었다. 거긴 3개의 침대가 나란히 놓여 있었고 내게 창문 쪽을 사용하라고 했다. 호텔이라 좋아했건만 숙소가 다락방이라니 한숨만 나왔다. 짐을 풀고 나니 지배인인 알프레도는 지금은 레스토랑이 2주 동안 여름휴가에 들어가 영업을 하지 않으니 끼니는 직접 주방에 가서 원하는 재료를 가지고 식사를 만들어 먹으라고 했다.

다들 스테이지에 적응해 갈 무렵 내가 일할 레스토랑은 휴가기간이었다. 라볼리아 마타를 처음 만나는 순간, 고생의 시작이었다. 레스토랑 이름에서 풍기겠지만 '미치고 싶다'라는 그 의미를 깨달은 건 레스토랑의 여름휴가를 마치고 본격적인 나의 첫 실습을 할 시점이었다. 셰프인 바르베라(Barbera)의 성격과 외모를 보고 표현한 문구인 듯했다. 그녀는 요리에 미친 '돌 아이'였다.

첫날밤은 참으로 잠이 오질 않았다. 침대에 누워 학교생활 그리고 같은 날 헤어진 한국인 동료들 등등 많은 생각에 침대에서 엎칠락 뒤치락거렸다. 아침에 난 지배인에게 말하고 무작정 대도시의 볼로냐 서점에 가기로 마음먹고 호텔 앞에서 마을버스를 타고 우고(Ugo)역에 가서 볼로냐 행 레지오날레(Regionale)기차를 탔다. 어제와 다르게 이곳의 경치들이 점점 낯설지가 않아 보였다. 볼로냐 중앙역에 도착하여 지도를 찾아 안내 책자에 소개된 시장 골목을 찾아 헤맸다. 그곳은 의외로 인디펜덴치아 거리(Via Indipendencia)에 위치하고 있고 골목마다 신선한 과일 야채 그리고 소시지 등이 즐비하게 늘어서 있었다. 그중에서도 파스타의 고장 아니랄까 봐 많은 생 라비올리들을 만들어 상점에서 판매하고 있었다. 난 그 모든 식재료들이 신기하고 즐거운 눈요깃거리였다. 시장을 지나 5분 정도 걸어 나왔다. 세계적으로 유명하고 전통이 있는 볼로냐 대학이 자리하고 있었고 한국 내 대학은 큰 건물과 넓은 캠퍼스를 연상했지만 이곳은 오래된 건물로 구성되어 좁은 도로를 경계로 여러 단과대학들이 자리하고 있어 대학이라고는 생각할 수가 없었다. 난 이곳저곳을 구경을 하다 서점에 요리 코너에 들러 에밀리아-로마냐 지역의 전통요리 책을 찾아 책을 구매했다. 서점을 나와 이정표도 보지 않은 채 이곳저곳을 산책하다 공원에 앉아 엽서에 몇 자를 적어 한국 내 지인에게 안부 편지를 썼고 바로 근처 우체통에 넣었다. 돌아오는 길은 참으로 무료했다. 돌아와 호텔 앞에 서 있을 때는 가로등 불만 환하게 비칠 뿐 호텔 앞은 불이 꺼져 있어 외로움이 밀려왔다. 휴가가 끝나고 레스토랑 영업이 시작되려면 아직도 10일 이상 남았다. 무의미하게 쉬는 건 지겨웠다. 앞으론 쉴 시간이 없다고 하니 이 기간에 나도 휴가를 즐겨야겠다고 생각되어 넉넉하지 않은 용돈을 나눠 밀라노를 구경하고 겸사겸사 친구 석진을 만나 신세를 질 생각으로 3일 동안 밀라노 여행을 계획하고 바로 간단한 짐을 꾸려 말라노 행 인테르시티(Intercity)열차에 몸을 실었다. 오랜 시간을 걸려 도착한 밀라노 역에 내려 두리번거리며 밀라노의 갈리아(Gallia) 호텔을 쉽게 찾을 수 있었고 로비에 들어가 주방실습생인 한국 학생 석진과 만나고 싶다고 얘기를 했더니, 쉽게도 5분이 지나서 석진은 로비로 나왔고 날 반갑게 맞아 주었다. 하지만 그의 외모와 편치 않은 몸 상태를 보며 뭔가 불안해 보였다. 삭발까지 했고 지쳐보였지만 그의 남다른 각오를 볼 수 있었다. 석진은 조금만 기다리면 3시에 업장 크로스 타임이라 쉬는 시간이며 같이 숙소에 가자고 했고 난 호텔 로비 밖에서 10분 정도 기다려 그와 숙소로 향했다. 숙소는 호텔 뒤편 건물의 3층에 위치해 있었는데 엘리베이터가 참으로 신기했다. 유럽 영화 속에서 자주 등장하는 철창이 달리고 둔탁한 소리가 들렸고 낯설어 보였다. 철창 밖으로 엘리베이터 밖이 다 보이며 올라가는 중간 중간에 계단으로 오르는 사람들 모습도 보였다. 한국에서는 모든 것이 빠르고 현대적인데 여기는 건물도 너무 오래되어 보였다. 방에다 짐을 풀고 빈방이 하나 더 있는데 호텔 홀 직원이 사용하는데 요즘은 들어오지 않는다며 아무데나 사용해도 좋다고 했다. 얼마 전 몇몇 동기들이 먼저 다녀갔다는 것이다. 그 후 유증으로 방과 거실 곳곳에 술병들이 잔뜩 놓여있었다.

　나는 그가 다시 일을 하러 갈 때쯤 밀라노 번화가가 어딘지 가봐야 할 곳을 추천받은 곳을 혼자 돌아다니기 시작했다. 웅장한 밀라노 대성당과 번화가인 부에노스아이레스(Buenosailes) 거리를 걷고 구경을 하다 힘들면 서점에 들어가 요리 코너에 한참 동안을 전문 요리사가 쓴 책을 보곤 했다. 10시쯤에 석진은 퇴근하고 우리는 바에 들러 간단한 맥주로 서로의 이태리 유학 생활에 관해 이야기를 시작했다. 요리적인 감각이 뛰어난 그를 난 늘 부러워했다. 결심이 굳은 그의 모습을 보고 나 또한 이런 식으로 무의미하게 휴가를 보내는 것이 부끄러웠다. 다음날 저녁도 일을 마치는 석진을 기다리기 위해 밀라노 중앙역 앞의 벤치에 앉아 있을 때쯤 이상한 거래가 이뤄지는 걸 보았다. 흑인 몇몇과 백인들이 이상한 물건을 서로 돈을 교환하면서 물건을 건네주는 장면이 포착되었다. 아마도 그건 뉴스에서 보았던 마약 거래가 아닌가 싶어 무섭기도 하여 얼른 갈리아 호텔 앞으로 이동을 했고 친구 일이 끝나는 것을 기다렸다. 우린 마지막 밤을 바에서 맥주를 마시며 먼저 시작한 갈리아호텔 주방의 요리사, 셰프와 주방생활을 듣기 시작하며 다시 한 번 그의 요리 열정이 대단하다는 것을 알게 되었고 밀라노에서의 마지막 밤을 그렇게 보냈다. 다음날 아침 기차를 타고 내려가는 동안 스테이지 계획을 세웠고 휴가 기간이 많이 남아있기에 알프레도에게 다른 레스토랑에서 배울 수 있는지 알아봐 달라고 요청을 해야겠다는 생각이 들었다.

　다음날 아침 알프레도는 여러 곳에 전화를 해보고 나서 한 곳을 소개 해 주었다. 알프레도는 조그마한 레스토랑이므로 배울 게 별로 없을 거라며 큰 기대는 하지 말라고 한마디 덧붙였다. 소개받은 곳은 라 볼리아 마타에서 자가용으로 10분 거리에 있는 트라토리아급의 식당이었다. 이탈리아의 레스토랑의 종류는 다양하다. 정장과 드레스 코드를 필요로 하는 식당을 '리스토란테'(Ristorante)라 불리고 지역 전통요리나 파스타나 대중적인 음식을 파는 곳은 '트라토리아(Trattoria)'다. 이곳은 편한 옷차림으로도 식사를 할 수 있다. 그리고 트라토리아의 형태와 유사한 음식을 제공하며 선술집 같은 분위기이며 펍(Pub) 개념의 레스토랑인 '오스테리아'(Osteria)가 있다. 이곳은 파스타와 간단한 전채, 샐러드와 메인 요리들을 파는 식당으로 드레스 코드가 필요 없는 식당이다. 마지막으로 피자를 전문적으로 파는 '핏제리아'(Pizzeria)가 있다. 이곳은 트라토리아 급의 식당으로 식당 이름은 피노키오(Pinochio)였고 일을 시작한 지 한 시간 채 지나지 않아 난사고를 치고 말았다. 주방장은 내게 해물을 다듬는 일을 시켰는데 개수대에 많은 조개와 새우를 다듬고 치우는 순간 벽 사이에 천 조각이 덮여 있는 것을 제쳤는데 그 벽과 싱크대 사이에 칼이 반대로 세워져 있어 그 칼에 손을 베였다. 베는 순간 너무 아찔하여 고통스러웠고 피가 흐르면서 심한 빈혈 증세가 났고 쉽사리 멈추지 않아 정원에서 한쪽 손으로 지혈을 하고 있는데 이 사실을 눈치를 챈 주인은 알프레도에게 전화를 해서 데려가라는 말을 전했던 모양이었다. 알프레도가 나를 데리러 왔고 나는 부끄러워 얼굴을 둘 수가 없었다. 주인아저씨에게는 지혈제와 치료를 해준 것에 대해 감사함을 전한 후 레스토랑을 떠났다.

나는 다락방 침대에 며칠 동안 누워있었다. 난 쉬는 동안 몸이 근질근질 해졌고 무료함을 느껴 이 지역의 레스토랑이 어떤 곳들이 있는지 알아봤고 그중 한 곳을 선택한 후 알프레도에게 다시 소개시켜 달라며 조르기 시작했다. 그는 레스토랑에 전화를 걸어 가능한지 알아봤고 레스토랑 사장은 허락을 한듯했다. 알프레도와 나는 차를 타고 푸지냐노(Fusignano)옆 도시인 바냐카발로(Bagnacavallo)로 향했고 이름이 '누오바 피아짜 리스토란테'(Nuova Piazza Ristorante)였다. 사장과 만나는 순간 그는 내게 손을 모아 인사를 했고 불교 신앙을 믿는 것을 내게 과시했다. 난 사장의 행동이 조금 낯설었다. 그는 인도인임을 자랑스러워했고 사장 이름은 마우리조(Maurizio)로 부모님이 인도 순수 혈통으로 어렸을 때 이탈리아로 이민해 왔고

누오바 피아짜(Nuova Piazza) 스텝

부모님을 따라 정착을 했던 것이다. 그는 나를 주방으로 안내해 주었고 3명의 식구들과 인사를 했다. 주방장인 테호(Teho), 필립포와 할머니 이렇게 3명이 나를 반갑게 맞아주었다.

## 셰프는 칼을 능숙하게 사용할 줄 알아야 한다

혼자 생활하다 보니 동기생들과 한국에 있는 가족들의 안부만이 나의 외로움을 없애는 데 도움이 될 뿐이었다. 대부분 동기들은 스테이지 생활을 혼자 가는 것을 선택했지만 몇몇은 짝을 지어 나갔다. 희택과 철환은 아스티(Asti) 지역 부근에서 피에몬테(Piemonte) 요리를 배우길 원했고, 양수 형과 해천은 리구리아(Liguria) 주의 제노바(Genova) 부근에 해산물 요리를 배우길 원해서 그쪽으로 떠났다. 그리고, 여동생들인 민경과 수민은 스위스의 알프스와 인접한 추운 북부 지방인 발레 다오스타(Valle D'Aosta) 주에 아오스타(Aosta)에 나갔다. 내가 스테이지 생활을 하며 적응해 가고 있을 때쯤 여러 동기들 소식이 도경 누나로부터 하나 둘씩 들려왔다. 수민과 민경은 벌써부터 험난한 스테이지 생활에 불평하고 힘들어 했고 그런 동생들이 걱정되어 여러 통의 격려의 편지를 보냈다. 그중에 마지막으로 받은 그녀들이 보낸 편지에는 '오빠 답장하지마! 우리 오늘밤 여기 뜬다'라는 표현이 강조되어 있었다. 편지 내용으로 봐서는 몰래 야반도주하겠다는 의지가 강한 편지 내용들이었고 힘든 생활인 듯 느낄 수 있었다.

얼마 후 난 엄청난 소식을 도경 누나에게 다시 들었는데 수민과 민경은 레스토랑에서 도망 나왔다는 것이었다. 어떤 부분에서는 공감이 가는 행동일 수 있지만 그러면 안 되는 일이었다. 나는 리미니(Rimini)에서 생활하는 도경 누나에게 전화를 또 걸었다. 한국인 여성으로 주방에서 일을 하는 학생이며 크리시티나(Cristina)로 불리는 한국 학생과 통화할 수 있는지 허락을 받아야만 통화를 할 수가 있었다. 지금이야 보편화된 스마트 폰이 있지만 이때는 국내에 처음 보급된 무거운 휴대전화가 전부였던 그 시절이다. 난 그때는 무거운 휴대전화인 그것조차 없었기에 통화란 공중전화 카드만을 이용할 수밖에 없었다. 다음부터는 자세한 설명을 하지 않아도 되었다. 한국인 크리스티나 하면 다 알아들었다. 누나와 통화를 하면서 도망 나온 동생들의 거처를 알 수가 있었다. 지금 그녀들은 로마 민박집에 기거하고 있다고 했다. 학교에는 연락도 안하고 방황하며 로마 밤거리와 쇼핑을 즐기며 자유를 만끽하고 다닌다며 철이 없다며 비꼬듯이 말을 이어갔다. 누나는 그녀들에게 먼저 학교에 연락을 해야 한다는 말을 강조했지만 도통 말을 듣지 않는다는 것이다. 그녀들의 행동의 합당한 이유인 즉 '셰프 마리오가 이들이 일하는 것이 익숙지 않고 느리다 보니 화가 나서 칼을 던졌다' 얘기였다. 저녁 예약은 많은데 장사 준비가 안 되고 셰프의 강인함을 보여주려 한 것 같은데 그런 행동이 이들이 섣부른 행동을 하게끔 만들었던 모양이다. 셰프는 이들이 일하는 주방 공간에 칼을 던져 놀라게 했고 동생들은 겁이 나서 저녁에 숙소에서 빠져 나왔다는 것이다. 셰프 마리오는 다음날 단체 예약손님을 받아두었는데 이들이 없어져 무척 곤혹스러웠다고 학교 측에 강력하게 어필했다는 것이다. 그후로 학교에서는 난리가 났고 졸업장을 주지 않겠다며 학교 측은 로마 학교 사무실에 통보를 했고 사무실은 통역 선생을 통해 동생들에게 얘기했다. 다시 돌아가라고 학교 측의 말을 동생들에게 전달을 했지만 다시는 가지 않겠다고 그녀들은 말했다는 것이다. 그후 그녀들은 졸업장과 다음 실습지를 위해서라도 고개를 숙일 수 밖에 없어 로마에서 아오스타(Aosta)까지 10시간 넘는 거리를 다시 돌아가 셰프에게 사과하고 학교에서는 이번 사건에 대해 자숙하라는 경고와 함께 스테이지를 각자 따로따로 나가야 한다며 그들을 갈라놨다. 그녀들이 나간 두 번째 스테이지에서는 아무런 잡음도 없었고 열심히 생활을 한듯했다.

## 누오바 피아짜 리스토란테(Nuova Piazza Ristorante)

나의 첫 스테이지인 라 볼리아 마타에서 첫 스테이지 생활을 시작전에 바냐카발로(Bagncavallo) '누오바 피아짜 리스토란테'(Nuova Piazza Ristorante)에서 전초전으로 생각하고 요리를 배우기 시작했다. 옆 도시인 만큼 자전거를 타고 시골 전역을 달리면 30분 정도면 닿는 곳에 위치하고 있다. 도로를 달리다 보면 한적한 시골집들을 만나게 되는데 아이보리 색의 집과 자그마한 정원에서 재배되는 허브와 빨갛

Osteria Piazza Nuova

게 익은 토마토 등이 잠시 나를 머물게 하곤 했다. 한국에서 보던 토
마토와 흡사해 보이지만 자연적인 단맛을 함유하고 있고 맛이 월등
히 다르다. 한적한 농가에는 나의 시선을 사로잡는 덩치가 큰 멍멍이
가 날 당황스럽게 만든 것은 종종 겪는 일이다. 급하게 도망가다 보
면 한참을 따라와 따돌리려면 자전거 페달을 한참을 돌려야 했다.

바나카발로 가로수 길

마우리조와 테호

레스토랑 입구에 도달하기 위해서 도로 양쪽으로 쭉 뻗고 곧은 전나무들을 지나다 보면 마음도 시원하고 차분한 기분까지 생긴다. 난 출퇴근을 하면서 꼭 들려가는 곳이어서 어떤 날은 자전거에서 내려 한참을 음악을 듣곤 했다. 이곳을 너무 좋아했다. 영화 속 이별의 한 장면의 촬영지여도 손색이 없을 정도로 낭만적인 운치를 가지고 있는 장소여서 이곳에 도착하면 잠시 명상을 즐기곤 했다. 시장과 자그마한 도심을 지나 변두리 외곽에 도착하면 레스토랑이 보인다.

레스토랑은 오래된 광장으로 원형 극장의 형체를 보존하고 있어 오래 전에는 많은 공연이 개최되었지만 요즘은 레스토랑에서만 이벤트성 공연을 했다. 어떤 주말에는 항상 테이블이 없을 정도로 손님들이 많아 항상 바쁜 곳이었지만 무명가수의 칸조네를 부르는 무대가 열려 토요일 밤의 열기를 느낄 수 있었다. 메뉴는 트라토리아(Trattoria) 스타일의 대중적인 레스토랑으로 가격 또한 저렴한 레스토랑이다. 전채에는 이 지방의 대표적인 빵인 *피아디나(Piadina)를 곁들이거나 *노코 푸리토(Gnocco fritto)를 튀겨서 제공하는 것이 이색적이었다.

보통 파스타는 우리들이 알고 있는 '카르보나라(Carbonara)', '아마트리치아나(Amatriciana)' 등의 대중적인 메뉴가 주를 이룬다. 파스타는 드라이 면을 사용했고 메인 요리 중 한 가지 이색적인 스테이크가 있었다. 그건 다름 아닌 *'비스테카 알라 피오렌티나'(Bistecca alla fiorentina)이다. 이 스테이크는 가운데 뼈가 있고, 안심과 등심이 반반

### 피아디나(Piadina)

에밀리아-로마냐(Emiglia-Romagna) 지방의 특히 포블리(Forli), 리미니(Rimini), 라벤나(Ravenna) 도시에서 주로 먹는 얇고 편편한 빵이다. 밀가루에 라드 혹은 올리브유와 소금만을 넣어 반죽하여 얇은 또띠아처럼 팬이나 그리들(Griddle)에 구워 여러 가지 재료를 속에 싸서 혹은 딥을 발라서 먹는 로마냐 지역의 길거리 음식이다. 길거리에 피아디나를 판매하는 피아디네리에(Piadinerie)라고 하는 상점에서 피아디나 속에 여러 가지 콜컷(Cold Cut), 치즈, 잼, 누텔라(Nutella) 등을 넣어 판매한다.

### 뇨꼬 푸리또(Gnocco fritto)

볼로냐, 모데나, 레지오 에밀리아 지역에서 먹는 튀긴 반죽으로, 한입 크기로 잘라 기름에 튀겨서 꿀을 뿌려먹는 요리이다. 이스트를 넣어 반죽을 하기 때문에 튀기면 부풀어 오르고 담백하며 짭조름한 맛을 가지고 있어 식사 전에 주로 먹는다. 지역에 따라 이름이 다르게 불려지며 파르마 지역에서는 토르타 프리타(Torta Fritta), 페라라(Ferrara) 지역에서는 핀지노(Pinzino)라고 하며, 피아첸자(Piacenza) 키솔리노(Chisolino)와 볼로냐(Bologna)에서는 크레쉔티나(Crescentina)라고 불려진다.

### 비스테카 알라 피오렌티나(Bistecca alla fiorentina)

피랜체 스타일의 스테이크를 말하는데 즉 안심과 등심으로 나눠지는 T자형 뼈가 붙어있는 티본 스테이크를 말한다. 티본과 포터 하우스(Poter House) 모두 소의 쇼트 로인(Short Loin)에 있으며, 포터 하우스는 쇼트 로인 한 체의 뒷부분에 가까워 안심 부위가 많은 반면 티본 스테이크는 앞부분에 가까워 안심이 적은 것이 특징이다. 이 비스테카 알라 피오랜티나는 키아나나(Chianina) 지역이나 마렘마나(Maremmana) 지역에서 사육된 소를 이용한 스테이크로 나무나 숯불에 구워지는 것이 대표적이다. 양념은 간단히 소금과 후추, 레몬 웻지(Wdege) 그리고 올리브 유만을 뿌려서 제공되는 스테이크다.

후레쉬 소시지 스테이크

나눠져 있어 스테이크 한 포션이 500g이 넘어 보였다. 그러다 보니 주방장인 테호(Teho)는 메인 가니쉬가 필요 없다고 보고 양상추와 믹스 야채를 섞어 간단히 화이트 와인 식초와 올리브유, 소금, 후추로만 양념하여 접시에 담고 피가 철철 흐르는 스테이크를 담아서 제공한다. 나의 식욕을 부르는 건 스테이크가 아닌 다른 식재료였다. 그릴 위에 시즐(Sizzle) 소리와 함께 기름을 뿜으며 그을린 이태리 산 후레쉬 소세지인 '살시차(Salsiccia)'가 그것인데 일반 소시지와 다르게 소시지 케이싱(Casing)을 열면 고기 덩어리들이 있어 풍미와 질감을 더해주고 간이 강하여 내 입맛에 맞아 이태리 소시지를 좋아하는 이유 중의 하나이긴 했다. 짠 듯하여 샐러드 야채와 같이 곁들여 먹으면 짠맛을 감화시키며 기름기와 조화가 되어 감동의 맛을 느낄 수 있었다. 주문이 많이 밀리다 보니 미리 구워진 스테이크에서 피가 고여 접시에는 핏물이 많이 흐르고 보기 흉할 정도인데도 웨이터는 손님에게 들고 나간다.

주말 7시가 되면 어김없이 작은 음악회가 개최되어 식사하는 손님에게는 더할 나위 없는 낭만적인 분위기가 연출된다. 나는 일이 마치면 같은 방향인 뚱보 요리사인 필립포의 차를 타는데 항상 그는 한

노래에 빠져있어 늘 익숙한 멜로디
만 흘렀고, 숙소까지 걸리는 시간
이 15분이면 노래가사를 다 암기
할 정도로 지겨울 때도 있었다.
제목은 모르겠지만 우리는 창문
을 열어놓고 서로 흥얼거렸고
이들 문화에 빠지려 노력을 해

누오보 피아짜 사장과 함께

보았다. 중독성 있게 반복되는 가사인 '아이 라이크 버
드'(I like birds)를 우린 여러 번 불렀다. 그는 라 볼리아 마타 숙소 앞에
항상 내려주고 집에 갔다. 난 매일 밤 그에게 고맙다는 말을 하고 다
락방 숙소에 올라가 피곤함을 달랬다.


## 테호! 이건 편법아닌가요?

여기 주방은 많은 일에 비하여 적은 인원으로 일을 한다. 중간 조
리 과정을 간단히 하거나 소스나 파스타 등의 완제품을 구입하여 일
을 줄이는 곳이다. 중간 작업을 생략하는 경우 대체품을 사용하는 경
우도 종종 눈에 띈다. 한국 주방에서는 대부분 조미료가 함유된 분말
파우더를 사용하는 경우가 많은데 이곳도 다르진 않았다. 난 아직 라
볼리아 마타의 일을 시작하지 않아서인지 그곳은 별급 레스토랑으로
기대가 되는 곳이었다. 여기는 육수를 치킨, 혹은 비프 큐브로 대체

해서 사용하여 육수를 만들어 많은 요리에 사용하다 보니 대부분 조미료 맛이 많이 났다. 그리고 바닐라 소스는 우유, 계란이 주재료로 서서히 끓여 노른자가 익지 않는 시점에서 원하는 농도의 바닐라 소스를 만드는 것이 일반적인데 테호는 바쁘다는 이유로 전분 물을 넣고 섞어서 간단히 만들고 말았다. 그런 테호의 태도와 설명에 실망을 한 건 사실이지만 별급 레스토랑이 아니라는 이유 하나만으로 그럴 수 있지 하며 난 넘어갔다.

이곳에서 제일 좋아했던 메뉴다. 첫번째 요리는 보자기 모양의 라비올리로 내용물은 고기와 치즈가 듬뿍 들어가 있고 가지 퓨레를 밑에 깔고 새우와 같이 볶은 파고티니 라비올리를 올려서 제공하는 메뉴이다. 디저트인 살라메 형태는 쓴맛과 고소함 그리고 바삭한 쿠키의 질감이 있어 인상깊은 메뉴였다.

내가 스테이지 생활을 하면서 처음 만난 동료는 일본인 요리사인 토모다. 그는 휴가에서 미리 돌아와 일을 시작할 준비를 하고 있었다. 마르코라고 하는 미국인 요리사는 휴가를 즐기기 위해 미국에서 아직 돌아오지 않았다.

토모는 휴가 기간 첫 스테이지 생활에 많은 조언을 해 주었다. 특히 바르베라에게 어떻게 해야 하는지 대처 요령을 내게 자세하게 설명해 줬지만 나는 언어도 이해하지 못했고, 잘 듣지도 않았다. 휴가 기간에 며칠 동안 숙소에 있는 내게 점심을 만들어 주겠다고 1층에 있는 주방에 뭔가를 만드는 것 같았다. 내려가기 전 30분이 지나고 내려오라는 그의 목소리가 들렸고 내려가니 식탁에 달랑 파스타 두 그릇이 놓여 있었다. 그는 '스파게티 알라 카르보나라'(Spghetti alla Carbonara)'를 만들어 놓았다. 한국에서 보던 것이 아닌 진한 노란 빛이 면에 감겨 있으면서 후추도 수북하게 부어져 있었다. 그는 '이것이야 말로 진정한 카르보나라 파스타'라며 내게 먹자고 신호를 했다. 그는 내게 카르보나라의 유래에 대해 아냐고 질문했다. 난 당연히 몰랐고 그는 자세하게도 내게 설명을 해주었는데 북부 이태리 지방의 한 광부가 집에서 파스타를 먹고 있었는데 식탁

누오바 피아짜 와인바

옆 벽난로에서 타로 있던 석탄의 잔재물이 자신의 파스타에 올라와서 카르보네(Carbone)라고 소리를 쳤다고 하여 탄생했는데 여기서 카르보네는 석탄이라는 뜻을 가지고 있고 석탄을 표현하기 위해 거칠게 다진 후추를 파스타에 잔뜩 뿌려 표현을 하고 현재는 베이컨을 쓰지만 원래는 관찰레(Guanciale : 염장 볼살)나 판체타(Pancetta : 염장 삼겹살)등을 사용한다는 것이며 크림을 쓰지 않고 노른자, 풍부한 페코리노 치즈와 약간의 허브를 넣어 만든다는 것이다. 그는 유래를 내게 설명을 해준 후 농담조로 '믿거나 말거나' 하는 식의 짓 굿은 맛을 덫 붙였다. 그의 자상한 설명으로 유래를 알았고 진하고 맛있는 파스타로 점심을 해결했다.


## 바르베라! 보쌈에 고추는 매운가요?

내가 스테이지를 시작한 지 10일이 지나고서야 휴가를 떠난 요리사들이 전부 돌아왔다. 일본인 요리사인 토모는 근무 시작 하기 전에 숙소에 돌아와 레시피 및 메뉴 정리를 시작했다. 그는 이곳 레스토랑에서 1년 정도 일을 했으며 이태리에서는 3년 정도 있었다고 한다. 나는 그와 옆 침대를 같이 사용했기에 그와 금새 친해지기 시작했다. 그는 나의 서투른 이태리어를 주의 깊게 듣고 신경 쓰는 등 깊은 배려를 해주었다. 나이는 3살 어렸지만 나보다 의젓해 보이는 건 사실이었다. 레스토랑이 정상적으로 오픈하기에는 아직 며칠이 남아있었고 그는 이태리 현지에 있는 일본인 이태리 요리사들을 불러 자유로운 시간을 보냈고 그들 나름대로 인맥이 형성되어 레스토랑의 잡(Job)이 생기거나 결원이 생기면 서로 일자리를 알선해 주고 있었다.

일본인이라는 선입견이 늘 머릿속에 잠겨있었는데 토모는 나에게 많은 요리적인 도움과 스테이지 적응에 도움을 준건 사실이다. 그는 오랜 이태리 경험을 뒤로하고 얼마 지나지 않아 일본으로 돌아간다고 결정을 했다. 바르베라는 그를 못내 아쉬워하는 것 같아 그를 위해 마지막 파티를 해주겠다는 것이었다. 더구나 바르베라는 내게 한식으로 음식을 준비하라는 식의 명령조로 말을 던졌다. 토모는 한식을 먹어본 경험이 있어 삼겹살과 보쌈을 좋아한다며 내게 말했다. 레스토랑 정원에서 토모의 일본인 친구 유끼, 바르베라, 알프레도, 토모 그리고 나까지 모두 모여 토모를 아쉬워하며 파티를 했다. 나는 몇 시간 전에 마트에서 2킬로 정도하는 통 삼겹살을 사와서 마늘, 마늘 파, 월계수 잎, 통 후추 등을 넣어 푹 삶아서 수육으로 준비를 했고 반은 삼겹살 구이로 남겨 놓았다. 중국 식품 전문점에서 구입한 일본 된장과 구운 파프리카에 이태리 고추인 페페론치니(Pepperoncini)와 약간의 올리브유를 넣어 갈아 되직한 페이스트 형태로 만들어 딥(Dip)을 완성했다. 그리고 오일장은 고운 소금에 올리브오일로 대신해서 준비를 했고 쌈 야채는 양상추를 비롯해 루콜라 등 샐러드 야채로 대신할 수 있었다. 풋고추는 없어 매운 페페로치니와 양파를 썰어서 먹게끔 준비를 했다. 다들 한상 차려진 우리 음식에 눈이 휘둥그

래졌고 유끼라는 토모의 친구는 조용필의 '돌아와요 부산항에'의 음을 정확히 알고 있었고 오늘 밤은 마치 한국 문화를 알아가는 시간인 냥 다들 흥겨워 하는 것 같았다. 단 셰프인 바르베라만 제외하고 말이다. 유끼라는 친구의 옷차림은 자유분방해 보였고, 머리는 길어서 끈으로 묶었고 검정색 수염도 길었다. 여름에 잦은 수영 때문에 그런지 얼굴색은 어두운 톤으로 변해있었다. 나는 나름대로 준비한 보쌈을 먹는 방법을 설명해 주며 식사를 시작했다. 일본인들은 비슷한 문화를 가지고 있어서 그런지 장이나 쌈 등을 좋아했다. 하지만 바르베라는 야채에 생 마늘, 장, 수육을 넣어 싸서 먹는 요리에 익숙하지 않은 듯 그녀는 한 모금을 삼키더니 맵다며 소리를 내며 더 이상 못 먹겠다며 나가버렸다. 우리는 준비한 와인으로 각자의 나라의 술과 술을 먹는 문화나 방법 그리고 건배하는 용어를 설명하며 무더운 여름 밤을 보냈다. 다들 배가 불렀는지 팬에는 구운 말라빠진 삼겹살만이 보잘것없이 타고 있었다.

## 전쟁터 라 볼리아 마타(La voglia Matta)는 정상 업무 중

그 동안 휴가 기간에 배운 레시피를 정리하고 이제는 별급 레스토랑 식의 스타일 대로 일을 질적으로 업그레이드 시켜야만 했다. 그러나 아직도 언어가 능숙하지 않아 깊이 있게 배우는 것이 아쉽다 라는 생각이 들었다. 일이 본격적으로 시작되면서 겪은 언어의 미숙함이

라볼리아 마타 야외 전경

라볼리아 마타 입구

라 볼리아 마타 홀

나를 소극적으로 만들어 버렸다. 국내 주방에서는 포스(Pos)소리가 나면 주방 한구석으로 주문서가 들어와 보고 요리를 준비하면 되었다. 하지만 정찬 코스를 제공하는 레스토랑에서는 이런 방식을 사용하지 않았다. 그러다 보니 웨이터나 지배인이 주문서를 들고 들어와 이태리어 속사포로 주문서를 불러주고 나가 버린다. 나로서는 당황스러울 수밖에 없었다. 주문서를 다시 봐도 흘려 쓴 필기체의 이태리어를 쉽게 이해할 수가 없었다. 이제부터는 전쟁터였다. 신경을 쓰지 못하면 주방에서는 낙오자가 될 수밖에 없을 것 같았다. 바쁜 주방과 홀과의 의사소통이 절실했다. 육중한 체격의 셰프 바르베라는 주방에서 나가는 음식을 모두 컨트롤했다. 셰프의 성격은 스테이지 시작한 지 2주가 지나지 않아 쉽게 파악할 수가 있었다.

어느 바쁜 저녁 시간 때에 많은 주문으로 이미 많은 음식들이 만들어져 나가기만을 기다리는 음식들이 테이블에 쌓이고 있었는데 웨이터들은 행동도 늦었고 나갔던 음식이 되돌아오는 음식들도 있었다.

이건 중복으로 주문을 받은 것이 확실했고 홀에서 실수가 이뤄진 듯 보였다. 식어서 올려진 파스타를 보고 바르베라는 홀과 주방을 연결하는 문으로 웨이터들을 보면서 큰 고함을 지르며 던져 버렸다. 바르베라 얼굴은 상기되어 있었고 아무런 반응을 보이지 않은 지배인과 웨이터들은 엎질러진 파스타를 치우기 시작했다. 처음으로 그녀의 괴팍한 성격을 본 나로서는 가슴이 두근두근 떨렸다.

이번이 처음이 아닌 듯 두 사람은 무표정한 얼굴로 기가 꺾여 보였고 파스타 면을 치우는 걸 마무리하고 있었다. 이제야 레스토랑 이름이 왜 볼리아 마따(Voglia Matta)인지 알 수 가 있었다. 그 후로도 바르베라는 내가 머문 몇 개월 동안 이런 모습을 종종 보여줬다.

우리는 아침에 10시에 출근해서 약 한 시간 정도 점심 장사를 준비했고 11시 정도가 되자 각자 파트 별로 준비한 음식을 가지고 와 테이블에 올려놓고 원하는 요리를 나눠서 먹었다. 난 전채 요리와 디저트를 담당하였기에 그는 샐러드 손질에 신경을 써야 한다고 잔소리를 매번 했다. 고객에게 사용될 쓸만한 야채를 어떻게 오랫동안 보관해야 하는지, 그리고 손질되고 버려지는 부분들을 버리지 말고 다시 우리 식탁에 올려서 먹으라는 식으로 사용 요령을

풍기 포르치니 딸리아뗄레

나에게 숙지시켰다. 가령 라디치오(Radichio)나 트레비소(Treviso) 잎의 가운데 질긴 부분을 버리지 말고 직원 식으로 사용하는 것이다. 여기에 나는 소금과 후추 올리브유 그리고 식초 약간을 넣어 무쳐서 접시에 담아냈다. 이런 샐러드를 좋아할 요리사는 아무도 없다. 특히 미국인 요리사 '마르코'는 식사 도중 신경질을 냈다. 이걸 우리에게 먹으라는 것이냐고 짜증을 냈고 나는 바르베라가 지시하여 어쩔 수가 없는 상황이라고 설명하기 바빴다. 보통 20분 정도면 식사를 마쳤고 12시부터 손님을 받았고 점심손님은 거의 없어 한가한 편이었다. 어떤 날은 예약이 없는 날도 있었다. 점심은 주로 바쁜 저녁에 사용될 재료를 준비하는데 줄곧 시간을 보냈고 2시 반이 되면 점심 마감일을 시작했다. 주방 막내인 나는 주방을 쓸고 비눗물을 묻혀 걸레로 바닥을 닦고 마지막에 쓰레기를 분리하여 밖에 버리면 점심 일이 마무리가 되었다. 분리수거는 꼭 해야 한다며 재활용과 일반 쓰레기 그리고 음식물을 버리는 공간이 달랐다. 이동식 덮개가 달린 통에 각자 분리를 해야만 했다. 빈병이나 재활용이 담긴 통은 좀처럼 가져가는 일이 없었다. 물론 큰 통에 차야만이 다른 곳으로 옮겨졌다. 휴가를 마치고 레스토랑 영업이 시작하고 일주일 정도가 되어서야 내가 무슨 일을 해야 할지 윤곽이 들어났다.

## 오늘 저녁은 황새치 구이

황새치

스테파노는 여기 레스토랑에서 많은 시간을 바르베라와 함께 그녀의 성격을 맞혀가며 일을 했다. 그는 메인 요리를 전부 맡아가며 메뉴를 작성했고 바르베라가 없으면 부주방장 역할까지 했다. 나는 디저트와 전채 요리를 맡고 있었지만 메뉴를 주기적으로 바꿀 수 있는 실력이 부족했기에 그가 메뉴를 전부 맡아서 주기적으로 바꿨다. 나는 몇 달 동안 그가 만든 디저트를 연습하고 서비스해 주는 역할만을 했다. 파스타 요리를 담당하는 마르코와 둘 사이는 늘 신경질적인 반응만이 감돌았다. 마르코는 지나치게 간섭하는 스테파노를 좋아하지 않는 눈치였고 둘 사이에서 무슨 일이 터질 것 것은 묘한 느낌을 매번 받았는데 서로 극한 상황에 가서는 기피하는 모습을 보였다. 가끔 말다툼하는 신경질적인 행동을 보는 것도 간혹 재미있었다. 내가 외국인과 같이 음식을 하면서 그들과 같이 땀을 흘려가며 대화를 한다는 자체만으로도 신기했기에 그 모든 것이 내겐 큰 경험이 될 것이라 생각했다. 대학 졸업 후 자그마한 '기차마을 요리사'인 내가 이곳에서 그들과 어깨를 나란히 하고 일을 하고 있는 자체도 신기할 정도였다.

요리를 시작했던 어느 날 점심 장사를 준비하는 과정에서 주방 뒷문을 열고 생선 아저씨가 큰 상자에 황새치 한 마리를 들고 들어왔다. 황새치는 다랑어의 일종이며 난 한국에서 전혀 보지 못했던 긴 창을 가지고 있는 다랑어는 본적이 없었다. 그것은 바로 설거지하는 곳으로 옮겨졌고 얼음이 가득 채워져 신선함이 유지되고 있었다. 오늘 점심 장사는 세 테이블이 예약되어 있었는데 대부분이 파스타와 샐러드여서 많이 힘들지 않았다. 더구나 메인 요리를 담당하는 스테파노는 미리 서둘러서 황새치를 손질하기 시작했다. 내장을 제거하고 반 갈라 뼈를 발라내고 전채에 쓸 참치 조각과 스테이크 용으로 사용할 참치를 두툼하게 잘라 젖은 수건으로 감싸서 냉장고에 넣어 저녁에 사용할 것이니 손대지 말라는 명령을 하며 그는 사라졌다. 참치 살은 붉은 빛이 돌면서 횟집에서 먹는 것과는 상상도 못할 정도의 빛깔을 가지고 있었고 두툼하고 윤기가 흐르는 살은 감탄이 절로 세어 나왔다. 그는 한 시간쯤 지나 다시 나타나 손질된 자투리 참치를 얇게 포를 뜨고 잘라서 소금, 후추, 올리브유 그리고 레몬 껍질을 넣어 절임를 했다. 그는 내게 오늘 저녁에 단골 손님에게 제공을 할 것이라며 야생 미니 야채를 준비해 달라는 것이다. 마지막까지 남아 디저트를 제공하고 남아야 하는 나로서는 스테파노가 준비한 카르파치오(Carpaccio: 고기의 겉만 익혀서 먹는 우리나라의 육회와 유사한 요리)가 생각이 났다. 난 냉장고에 보관된 절임된 참치 조각을 들어 맛을 보았다.

더군다나 나는 참치 마니아다. 참치를 입에 넣는 순간 무척 부드럽고 풍부한 올리브유 향과 너무나 잘 어울렸다. 손을 댄 흔적이 없도록 가지런히 내용물을 정리하고 뚜껑을 덮어 냉장고에 넣어 두었다.

저녁 장사를 시작하기 전 우리는 각 섹션 별로 준비한 음식을 가지고 홀 테이블에 앉아 식사를 시작했다. 나는 스테이지 생활이 한 달이 지나고서도 밥을 먹지 못해 심리적으로 불안함을 느끼고 있었다. 늘 식사는 쌀 요리가 아닌 파스타 그리고 가끔 나오는 고기 조각만이 내가 영양분을 섭취할 방법이었다. 주방장인 바르베라는 평소에 혼자 식사를 하지만 오늘 저녁은 점심에 손질하고 남은 황새치가 있기에 스테파노에게 스테이크를 구워달라며 두툼한 두 겹의 스테이크를 눈 깜짝할 사이에 먹어 치웠다. 그녀는 식사가 끝난 후 냅킨으로 입 주변을 닦고 탁자에 올려놓으며 내게 직접적으로 '식사를 하며 쩝쩝거리며 먹지 말라.'며 큰 소리를 쳤다. 난 그런 이유를 전혀 몰랐다. 나는 그러지 않았다며 소심하게 이태리어로 말했지만 그건 그의 신경질을 더 부축인 셈이 됐다. 그녀는 더 화를 내고 의자에서 일어서며 너희 나라에서는 그럴 수 있지만 여기는 이태리의 식사 예법을 따르라는 식으로 나를 보며 말을 하고 사라졌다. 나는 정말로 화가 치밀었고 이탈리아어가 아닌 우리말로 욕을 하며 분을 삼켰지만 나의 얼굴 표정을 보며 바르베라는 욕하는 것을 알아차렸지만 나는 끝까지 부인했다. 하지만 나로서는 욕이라도 해야 스트레스가 풀릴 것 같아 당당하게 한국말로 욕을 쏟아 부었다. 그 후에도 욕을 다른 의미의 말로 그들에게 알려줬고 나는 그렇게 하여 스트레스를 풀곤 했다. 그날 저녁 스테파노는 그의 실력을 최대한 발휘했다. 참치 스테이크는 엄청나게 반응이 좋았고 최고의 맛을 알아보는 듯 손님들은 테이블 당 한 접시씩 주문을 했고 금세 황새치 스테이크는 동이 났다. 바르베라는 손님들에게 인사를 하며 셰프 추천 메뉴로 참치 스테이크 메뉴를 추천한 듯 보였다. 그의 조리법은 간단했다. 낮에 손질해 둔 황새치는 올리브유와 향초를 넣어 절임를 해두었고 주문이 들어오면 소금과 후추로 간을 하여 올리브유를 두르고 스테이크를 앞뒤로 진한 갈색을 내어 훌륭한 올리브유만을 뿌려서 제공했다. 손님들은 스테이크 맛이 훌륭하다며 난리들이었다. 더구나 바르베라는 스테파노를 보며 오늘 정말 훌륭했다며 그를 보며 윙크를 하며 엄지손가락을 치켜세웠다. 나는 인정받는 그를 보며 은근히 부러웠다. 스테이크가 아니라 황새치가 훌륭했던 것이 아닐까라는 생각도 해봤지만 그가 훌륭한 요리사임은 틀림없었다. 오늘밤은 그를 시샘했기에 쉽게 잠이 오지 않았다.


## 나의 디저트 선생님 토모하끼

토모아끼는 일본인 요리사다. 일본인들과 우리는 핏속까지 무언지 모를 적대감이 살아있어 늘 경계 대상인 듯하다. 하지만 우린 타국에서 만나면 서로 외로움과 싸워야 하기 때문에 같은 동양인이라는 것

때문에 공감을 느낄 만한 요인이
많았다. 그는 이태리에서만 벌써
3년이라는 세월을 보냈다. 이제
막 이탈리아라는 나라의 문화를
배우기 시작한 나에게는 언어도
요리도 그의 실력에 비하면 너
무나 초라했다. 유창한 이태

토모하끼의 바바 나폴리타나

리어와 그리고 셰프를 능가하는 요리 실력을 갖춘 그
이다. 실력을 갖춘 그에게 바르베라는 늘 호의적이었다. 그것이 실
력 탓인지 아니면 경제대국 일본 인이어서 그런지 난 모르겠다. 이태
리에 체류한 3년의 기간 동안 그는 정말 훌륭한 이태리 요리사가 되
어 있었다. 그가 만든 파스타와 디저트 메뉴는 오랜 기간 동안 레스
토랑의 히트 메뉴였다. 성게 알 파스타와 바바 알라 나폴리타나(Baba
alla napolitana)가 그것이다.

그리고 그는 내게 디저트의 기초부터 자세하게 가르쳐준 친절한 일
본인 요리사였으며 특히 슈 껍질, 슈크림과 바닐라소스 등을 기초로

바바 알라 나폴리타나(Baba alla napolitana)
빵 반죽을 발효하여 구운 빵에 시럽과 럼을 넣어 만든 나폴리의 디저트로 브리오쉬 보다
계란, 우유와 버터가 풍부하게 들어간다. 프랑스 요리사에 의해 처음 나폴리에 소개되었
지만 원래는 폴란드 바브카(babka)에서 유래되었고 이것이 프랑스로 유입되었다고 한다.

한 디저트 소스와 소스에 맛을 내는 요령 등의 노하우를 전수해 줬다. 그리고 *바바 알라 나폴리타나(Baba alla napolitana)를 처음 그에게 배웠다. 그는 내가 아는 몇 안 되는 일본인 요리사 중에 가장 자상하고 인간성이 좋은 친구였다. 그와는 오랜 시간 같이 일하진 않았지만 옆 침대를 같이 쓰면서 이태리 문화에 대해서 자주 수다를 떨며 다락방인 방에서 이야기를 나눴다. 얼마 되지 않아 그는 동경에 이탈리안 셰프 자리가 났다며 서둘러서 이탈리아 생활을 정리했다. 그런 모습을 본 바르베라는 많이 아쉬워했고 그동안 수고 했다며 그를 떠나 보냈다.

일요일만 되면 셰프 바르베라 자전거를 빌려 푸지냐뇨에서 바냐카발로까지 자전거를 타고 산책을 다녔다. 한적한 시골길과 아스팔트 위에 양쪽으로 키 큰 수목들이 우거진 곳을 지나다 보면 어느덧 CF 촬영을 하는 주인공이 된다. 자전거를 타면서 양손을 펼치면서 타다가 넘어지기도 하며 텔레비전에서 보여진 한 모습을 연출을 하면서 자유로운 시간을 보냈다. 시골 마을을 접하게 되면 낯 익은 허브 향기가 코를 찌른다. 집 앞의 로즈마리며 타임 정도의 향초들이 시골임을 다시 한 번 깨닫게 해준다. 요리용 로즈마리는 작은데 집 앞에 있는 로즈마리 나무는 내 키보다 크고 오래된 관목 인 것도 종종 눈에 들어온다. 한 달이 지나도 언어가 쉽게 늘지 않아 셰프인 바르베라는 나의 그런 행동을 보고 몹시 답답해했고 주방에서 일을 할 때도 그런 내 모습을 보며 스트레스를 받고 있는 듯 보였다. 그나마 혼자 이렇게 즐길 수 있는 것은 나의 큰 행운인 듯하다. 가끔 스테이지 생활을 하고 있는 동료들의 소식도 궁금했고 한글을 쓰는 것도 말을 할 수 있는 대상이 없어 외롭기도 했다. 스테이지 시작 전에 바냐카발로의 누오바 피아짜 레스토랑에서 미리 감을 익히고 본 것도 적응 하는 데 큰 도움을 받았다. 셰프인 테호와 할머니에게 이 지방의 독특하고 특색 있는 요리도 배우고 듣게 되어 참 좋다는 생각이 든다.

숙소에 돌아와 창고에 바르베라 자전거를 넣고 다락방인 숙소에 들어가는 순간 바르베라는 1층 직무실 컴퓨터 앞에서 뭔가를 점검하고 있었다. 간단히 차오(Ciao: 안녕)라고 인사를 하고 2층으로 올라가는 순간 날 보며 불러 세웠다. 그의 말인 즉 더 이상 자신의 자전거를 타지 말라는 것이다. 처음에는 이용해도 좋다고 해놓고선 지금에 와서 그러는 이유를 모르겠다. 여자 셰프 비위를 맞추는 것 또한 쉬운 일만은 아니 듯싶었다. 지금 심정은 마치 노처녀 히스테리인 듯 느껴진다. 순간 이태리어로 네르보사(Nervisa)라는 단어가 머릿속에 떠올랐다. 그녀의 성격을 표현하기에 아주 적합한 단어인 듯했다. 그날 이후 바르베라는 별명이 하나 더 늘었다. '뚱보요리사', '투포환 선수' 그리고 '네르보사 바르베라' 등으로 그녀의 별명을 지었다.

바르베라와 미국인 요리사 마르코는 늘 파스타 코너에서 일을 같이했다. 바르베라가 손님을 접대하고 얼굴 마담 역할을 할 쯤 파스타 소스나 만드는 일을 하는 건 마르코였다. 그러면서도 주방장은 그가 만드는 요리에 늘 감시하고 주시하며 그를 믿지 못했다. 마르코는 그 점에 스트레스를 많이 받아 했고 심한 스트레스를 받은 날이면 일이 끝이 나고 혼자 디스코텍에 가서 스트레스를 풀고 오곤 했다. 그런 날에는 그의 옷에서 심한 담배 냄새가 풍겼고 나의 눈살을 찌푸리게 만들었다.

전채 요리를 준비하면서 이탈리아에 토마토처럼 달고 빨간색을 품고 있는 것은 본적이 없었다. 바르베라의 요리 스타일 중 하나는 토마토 껍질을 벗긴 후 과육은 작게 잘라 파스타나 전채의 데코레이션에 주로 사용했지만 그 외에 껍질 쪽에 가까운 건 토마토소스에 주로 사용했다. 양파, 당근과 샐러리를 잘라 올리브유에 볶다가 토마토 자투리를 넣어 소스를 끓였다. 우리가 아는 토마토소스 색이 아닌 연한 핑크 빛이 일도록 믹서에 곱게 갈고 체에 내려서 사용했다. 하지만 갈아 내린 소스는 이상한 맛이 항상 돌았다. 난 처음부터 지금까지 전채 요리와 디저트를 담당하는 역할을 해왔고 파스타 섹션에 준비되는 업무를 전혀 보지 못했다. 토마토소스의 이상한 맛의 근원을 찾아내는 데는 얼마 걸리지 않았다. 아침 나절에 마르코는 고기육수를 끓인다며 야채와 전날 마르코가 쓰고 남은 고기조각으로 육수를 끓이면서 지저분한 거품을 걷어내는 작업을 하는 과정에서 서랍장에서 플라스틱 통에 뭔가 모를 갈색의 고형물을 꺼내 육수에 던져 넣었다. 난 물건을 던지는 모습을 정확히 보았고 마르코가 그 자리를 뜨는 과정에서 서랍장에 담긴 통을 보았다. 그건 다름 아닌 다도(Dado)라고 써져 있었고 갈색으로 캐러멜 캔디 같은 모양을 하고 있었다.

이건 한국의 다시다와 유사한 맛을 가지고 있는 인공 조미료인 듯했다. 그리고 그런 맛이 났다. 토마토소스나 고객이 남긴 파스타를 먹어보고 입에 감기는 맛이 돌았는데 그 모든 실체가 들어났고 미슐랭 별급 레스토랑에서도 조미료를 사용한다는 자체에 실망감을 떨칠 수밖에 없었다. 이 조미료 맛은 '소고기 다시다' 맛이 났고 그 후론 파스타에 토마토소스가 들어간 메뉴에는 신경을 쓰지 않았고 좀더 스페셜 한 메뉴에 신경을 썼고 셰프 바르베라의 음식보다는 스테파노의 메인 요리 쪽에 관심을 가지며 그의 섬세한 감각에 눈독을 들였다.

## 게으른 요리사 마르코

마르코는 이탈리아인처럼 정말 훌륭한 언어를 구사할 줄 알았다. 그의 아버지는 이태리인이며 어머니는 미국인이었다. 어렸을 때부터 영어와 이탈리아를 모국어로 사용할 정도로 그의 이태리어 수준은 이태리인이라 해도 손색이 없었다. 그러나 큰 체구에 파스타 요리를 한 번에 여러 개를 만들어 내는 데는 무리가 있어 보였다. 전채 그리고 디저트는 내가 담당을 하고 메인은 스테파노가 셰프인 바르베라와 마르코가 파스타를 담당했다. 바쁜 시간에 특히 파스타가 한번에 10개 이상이 들어 올 때면 베르베라는 신경질이 최고조에 달아 올라 있었고 마르코는 보조 역할을 제대로 하지 못해 매번 바르베라에게 혼이 났다. 거기다가 그녀의 원성을 산 것은 재료 밑 준비가 동이 나

요리사 마르코

거나 제대로 재료 준비가 되지 않아서 긴급상황을 초래한 적들이 많았다. 그러면 그는 명령조로 내게 뭐 달라 하는 식의 요구를 자주 하곤 했다. 그는 초보인 내가 봐도 행동이 느리고 게으른 요리사다. 저녁 늦게까지 바(Bar)에서 술을 먹고 들어오고 아침에 늦잠을 자고 오픈 준비도 늦게 준비하는 게으른 요리사였다. 하지만 그는 나보다 높은 단계에 있는 선임 요리사였기에 충고는 하지 못했다.

어느 날 바르베라는 마르코를 황급하게 찾아 불렀는데 이탈리아 국영 방송뿐만 아니라 모든 채널이 뉴스 속보를 내보내고 있었다. 미국내 테러가 발생하여 이탈리아 국영 방송에서는 연속 테러 관련 긴급 방송이 진행 중이었다. 마치 영화 속 한 장면을 보는 듯한 느낌이 들정도였다. 큰 빌딩을 향해 비행기가 치닫는 모습이 생중계가 되어 순식간에 큰 건물이 무너지고 인명 피해가 나고 불바다가 되어 긴급 상황임을 누가 봐도 알 수가 있었다. 바르베라는 자신의 방에서 내려와 다락방인 숙소 앞에서 마르코를 불렀고 혼자 숙소에 있는 나는 그가 없음을 통보를 했다. 마르코를 보면 그녀가 찾는다는 말을 전하라는 식의 말을 하고 가버렸다. 바르베라는 마르코에게 미국에 사는 부모님께 안부 전화를 하라고 재촉했다. 그날 밤 나는 바르베라가 투포환 선수였음을 알 수 있었다.

그녀의 외모는 황소라도 잡을 만한 체격에 긴 금발머리를 묶고 항상 당당하게 뒤뚱뒤뚱거리며 씩씩하게 걸어 다녔다. 뒤늦게 들은 이야기지만 그녀와 홀 지배인은 오래된 연인 사이였지만 지금은 서로 다른 애인이 있다고 들었다. 참 이들은 대단하다. 이런 편치 않은 관계를 가지고 있으면서 같은 레스토랑에서 일한다는 자체가 경이롭다. 모든 일적인 면에서 당하는 것은 오직 홀 지배인 알프레도 였기 때문이다.

주말에 예약이 많은 날이면 바르베라는 다른 날과 다르게 극도로 신경질적이었다. 그러는 셰프 태도에 기죽을 수밖에 없는데 디저트 섹션에 그녀의 발길이 닿기만 하면 주눅이 들 정도였다.

한국의 제과점에만 팔 줄 알았던 슈(Choux)를 제과 제빵도 모르는 내가 하기에는 정말 어려운 상대가 아닐 수 없었다. 슈를 미리 만들어 놓는 법은 없다. 주문과 동시에 만들려면 많은 준비가 필요한데 일단 슈 껍질 반죽과 슈크림을 기본으로 만들어 놔야 한다. 그리고 같이 곁들여 먹을 오렌지 껍질이 들어간 오렌지 소스와 바닐라소스가 기본적으로 준비가 되어야 한다. 바르베라는 나가지 않은 재료를 3일 이상 쓰지 못하게 하는 것이 그의 요리 철학이었으며 무조건 그런 주방에서의 지령을 따르지 않으면 소리를 지르며 윽박지른 것이 다반사였다. 설령 상하지 않았더라도 말이다. 그러니 슈 메뉴 한 가지만 봐도 이틀 걸려 준비는 계속되었다. 디저트는 식사가 모두 종료되고 들어오기 때문에 전채 요리를 만들어 제공하다 보면 다른 팀이 와서 전채 요리나 코스 요리를 시켜 내가 맡은 전채 요리를 다시 만들어야 했다. 그러다 보니 디저트 메뉴와 전채 요리를 중복으로 준비할 때가 많아 너무 분주하기에 다른 사람의 도움을 요청할 때가 간혹 있었다. 하지만 대부분의 경우 다른 섹션에 일하는 마르코나 스테파노는 날 돕지 않았다. 난 능력이 되지 않을 때면 씩씩 거리며 불만을 토로했다. 그러다 보니 전용 작업대 위에는 전채 준비, 디저트 요리를 완성하고 남은 잔재물로 온통 엉망이 된다. 파스타나 메인 요리가 나가는 것을 도와주고 나서야 이제 난 디저트 요리를 제공했어야 함으로 남은 손님의 마지막 테이블까지 기다려야 했다. 그러니 퇴근도 맨 마지막에 할 수 밖에 없었고 마감 청소도 나의 몫이었다. 디저트 중 슈가 주문이 들어오면 일찌감치 긴장이 된다. 보통 슈는 오븐 팬에 짜서 굽는데 셰프 스타일은 유선지인 기름종이 위에 5센티 정도 간격을 띠워 공 모양으로 짠 후 끝이 고르도록 물 적신 손가락으로 눌러서 기름에 넣게 되면 부풀어 오른다. 아랫부분이 색이 나면 유선지를 조심스럽게 떼서 버린다. 그러면 기름 안에 공 모양의 슈가 떠오르는데 굴려가면서 골고루 튀긴다. 가끔 바르베라는 모양이 균일하지 않다며 내게 신경질을 부렸지만 난 속으로 '그럼 당신이 하든가'라는 식의 속으로 말을 하며 잠시 생각에 잠겼고 그럼 난 속으로 한국식 욕을 하는 데 '나쁜 여자'라고 혼자 중얼거리고 만다. 바르베라의 성질을 견딜 만한 이태리 요리사도 몇 사람이 안 된다. 한국 요리사들도 마찬가지이겠지만 어디, 누구와, 어떤 셰프 밑에서 일했냐 하는 것은 그 사람의 요리 이력에 큰 도움이 된다. 보통 바르베라와 같이 일하려는 사람은 많은데 오랜 시간 동안 같이 하는 사람이 없다 보니 사람이 자주 바뀐다. 인건비 문제도 있겠지만 견습생인 외국인을 많이 쓰는 것 같다.

라 볼리아 마타는 미슐랭 가이드 별급 레스토랑이다. 바쁜 어느 저녁 시간 때에 그날은 특히 단품 요리 중 파스타가 많이 들어왔다. 파스타는 마르코 담당으로 혼자 재료를 준비하고 요리를 하는 것도 마르코와 바르베라가 담당하는데 프라이팬을 돌리는 것은 바르베라가 하고 마르코는 대부분 보조 역할을 하고 있다. 하지만 그날따라 바르베라는 홀에서 손님과 열띤 토론과 안부를 물으며 이곳저곳의 테이블을 돌아다니며 얼굴 마담처럼 인사를 하러 다녔다. 그런 모습을 본 마르코는 밀려드는 주문에 걱정이 되어 이미 손을 놓고 있었다. 홀 지배인인 알프레도는 이런 상황을 보고 홀에서 태연하게 손님을 환대하고 있는 바르베라에게 이 긴급 상황을 알렸다. 바르베라는 주방으로 돌아와 온갖 욕설을 퍼부으며 마르코의 무책임한 행동에 응징을 가하기 시작했다. 30분 가량이 지난 후 모든 주문이 서빙되고 마지막으로 주문한 테이블의 음식이 만들어지고 있었다. 갑자기 지배인인 알프레도가 허겁지겁 들어와 주문 용지에 주문을 잘못 적었다고 말하는 순간 이미 맛있는 딸리아뗄레 알 라구 아나트라(Tagllatelle al Ragu di Anatra:오리 가슴살 소스를 곁들인 딸리아뗄레) 는 접시에 담겨져 있

La Voglia Matta 라 볼리아 마타 메뉴

었다. 바르베라는 이런 상황을 연출한 알프레도가 미웠는지 파스타를 그를 향하여 던져버렸다. 알프레도는 본능적으로 피했지만 음식은 홀과 주방을 연결하는 문에 떨어졌다. 깨진 접시와 음식은 뒤죽박죽 상태가 되어 그 상황을 본 일용직 설거지 아줌마는 빗자루를 가져와 익숙한 일인 듯 재빠르게 치웠다. 음식을 던진 건 이번 달만 해도 벌써 두 번째다. 앞으로 얼마나 험한 일을 더 보지는 않을까 하는 불안한 생각도 들었다. 주방과 홀을 경계하는 문에 맞고 산산조각이 났던 오리라구는 아직 맛조차 못 본 딸리아뗄레인데 하며 나는 몹시 아쉬워했다.

바르베라는 내가 만든 슈를 보고 점검을 한 후 항상 손님에게 내보

순배의 디저트 메뉴

낸다. 맘에 들지 않으면 다시 하라는 명령을 내린다. 오늘 저녁에 만든 슈는 그녀의 맘에 들었던지 처음으로 내게 환한 미소를 지었다.

어느 날 저녁 바르베라는 사무실에서 메뉴를 짜는 작업을 하는 듯했다. 난 마감을 하고 숙소로 올라갔고 다음날 아침 웨이터가 내게 찾아와 축하한다는 말을 건넸다. 무슨 의미인지 몰라 물으니 디저트 메뉴판을 내게 건넸다. 거기에는 내 이름이 잘못 적힌 체 '이 돌치 순 바 메뉴'(I Dolci Soon Baa Menu)라고 쓰여 있었다. 이제 나를 디저트 요리사로 인정한다는 뜻이었다. 이건 스테이지를 시작을 하고 3개월이 지난 후에 얻은 성과였고 바르베라는 이제 디저트 메뉴는 '네가 알아서 메뉴를 구상하고, 교체하라'는 식의 힘을 실어 줬고 나는 쉬는 날 오전이면 일찍 일어나 여러 가지 무스를 만드는 방법과 메뉴를 창작하는 데 신경을 썼다. 그 후로 몇 개월 동안 나는 디저트만을 전담하는 요리사가 되었다.

벌써 6개월이 지났다. 시간이 빨리 지나다 보니 이곳에서 일하면서 내가 할 수 있는 일과 배울 수 있는 일에 한계가 있다는 것을 알았다. 유학 생활에 주어진 1년이라는 기간 동안 이곳에서 전부 보내다 보면 많은 걸 보고 배우지 못한다는 생각이 들었다. 바르베라는 늘 내게 디저트 메뉴에 신경을 쓰라며 강요를 했고 디저트에 기본 개념도 미숙한 나로서는 참신한 메뉴를 내는 것은 불가능했다. 고민하던 나를 보고 바르베라는 매번 다르게 디저트 메뉴판을 만들었고, 나의 이름이 걸린 디저트 메뉴판을 만들어 내게 선물해 주었다. 그건 자부심을 가지라는 의도였다. 내가 제일 싫어하는 디저트 메뉴는 슈(Choux)였다. 슈 만드는 일이 많아지는 날이면 100개 이상씩 한 적도 있다. 이탈리아 인들은 식사 후 단것을 많이 즐기는 문화를 보고 놀랄 수밖에 없었다. 슈를 만드는 일보다 더 나를 지치게 했던 건 아이스크림을 스쿠프로 떠서 모양을 예쁘게 장식해서 제공하는 일이다. 일인분에 3가지 아이스크림을 준비를 해야했고 더운 여름이라 미리 준비하면 쉽게 녹아버렸기 때문에 주문이 밀리면 짜증이 제대로 났다. 아이스크림을 직접 만들진 않고 구매해 들어온 상품을 사용한다는 자체도 날 지치게 했다. 난 디저트 만드는 것에 싫증이 났다.

## 마르코 보타르가 파스타(Bottarga Pasta)는 너무 비려

바르베라는 게으른 마르코를 보고 노력하지 않는다며 노발대발 그를 괴롭혔다. 일을 하는 과정에서도 파스타를 하는 모든 과정을 지켜보며 잔소리를 해댔다. 그는 노력하는 모습을 보이려 파스타 신메뉴 개발에 신경을 곤두세웠다.

마르코는 파스타 신메뉴에 온 정신을 몰입하여 노력을 했지만 바르베라는 그가 개발한 메뉴는 거의 메뉴판에 넣지 않았다. 같이 방을 쓰는 내가 봐도 노력하는 모습이 전혀 없었다. 일이 끝나면 매일 밤 바에 가서 술을 먹고 디스코텍에 가서 늦은 새벽이나 되어야 들어온다. 그는 2년 전에 이치이프(ICIF) 본교를 졸업을 했고 이제는 스테이지를 나와 같이 하고 있다. 그는 여러 가지 파스타 소스를 만들었는데 가장 최악의 파스타는 고등어와 훈제 숭어알 파스타다. 숭어알로 만든 보타르가(Bottarga)도 비릿한 맛이 있는 데도 고등어 살까지 소스에 넣어 만든 파스타는 비린내가 정말 많이 났고 공감이 가는 맛에 도달되지 못했다. 이렇게 내놓는 마르코의 메뉴는 시식을 거치는 동안에 쓰레기통 속으로 내버려졌다. 그녀 말로는 이건 음식이 아닌 '쓰레기'라는 심한 말까지 덧붙였다. 바르베라는 대단한 셰프로 이태리 요리 대가 중 한

보타르가

사람인 *'세르지오 메이'(Sergio mei)에게 일을 배운 적이 있다고 나는 소문으로 들은 바가 있었다. 그러다 보니 여기 주방 자리가 비면 문의 전화가 쇄도하는 편이다. 바르베라는 그의 밑에서 얼마 동안 일을 하여 훌륭한 경력을 쌓았다.

그녀가 하는 요리는 창의적이기도 하지만 일단 맛이 있다는 것이다. 그날 저녁 마르코는 또 한 번의 실수를 저질렀다. 생선 라구소스와 같이 나가는 딸리올리니(Tagliolini)라는 파스타가 있다. 바쁜 시간에 바르베라는 생선라구를 가져오라며 명령을 했고 큰 워크인 냉장고에서 나오더니 사색이 되어 있었다. 재고를 제대로 파악하지 않고 있어서 소스가 남지 않을 걸 파악하지 못했던 것이다. 그 사실을 안 바르베라는 괴성을 지르며 그를 윽박질렀다. 그 사실을 홀에 전달하고 다른 파스타로 대체해서 나갔고 영업이 종료된 후 바르베라는 마르코를 불러 주의를 준 듯했다. 시간이 지남에 따라 나는 언어가 귀에 익숙해지기 시작했다.

세르지오 메이(Sergio mei)
세계적으로 유명한 이탈리안 셰프 중 한 사람으로 세계 요리 대회에서 금메달을 따고 로마 포시즌(Four Season) 호텔에서 총 주방장으로서 수년 동안 지휘를 한 현대 최고의 이탈리안 셰프 중 한 사람이다. 베네치아의 요리사 학교인 에투알의 강사로서 일을 하고 있으며 요리사들의 영웅이기도 하다.

## 내가 유일하게 좋아하는 가수 에로스 라마조티(Eros Ramazotti)

레스토랑이 위치한 곳은 교통의 중심지인 푸지냐오(Fusignano)이다. 이곳은 한적한 시골 마을에 있고 우리 식으로 얘기하면 시골 읍내에 위치한 현대식 건물의 호텔과 레스토랑이 있을 뿐이다. 난 늘 주방 일이 끝나면 12시 정도가 된다. 쾌쾌한 다락방의 숙소가 싫어 사람들의 따뜻한 정이 그리울 때면 바(Bar)주변을 서성이거나 가끔은 와인이나 커피를 마시러 들어가지만 대부분은 주머니 사정이 좋지 않아 레스토랑에서 먹고 마시는 것을 해결해야만 했다. 바 주변을 거쳐 10분 정도 돌면 끝인 읍내는 자그마한 곳이다.

오늘 밤은 다른 때와 다른 분위기였다. 이상한 기운이 돌았고 다른 날과 달리 음악 소리와 폭죽 소리가 나서 내 마음을 들뜨게 했다. 그리고 익숙한 에로스(Eros)의 음악 소리가 내 심장 박동을 요동치게 했으며 심장 소리를 들으며 서서히 노천카페로 향했다. 자그마한 카페에선 기타를 치는 무명가수와 그 독무대 주위를 둘러싸고 있는 동네 주민들이 노래에 빠져있었다. 나도 모르게 빈자리에 앉아 노래에 흥겨워 리듬에 발을 맞추고 있으니 고된 이태리 요리 유학 시절의 순간들이 떠올랐다. 노래가 멈추고 무명가수가 뭐라고 말을 하는 듯했다. 난 이태리에 온 지 얼마 되지 않아 아직까지 언어의 스트레스와 싸우고 있었던 상황이라 이해가 더디었다. 그래도 가능한 귀를 기울여 잘 들어보니 직감적으로 내게 말을 거는 듯했다. 이 늦은 시간에 시골 마을에 동양인이 있다는 자체가 그들에겐 신기한 듯했다. 그는 내게 이태리 노래를 좋아하냐고 물었고, 나는 정말 좋아한다고 말을 했다. 내 마음은 더 이상 말을 걸지 않았으면 좋겠다는 생각이 들 만큼 언어가 두려웠다. 그는 외국인을 배려하듯이 쉽고 또박또박 얘기를 해주었다. 그는 '좋아하는 가수가 있냐?' 그리고 '무슨 노래를 좋아하냐'고 말을 걸었다. 난 유일하게 알고 있는 에로스의 'Sara Sara'로 시작하는 후렴구를 흥얼거렸고 그는 무슨 노래인지 알겠다며 노래를 시작 했다. 정말이지 가슴이 떨리고 온몸에 전율과 소름이 돋는 듯했다. 이 노래를 듣는 순간 6개월 가량 동안 힘들었던 레스토랑 실습 생활과 학교 생활의 한 순간순간이 무성 영화의 필름이 지나가듯 한 컷 한 컷 스쳤다. 기억이 또렷하게 선명해졌다가 사라지는 일들이 반복되면서 내 눈시울을 적셔버렸다. 오늘 밤은 가슴이 벅차올라 잠이 오지 않을 것만 같았다. 나는 그렇게 그 밤을 그리고 이태리 유학에 서서히 적응해 갔다.

난 그러나 이태리 요리를 하는 시점에서 전채 요리와 디저트 요리만을 해야돼서 난 파스타와 메인 요리를 더 배워야겠다는 생각이 늘 머리에 잠재해 있었다. 여기에만 있으면 경험이 많은 이태리 요리사와 미국 요리사들에게 기를 펴지 못할 건은 뻔한 일이 될 것이라 생각했다. 난 언젠가 이곳을 떠나 다른 레스토랑에서 배워야겠다는 생각이 들었다. 그런 다짐을 한 후 얼마 되지 않아 실천에 옮겼고 그 실천은 이태리 요리사인 스테파노와의 불화에서 시작되었다.

수민과 민경의 스테이지 이탈 사건 이후 다른 레스토랑으로 스테이지를 바꿀 수가 없다는 소문을 리미니에 일하고 있는 도경 누나로부터 듣게 되었다. 그 소식을 듣고 가슴이 답답했다. 그래도 짧은 기간 동안 이태리에 머물면서 부족한 부분을 채워야 한다는 생각에 편지지에 이태리어를 쓰기 시작하면서 이해가 가지 않는 문법책과 며칠 동안 씨름을 한 후 학교 행정 담당자이면서 언어 선생님인 크리스티나에게 스테이지를 바꿔야한다는 절실한 이유를 적어 보냈다. 그러나 한 달이 지나도 연락이 없어 조급한 마음마저 들었다. 조급한 마음을 가지고 며칠을 일을 하고 있던 어느 날 셰프 바르베라는 날 불렀다. 나는 호텔 카운터에 있는 그녀에게 다가가 편지 한 통을 받고 매우 기뻐했다. 원하는 스테이지를 바꿔 달라는 제안이 통과되어 나폴리 레스토랑 이름과 연락처, 근무 시작일 등이 적혀 있었다. 난 너무 기뻤고 흥얼거리기 시작했다. 물론 스테이지를 다른 곳에서 다시 할 수 있다는 것에 기분이 좋았지만 바르베라와 더 이상 일을 하지 않아도 된다는 생각에 가슴이 벅찼다. 이제는 바르베라에게 여기 일을 그만해야겠다는 통보만 남았다. 다음날 셰프에게 언제까지 일을 하겠다고 통보를 했고 그녀는 태연해 보였다. 몇 개월 동안 일을 같이 했지만 이들에게는 정을 찾아 볼 수 없었다. 냉정한 표정으로 날 바라보면서 셰프는 한마디 건넸다. 창고 정리는 하고 가라! 이 말을 듣는 순간 머리는 이미 백지 상태가 되고 말았다.

라 볼리아 마타 와인 저장고

## 마지막 날에 창고 정리를 한다고

아! 그 말로만 듣던 나폴리의 해안과 피자 등이 벌써 그리워졌다. 마르코와 홀 지배인 알프레도에게 이 사실을 이야기하자 그들은 몹시 아쉬워하는 눈치였다. 하지만 단기간 이태리에 머물러야 하는 나로서는 여러 군데 레스토랑을 보고 느끼고 싶었다. 이미 통보를 하고 남은 3일 동안 일손은 잡히지 않았고 마지막 전날 마르코와 스테파노는 창고 대청소를 한다며 수선을 피웠다. 나는 6개월 동안 하지 않은 청소를 나 떠나기 전에 한다는 자체를 이해하지 못했다. 속으로는 짜증이 밀려왔지만 포커페이스를 하며 정리를 시작했다. 창고에는 유통기한이 지난 통조림부터 그리고 드라이 파스타 류 등이 짙은 먼지 속에 파묻혀 있었다. 마르코는 파스타를 꺼내 직원 식으로 써야겠다며 몇 개를 꺼내왔다. 점심 영업시간에 손님이 들어오지 않아 정리는

3시 이전에 마무리되었다. 다음날은 바르베라의 배려로 점심 장사만 하고 라 볼리아 마타에서는 실습 기간을 마무리지었다. 오후에는 자유 시간이므로 바냐카발로 친구들에게 작별을 구하기 위해 바르베라의 자전거를 빌려 마지막으로 푸지냐노와 바냐카발로의 평지를 달렸다. 모든 것이 아쉽다는 생각이 든다. 들판에 펼쳐진 농작물 그리고 허브향과 길게 뻗은 수목 그리고 누오바 피아짜의 사장인 마우리조와 할머니와 주방장 테호 등 그들의 정이 그리울 것 같았다. 마침 저녁 영업 준비를 하고 있는 그들과 마지막 인사를 하며 레스토랑 입구에 자판에서 파는 프로쉬오또로 소를 채운 피아디나(Piadina)를 먹으면서 시내의 이곳저곳을 둘러보며 도시 외곽의 도로를 따라 다시 푸지냐노의 라 볼리아 마따의 레스토랑에 돌아왔다. 오후에 할 일이 없다는 것이 나름 게으름을 피울 수 있었다. 그동안 정들었던 호텔의 다락방과 침대 등을 정리하고 내일 떠나기 위한 짐을 모두 꾸렸다. 룸메이트인 마르코는 이번에 옮기는 곳의 레스토랑 이름이 뭐냐고 물었고 나는 캄파냐 주의 오아시스 레스토랑이라고 알려줬는데 그는 책장에 꽂혀있는 미슐랭 가이드 책을 꺼내며 레스토랑 등급이며 특징을 살펴보기 시작했다. 언어가 뛰어난 그는 레스토랑 평점이 좋고 배울 것이 많을 것이라며 격려를 해주었다.

떠나기 전날 밤 마르코와 홀 지배인 알프레도와 간단히 맥주를 마시며 그동안 보낸 시간을 그리워했고 앞으로의 펼쳐질 나의 미래를 위해 건배를 하며 시간가는 줄도 모르게 그렇게 나의 첫 스테이지 생활이 마감되었다. 다음날 나는 알프레도의 자가용을 타고 우고(Ugo) 역에 내렸고 우리는 간단한 바치(Baci)를 하며 볼로냐 행 레지오날레 (Regionale) 기차를 타고 로마냐(Romagna) 지방을 떠났다.


## 기다려라 오아시스 레스토랑

토모하끼의 구닥다리 전화기로 서투른 이태리어로 기차 안에서 레스토랑 위치를 확인하고 차를 어디서 내려야 하는지 오아시스 레스토랑 관계자들과 통화를 했다. 그들은 포지아(Foggia) 역에 도착하여 풀만(Pullman)으로 갈아탄 후 그들 레스토랑 근처에 내려 전화를 하면 배웅을 나오겠다는 말을 했고 난 전화를 끊었다. 토모하끼가 이태리를 떠났는데도 불구하고 그의 전화기로 토모의 안부를 묻는 여러 통의 전화를 받았다. 그는 내게 늘 호의적인 친구였지만 그의 지인들에게도 인기가 많은 친구였을 것이다. 볼로냐에서 다시 인터시티로 갈아탔고 볼로냐를 떠나 지중해 쪽이 아닌 반대인 아드리아 해의 해안선을 따라 오랜 시간 동안 기차를 탄 듯했다. 도경 누나가 있는 리미니(Rimini)를 거쳐 진아 누나가 있는 앙코나(Ancona)를 지나 한참을 지나온 듯했고 피곤하여 자다 깨다를 반복했다. 기차는 인터시티(Intercity)로 아드리아 해안선을 쭉 따라서 풀리아 주에 근접할 때쯤 황량한 벌판과 군데군데 올리브 나무들이 조금씩 보였다. 포지아 (Foggia)가 근접했다는 방송과 함께 주위는 올리브 나무가 뒤덮여 있을 정도로 무성했다.

　볼로냐를 떠나 5시간을 달리는 듯했다. 아드리아 해를 접해서 달리는 해안가는 참 좋았다. 가끔은 물이 더럽다는 생각도 들었지만 수영장과 리조트들이 중간 중간 보였고 차들이 빼곡하게 채워져 휴가 시즌 임을 다시 한 번 확인시켜주는 듯했다. 어느덧 포지아에 도착하니 어둠이 내려 앉아 남부 지방이 낯설어 보였다. 역에 내려 다시 전화를 했다. 레스토랑 관계자에게 풀만을 어디서 타야 하는지 설명을 듣고 다시 낯선 곳이므로 모든 사물과 이정표가 한눈에 들어오지 않았으며 정류장은 역 주변에 있었다. 정류장 간판에 있는 노선 번호와 시간을 확인하니 20분 정도 여유가 있었다. 허기진 배를 채우기 위해 기차역사 내에 있는 카페에 가니 많은 사람들이 나를 주시하는 듯했고 난 신경 쓰지 않고 쇼케이스 안에 요깃거리가 뭐가 있나 살펴보았는데 여러 가지 파니니(Panini: 이태리식 샌드위치)가 있어 식상하다는 생각이 들어 밖으로 나왔다. 우리에게 익숙한 햄버거 가게가 눈에 띄었다. 그건 맥도날드 할아버지 간판이었고 난 달려가 게 눈 감추듯 햄버거 세트를 시켜 먹었다. 배가 불러 여행책자에 소개된 포지아의 관광지를 살펴보는 데 졸음이 쏟아졌다. 다시 레스토랑 관계자와 통화를 한 후 출발시간과 도착시간을 말을 해줬고 난 풀만(Pullman)을 탔다. 포지아 시내를 떠나 고속도로를 진입하여 30분 이상을 달린 듯했다. 주변의 풍경을 보니 험한 산도 보였고 첫 번째 스테이지였던 푸지냐뇨와는 반대로 산악지대임을 알 수가 있었다. 쭉 뻗은 작은 산의 능선들을 뒤로하고 해가 넘어가고 있었고 이런 자연경관의 모습이 차창 너머로 비쳐지고 있었다. 풀만은 한 시간 정도를 달렸고 버스 속 광고판에 다음 도착할 정류장 이름이 들어오고 내릴 준비를 했다. 이상하게도 나폴리 근처가 아닌 듯 직감을 했고 정류장에 내리니 찬 기운이 맴돌았고 바다 냄새나 바람은 더더욱 느낄 수가 없었다. 순간 크리스티나 선생님이 머릿속에 떠올랐다. 보낸 편지 내용에는 '나폴리의 해산물 요리를 배우고 싶다'고 강조를 했는데 받아들여지지 않은 듯했다. 어둠이 깔린 풍경과 불빛에 비쳐진 모습은 산속인 듯 직감했고 인적이 드문 곳인 걸 확신할 수 있었다. 게다가 배웅을 아직 나오지 않았고 10분 후 중형차 한 대가 내 앞에 멈췄고 문이 열리고 머리가 없는 내 나이 또래 이태리 남자와 나폴리 특유의 외형을 갖춘 피부색이 진한 여성 한 분이 보조석에 앉아 나를 맞아주었다. 그는 니콜라와 그의 약혼녀 실바나였다. 우리는 서로 간단히 인사를 했고 그는 나를 태우고 한참을 갔는데 난 속으로 '더 이상 숲으로 들어가지 마!' 하고 이미 외치고 있었다. 하지만 출발 한 지 30분 정도 됐지만 차는 아직도 가파른 언덕길을 오르며 달리고 있었다. 창밖으로 보이는 희미한 불빛에 마을들과 발레사카르다(Vallesacarda)라고 하는 표지판과 해발1200미터라는 문구가 쓰여 있었다. 내 표정은 점점 더 어두워져 갔다. 난 추위는 정말 싫어한다.

이제는 여행으로 몸이 지쳐있어 더 이상 이곳이 어떤 곳인지는 오늘 이 시간만큼은 관심이 없었고 잠을 자고 싶을 뿐이었다. 그들은 나를 먼저 숙소에 내려줬고 오늘은 늦었으니 쉬고 내일 아침 일찍 레스토랑에 오라고 말했다. 날이 밝으면 자연적으로 레스토랑이 보인다는 말을 뒤로하고 두 사람은 다시 차를 타고 떠났다.

　다음날 아침 난 일어나 제일 먼저 창문을 열었다. 이게 웬일인가! 밖은 능선으로 된 산악지대며 굉장히 큰 바람개비가 여러 군데에 있어 끊임없이 돌고 있었다. 나폴리와는 반대였다. 혼자 중얼거리는 말투로 '크리스티나, 난 해산물 요리를 좋아한다고 컴온 컴온! (Come on, Come on!)'을 외치고 있었지만 이미 늦은 상황이었다. 제발 여기는 아니겠지. 생각을 해보았지만 지금은 현실에 적응해야만 한다는 기운이 맴돌았다. 이미 난 산속에 와 있었다. 그것도 유일한 동양인으로서 말이다.

# ♨ 두 번째 레스토랑 스테이지

## 오아시스는 나폴리에서 너무 멀다

오아시스 레스토랑의 직원 숙소는 레스토랑에서 5분 거리에 있는 단독 주택의 2층에 있었다. 발코니가 있어 주로 빨래를 건조시키는 역할로만 사용되었으며 몇 개의 화분이 나란히 놓여져 있어 상막한 분위기를 매꾸고 있었고 자그마한 방이 두개, 비좁은 거실과 화장실을 갖추어진 자그마한 집이었다. 어제 저녁 늦게 도착하여 레스토랑 사람들과 인사를 나누지 못했고 니콜라는 날 먼저 숙소로 안내해 주었다. 어젯밤은 차가운 방 공기 때문에 기침을 했는데 일교차가 심한 곳임을 알 수 있었다. 지금은 9월 초인데 이곳의 밤은 초겨울 날씨와 흡사했다. 밤공기와 새벽 온도는 일교차가 심하여 보일러 시설을 찾기 시작했으나 아직 가동이 되지 않아 춥다는 생각에 거실 이불장에 이불을 더 꺼내 3~4겹을 덥고 첫 날밤을 보내야만 했다.

아침은 무척 상쾌했다. 창문은 2중으로 겹쳐있어 문을 여니 산의 능선들이 즐비하게 보였고 이곳의 고도를 다시 한 번 알 수 있었다. 능선 사이사이에 큰 풍차 모양 바람개비 들이 즐비하게 돌아가고 있어 이태리가 아닌 네덜란드의 풍차마을 같은 이국적인 모습도 보였다. 어제 니콜라가 헤어지기 전 레스토랑 위치를 자세하게 일러주지 않았음에도 나는 쉽게 찾을 수 있었다. 그만큼 자그마한 산골 마을이

오아시스 레스토랑

었다. 레스토랑의 문을 열고 들어가니 참 많은 사람들이 큰 원탁의 앉아 아침 식사를 하고 있었다. 다들 반갑게 맞아 주었는데 할아버지, 할머니 그리고 그의 큰 아들 카르미네(Carmone), 둘째 아들 부초(Bucho) 모두 반갑다며 환한 미소를 지었다. 이들 사람들로부터 산골이라서 느낄 수 있는 순박함과 친절함이 조금씩 보였다. 순간 느낀 것이지만 가족들 간의 정겨움이 묻어있는 가족 중심의 레스토랑인 듯 보였다. 그리고 어제 배웅을 나왔던 막내아들인 니콜라와 그의 약혼녀 실바나는 보이지 않았다.

부초는 내게 카페를 하겠냐고 물었고 나는 의례적으로 그라지에(Grazie: 감사합니다)로 답변을 하고 탁자에 앉아 진한 카푸치노와 단과자 빵인 브리오쉬(Brioche)로 아침 식사를 하며 이들의 대화 내용을 듣기 시작했다. 그러나 이곳 사람들은 디아레또(Dialetto)인 이 지방의 방언을 중간 중간에 섞어서 사용하는 듯했다. 표준 이태리어도 제대로 구사하지 못하는 나에겐 너무나 힘든 과제인 듯했다. 카르미네는 내게 내일부터 일하는 시간과 근무시간 그리고 그들의 레스토랑의 역사와 다른 레스토랑과의 경쟁력에 관한 자신들만의 장점을 천천히 열거해 가면서 자랑을 일삼기 시작했다.

오아시스 홀 내부

Vallesacarda 바람개비

　근무시간은 내일부터 아침 8시에 출근을 하고 간단히 빵과 커피로 아침 식사를 한 후 일을 시작하자고 했다. 그리고 12시 이전에 점심 식사를 하고 영업시간은 12시부터 3시 그리고 6시부터 11시 까지라고 말했다. 3시부터 6시는 자유 시간이므로 숙소에서 쉬라는 것이었다. 카르미네는 첫 만남에서 레스토랑의 역사를 구구절절 말해 주기 시작했는데 레스토랑은 가족 공동체로 운영된다는 것과 50년 전에 할머니와 할아버지가 레스토랑을 시작하여 오늘날의 별급 레스토랑까지 성공적으로 이끌어 오고 있으며 형제자매 5명이 레스토랑에서 일을 하는데 카르미네, 부처, 니콜라, 니나(Nina) 와 마리아(Maria)가 그들이다.

　니나와 마리아는 여주방장이자 자매지간으로 니나가 언니다. 오전 주방은 언니가 맡아 관리하며 마리아는 저녁에 주방을 따로 관리한다. 카르미네는 디렉터로 레스토랑 전반적인 관리를 맡아하고 부처와 니콜라는 지배인과 웨이터 일을 하고 소믈리에 일까지 맡아서 하고 있다. 계속되는 카르미네의 레스토랑 설명에 나는 씨 씨(Si, Si)예, 예만을 대답할 줄 알았지 그의 말은 반 이상 이해하지 못했다.

식사는 레스토랑에서 했고 오늘 점심과 저녁 식사 시간을 듣고 밖으로 나왔다. 난 아침을 마치고 레스토랑 주변 이곳저곳을 살펴보았고 마을 곳곳을 돌아다녔는데 한적한 시골 마을인 듯했다. 그리 사람들이 많지 않았지만 주위의 시선은 날카로웠다. 슈퍼에 가거나 거리를 걷거나 할 땐 마을 사람들이 날 주시하고 있었다. 그들도 이렇게 멀고 험한 곳에 그것도 키 작은 동양 남자가 있으니 신기해 하는 듯했다. 오늘은 쉬라는 말에 레스토랑 관계자인 카르미네에게 나폴리로 가는 차편에 대해 물었다. 그의 얼굴 표정은 어리둥절해 하고 있었고 뭔가 착오가 있는 질문인 듯했다. 그의 말은 "여기서 나폴리는 너무 멀어. 아침 일찍 출발해야 저녁에 돌아올 수 있는 거리"라고 내게 설명해 주었다. 나는 급 실망과 함께 해산물 요리를 배우는 계획은 포기해야만 했다.

와인 저장고

## 순배! 오늘은 양파 튀김과 아티초크 손질이다

스테이지 첫날 아침 식사를 마치고 나서 주방에 들어가 일하는 팀원들을 소개 받았다. 여자 요리사 콘체타(Concetta) 그리고 중년의 여자 요리사인 루치아(Lucia) 등이 이미 출근하여 일을 하고 있었다. 여주방장 리나가 항상 명령조로 일을 지시했고 아침부터 3시까지 그녀와 일을 같이 해야만 했다. 그녀는 퇴근 전에 내게 동생인 마리아의 일을 덜어 주기 위해서 저녁 장사 준비도 시켰다. 점심 장사가 종료되기 전에는 저녁에 사용될 양파 튀김을 준비했다. 오늘 저녁 손님이 많으니 준비를 많이 하라는 말과 함께 그녀는 사라졌고 난 남아서 양파 튀김을 하기 시작했다. 곧바로 지하 주방에서 양파를 슬라이스 머신(Machine)에 얇게 자르고 소금과 후추만 하여 밀가루를 잔득 뿌려 여분의 밀가루를 체에 쳐서 떨어내고 미리 예열을 해둔 해바라기씨 오일에 넣어 바싹하게 튀겨냈다. 보통 날은 양파 3개 정도의 분량으로 충분하지만 바쁜 날에는 5개까지 하다보면 30분이 훌쩍 넘어간다. 그러다 보면 중간에 쉬는 시간도 없이 일을 하는 날이 대부분이었다. 마지막으로 주방 바닥 청소를 마무리하고 잠시 저녁 일을 위해 숙소에서 휴식을 취한다. 아침에 8시에 출근하여 식사하면서 20분 정도 쉬고 점심 종료 후 2시간 정도 쉬었다가 다시 저녁 10시 혹은 11시까지 일을 해야만 했다. 라 볼리아 마타에서 보다 하루에 보통 2시간씩을 더하는 셈이다.

내가 싫어하는 작업은 아티초크 손질이다. 가을철이므로 수확

한 아티초크 양이 참 많다. 아티
초크는 이태리어로 카르치오피
(Carciofi)라고 말하는데 보통 한번
손질을 하게 되면 20킬로는 기
본이다. 이것은 짧은 시간에 마
무리지을 일이 아니다. 아티초
크는 겉껍질은 모두 벗겨 버

아티초크

려야 하고 내부의 연한 속살만을 먹을 수 있다.

처음에는 한국에서 배운 기억을 더듬어 윗부분을 잘라 맨 손으로 날
카롭고 질긴 부분을 벗겨 냈는데 손이 아리고 손가락에 핏기가 보이
기까지 했다. 리나는 3시부터 혼자 20킬로 정도의 어마어마한 양의
아티초크를 벗기라며 내게 명령을 내리고 자기는 퇴근을 해버렸다.
난 한숨을 쉬면서 지하 주방에 내려가 앉은뱅이 의자에 앉아 콘체타
(Concetta)가 일러준 대로 손질한 아티초크를 레몬 물에 담가 놓았다.
혼자 작업을 하고 있는 동안에는 많은 생각과 잡념이 들기 마련인데
여기 오아시스 레스토랑은 전문성이 결여된 레스토랑인 듯했다. 메
뉴가 참신하지 않고 현대적인 조리법이 가미된 것이 없어 남은 기간
동안 이곳에 있어야 할지 의문이 생기기 시작했다. 마치 집에서 하
는 가정식 이태리 요리 수준이며 그리고 요리사도 모두 아줌마들이
어서 더더욱 전문성이 없어 보였다. 리나는 다음날 아티초크를 삶아
맛있는 파스타 소스를 만들었다. 삶은 아티초크에 내가 좋아하는 살

세프 리나

시차(Salsiccia: 이태리식 후레쉬 소시지)를 넣어 볶아서 소스를 준비해 두었고 토마토소스나 크림소스가 아닌 올리브오일, 마늘, 양파, 삶은 아티초크, 살시차만을 넣어 펜네(Penne)를 넣고 볶다가 마지막에 넉넉한 파마산 치즈로 마무리하여 오늘의 주방장 파스타로 제공했다. 난 힘들여서 손질된 아티초크로 만든 파스타 소스라는 이유만으로 나도 즐길 수있는 권한이 충분히 있다고 생각해 리나가 퇴근하고 주방에 나 혼자 남은 시간에 소스를 듬뿍 떠서 봉지에 담아 숙소에 가져왔고 파마산치즈와 펜네 파스타 그리고 여러 양념도 빠뜨리지 않고 가져와 내가 만든 레시피처럼 파스타를 삶아 나를 위한 맛있는 저녁을 준비했다. 오늘 저녁은 영업을 하지 않는 날이므로 레스토랑에서 가져온 *타우라지(Taurasi)라고 적힌 레드 와인 한 병과 나만의 즐거운 저녁 만찬을 즐겼다.

## 독감은 순배를 당당하게 만들었다

레스토랑에 일을 시작한 지 두 달이 지났다. 몸은 몸대로 힘들었고 정과 마음을 붙일 만한 곳도 사람도 없었다. 늘 일과 숙소 그리고 나를 더욱 피곤하게 만든 건 그날 배운 요리 레시피를 정리하는 일이었다. 저녁에 일을 마무리하고 씻고 간단히 30분 정도 펜을 들고 메모를 하며 졸음과 싸우면서 정리하는 건 내게 하루 중 너무 힘들 일과 중 하나였다. 정리하던 테이블 위에서 한참을 졸고 나서야 잠자리에 들곤 했다. 다른 날은 책상에서 침을 흘리며 아침에 눈을 뜬 날도 있었다.

날씨가 추워졌다. 아침 8시에 출근하여 오아시스 가족들과 함께 한 잔의 카푸치노와 브리오쉬 몇 조각을 먹고 일을 시작하는 건 이미 일상의 한 부분이 되어 버렸다. 처음에 전채 요리와 디저트를 담당하는 섹션에서 일을 시작했고 파트를 책임지고 있는 요리사는 콘체타라고 하는 여자 요리사다. 그녀는 후에 알게 된 사실이지만 직업학교를 졸업을 한 후 곧바로 주방 일에 일찍 뛰어들었고 지금 그녀의 나이가 고작 18살이었다. 우리나라로 치자면 고등학교는 졸업하지 않은 셈

타우라지(Taurasi)
아벨리노(Avelino) 지역에서 재배되는 알리아니코(Aglianico) 품종으로 만들어진 캄파냐주의 최상급 레드 와인이다.

이다. 그녀는 어린나이에도 불구하고 윗사람들의 비유를 맞추는 데
는 선수였고 주방장인 리나의 아들과 연애 중인 것도 시간이 지난 후
에야 알 수 있었다. 주방장 리나가 오전에 주방을 담당하고 있었기
에 콘체타도 오전 근무만하고 5시에 퇴근을 했다. 두 사람과 같이 일
하는 나로서는 정말 짜증이 날 정도로 죽을 지경이었다. 험한 일이나
갖은 잡일들은 거의 다 나의 몫이었다. 나중에 한국에 돌아간다면 여
자 주방장과 절대 일을 같이하고 싶지 않을 정도였다. 라 볼리아 마
타의 여주방장인 '바르베라'도 오아시스 레스토랑의 주방장인 '리나'
와 '마리아'를 보면 얼마나 여자들의 성질이 독특한지 알 수가 있을
것 같았다. 콘체타는 나에게 이것저것을 설명해 주면서 준비하는 요
령 등을 자세히 말해 주었는데 반 이상을 이해하지 못했다.

 점심에는 손님들이 많지 않았다. 점심 영업을 마치고 나는 쓰레기
를 정리하기 위해 레스토랑 밖으로 나가 쓰레기를 버리는 순간 다리
밑에서 먼저 차가운 물이 나를 강타했다. 나는 물에 빠진 생쥐 모양
을 한 듯 다리 위를 한참동안 쳐다만 보았다. 그 위에는 청소한 물을
버리고 자신의 행동에 놀란 홀 종업원인 실바나가 서있었다. 난 너무
나 당황스러워서 누굴 원망할 만한 여유도 없었다. 그 후 주방으로
돌아오니 주방장 리나와 콘체타가 무슨 일이 있느냐고 물었고 나는
설명을 한 후 점심 영업을 마치고 숙소로 돌아왔다. 찬물 세례를 받
아서 그런지 몸이 추웠다. 침대에 누워 2시간이 지나고 자명종이 울
렸다. 온몸이 불덩이 같은 열과 피곤함이 나를 힘들게 했다. 아마도

독감이 온 듯했다. 겨우 일어나 레스토랑으로 갔다. 평소 같았으면 5분 거리인 이 길이 오늘은 30분 이상 걸린 듯 몸을 제대로 가눌 수가 없었다. 저녁 셰프인 마리아가 차려놓은 저녁 식사도 입맛이 없어 먹는 둥 마는 둥 했다. 저녁 일을 시작하고 정말 힘들다는 느낌이 들었다. 마리아에게 몸 상태를 자세하게 설명하고, 낮에 물벼락을 맞은 것과 사연을 이야기하며 쉬어야하는 정당성을 말했다. 집에서 쉬어야겠다고 이야기를 했고 그녀는 흔쾌히 승낙을 했다. 그날 저녁은 아픈 서러움이 이런 것이구나! 확실히 알게되었다. 아픈 몸과 마음 때문에 눈가에 눈물이 핑 돌았다. 몸살에 유학 생활도 지쳐갔고 타지에서 아픈 마음에 우울증 증세도 보인 듯 했다. 하루에 무려 13시간을 일을 한다는 사실도 짜증이 났다.

 난 요리를 배우는 학생이었다. 하지만 그들은 날 학생으로 취급하지 않고 한 명의 노동자로 생각하여 아침부터 저녁까지 일을 시키려 잔머리를 굴려댔다. 이제야 집 생각과 가족들 그리고 한국 생각이 자주 들었고 첫 번째 스테이지 생활처럼 무조건적으로 시키면 행동하지 않으리라 다짐했다. 다음날 아침 식사 시간에 레스토랑 책임자인 카르미네에게 두서없고 능숙하지 않은 이태리어로 천천히 나에 입장을 얘기하기 시작했다. 그는 신기하다는 듯 나를 지켜보았다. 또박또박 말하는 외국인이 신기했을 것만 같았다. 그는 당황스럽다는 표정으로 나를 계속 쳐다보았고 뭔가를 생각하는 듯 자리를 피했고 옆에 들고 있던 그의 동생 소믈리에인 부초를 부르더니 소곤소곤

거렸다. 두 사람의 말이 희미하게 내 귓가에 들렸는데 부초는 "그렇게 한다면 저녁에 일할 한 사람이 더 필요하다."며 투덜거리는 이야기가 약하게 들려왔다. 하지만 그의 반응은 나쁘지 않았고 카르미네는 몸이 힘들다면 아침 8시부터 오후 6시까지만 일하라고 했고 내 주장이 받아들여 졌다는 것에 뿌듯했다. 그 후 저녁 6시 이후부터 난 자유 시간을 만끽했다. 숙소에 있는 라디오는 유일한 친구이자 말동무였다.

바쁜 일상이 시작되어 11월 첫 번째 주말을 맞이하여 오아시스 레스토랑이 무척 바쁜 곳임을 다시 한 번 실감할 수 있었다. 평일에는 정찬 요리를 하는 곳이어서 북적대는 손님이 없지만 주말이면 조용한 산골마을이 외부와 연결되는 날인 듯했다. 동네 잔치가 벌어지는 듯하며 매주 결혼식과 관련된 연회며 행사가 레스토랑에서 열렸고 음식은 뷔페식이 아닌 코스요리로 손님에게 제공하고 있었다. 보통 500명 분의 음식이 우습게 차려진다. 주방에 일할 사람이 없어 우리식으로 말하는 이곳 발레사카르다(Vallesacarda) 마을의 아줌마들은 거의 다가 파출부로 출동한다. 오아시스 레스토랑이 있기에 발레사카르다 주민들이 부업거리가 생겨 그들의 가정경제의 도움이 되었다. 마을에서의 레스토랑의 역할은 그야말로 대단한 영향력을 가지고 있었다.

오아시스 가족들은 이 지역에 많은 공헌을 하고 있다 하여 레스토랑은 지역 관공서로부터 많은 신임과 격조 높은 대우를 받고 있었다.

한국 내 구청 위생과는 늘 식재료의 원산지 및 위생 상태를 수시로 점검을 한다. 물론 이태리도 똑같다. 한번은 꼬무네(Comune: 작은 마을의 단위) 사무실에서 위생 검사가 나왔는데 뭔가를 대접하는 식의 행동은 한국이든 이태리든 비슷했다. 면봉으로 사용하는 칼과 도마에 문지르더니 심지어는 내 손까지 오염상태를 체킹하며 관 모양의 투명 시험관에 샘플을 보관을 했다. 부처는 위생 검사요원들에게 레스토랑에서 만든 파이를 싸서 선물해 주었는데 거절하지 않고 담아서 가는 것도 비슷했다.

가족 레스토랑의 직접적인 운영을 맡고 있는 큰 아들인 카르미네(Carmine)는 정말이지 이 지역에서는 명성이 자자한 사업가이자 마을의 유지였다. 그런 레스토랑에서 일을 한다는 자체가 뿌듯하게 느껴질 때도 있었다.


## 콘체타 제발 날 좀 웃기게 하지마

처음 오아시스 레스토랑에 왔던 기억이 난다. 저녁에 도착하여 역까지 배웅을 나오겠다던 레스토랑 관계자는 오지 않아 버스를 타고 근처에 내려서 왔었다. 하지만 일본인 요리사 쥬시와 시계 그들이 처음 여기에 올 때 레스토랑 둘째 아들인 부초는 직접 1시간 이상 걸리는 포지아(Foggia)까지 직접 가서 그들을 데려왔다. 여기부터 국력의 차이가 느껴진다고 볼 수 있다. 그들이 오는 자체가 장단점이 있겠지만 우선 질투가 나는 것은 사실이었다. 쥬시는 내가 졸업한 이치이프(I.C.I.F) 학교를 일 년 전에 졸업하여 언어나 요리 적인 부분도 남달랐고 요리의 어느 부분에서는 오아시스 주방의 팀원들이 그의 요리를 배웠다. 그는 이태리에 오기 전에 일본 내 이탈리안 레스토랑에서 오랫동안 일한 경험이 있어 셰프인 리나나 마리아 보다 월등했다. 그에 비해 시계는 토리노(Torino)에 있는 요리학교를 졸업하고 여기가 첫 스테이지였다. 그는 요리 실력은 있어보였지만 언어를 전혀 하지 못했다. 주방일을 하면서 쥬시가 통역을 맡아 그를 도왔다. 나 또한 의사소통이 원활하지 못했지만 쥬시 정도는 아니었다. 산골에서도 일본은 경제 대국임을 알고 있을 정도로 그들과 나에 대한 대우가 달랐다. 라 볼리아 마타(La Voglia Matta)에서도 일본인 요리사인 토모하끼를 대하는 태도가 나와는 다르게 친절했었는데 오아시스 레스토랑에서도 일본인 요리사 쥬시와 시계에게 가족들은 남다르게 대했다. 그들이 오기 전까지 모든 일은 콘체타와 같이 했지만 모든 잡일은 내가 도맡아서 했다. 그녀 또한 어린나이에 명령조로 모든 업무를 지시하여 내색도 하지 못한 채 씩씩거리며 그녀와 보조를 도맡아 왔다. 그러던 차에 내가 근무시간을 하루에 10시간만을 고집하는 바람에 저녁에 어시스트 요리사가 필요했기에 그들이 출현한 것임을 알 수 있었다. 그들의 출현으로 주방의 업무가 분산되고 분위기도 다르게 변해갔다. 콘체타는 여자 셰프인 리나가 구세주인 샘이다. 그녀에게 잘 보이기 위해 좋아하는 화장품 등을 선물하면서 친밀

감을 유지하려 모든 수단을 다 동원했다. 리나의 아들인 마르코와 그녀는 열애 중이었으므로 더더욱 그랬을 것이다. 리나와 콘체타는 내가 보기에도 찰떡궁합이다. 일을 하는 것도 그렇지만 콘체타는 리나에게 맹목적으로 헌신하는 듯 보였다. 맹복적으로 복종하는 그녀를 좋아하긴 했지만 가끔 주방에서 사고를 치는 것을 볼 때마다 리나는 고개를 절레절레 흔들어댔다. 우리 레스토랑은 주말에는 숨 돌릴 시간조차 없었다. 콘체타는 디저트와 전채 요리를 담당하여 수시로 뛰어 다녔다. 홀에서는 디저트가 늦게 나온다며 부처는 콘체타에게 매번 제촉했다. 오늘의 디저트는 밀푀유인데 슈크림을 데워 *아마레나(Amarenna) 소스를 뿌리고 슈거 파우더를 뿌려 나가는 디저트이다. 콘체타는 제촉하는 부처로부터 긴장했는지 차가운 슈크림을 데우기 위해 주위를 살피더니 법랑냄비에 담아 전자레인지를 돌렸다. 돌린 순간 전자레인지 내부에서 광음과 불빛이 나면서 펑하는 소리가 났다. 주방 내에 들어와 있는 웨이터들과 주방 직원들은 모두 굉음을 낸 곳

아마레나(Amarenna)
갈색의 신맛을 가진 이탈리안 체리로 볼로냐(Bologna)와 모데나(Modena)지역에서 주로 재배된다. 시럽에 절여 병입되어 유통되며, 초콜릿이 들어간 디저트에 장식을 위해서도 사용한다. 아마레나 체리는 처음 젠나로 파브리(Gennaro Fabbri)에 의해 개발되었고 그는 1905년 아마레나와 관련하며 그의 파브리 브랜드에서 음료, 시럽, 페스츄리 상품 등에 사용하여 처음 상품화시켰다.

으로 시선이 집중되었고 그녀는 잘못된 상황을 보며 난처해했다. 급한 상황을 보고 있던 큰아들 카르미네는 한심한 표정을 짓더니 인상을 일그러트리며 맘마 미아(Mamma Mia)와 케 카소(Che Cazzo)를 연발하며 레스토랑 가족들은 열받아했다. 물론 전자레인지를 다시 마련해야 한다는 것도 있었지만 마르코의 여자 친구가 저렇게 어리숙하다는 것에 열이 받은 느낌도 들었다. 그들의 특유의 제스처인 두 손바닥을 겹쳐 흔드는 모습을 하며 비아냥거렸다. 그 일이 있은 후에 콘체타의 무식함이 점점 더 들어났다. 그녀는 디저트를 만들다가 원하는 몰드에 맞추어 레시피를 줄여서 하는데 양을 많이 해서 나머지는 늘 버렸는데 레시피를 줄이는 방법을 몰라서 특히 원재료의 양에 3분의 1정도로 재료를 계량하는 방법을 몰라서 나를 당황스럽게 만들었다. 그녀는 셈을 못했지만 연애는 박사였다. 마르코는 그녀 앞에서는 늘 끌려다녔을 정도였다. 그 이유가 뭘까! 난 늘 궁금했었다.


## 맘마 루치아의 보물 창고

오전 주방의 주방장인 리나는 프로답지 않아 보일 때가 많았다. 주방 팀원들을 편파적으로 대했으며 어떻게 여기 레스토랑이 별을 받았나 하는 궁금증까지 유발되곤 했다. 그 이유 많다.

위생 개념이 없는 지저분한 주방, 노후화된 주방시설 및 전문성이 결여된 주방 스텝들. 섣불리 판단하지 않았나싶지만 어딜 둘러봐

루치아와 함께

도 참신성이 떨어져 보였다. 이런 나의 생각은 얼마 지나지 않아 산
산조각나서 흩어져 버렸다. 오아시스 레스토랑의 강점을 찾았기 때
문이다. '고대부터 내려온 맛의 표현'이라는 상징으로 조리법도 전통
적인 방법으로 재연 한다는 것이다. 가족 단위로 움직이는 레스토랑
으로 각자 맡은 업무가 다르다. 지금은 나이가 드신 창업주 할머니와
할아버지는 연로하셔서 레스토랑에서 사용될 야채류를 직접 재배하
는 역할을 담당한다. 그리고 레스토랑 총 책임자이며 큰 아들인 카르
미네는 이르피니아(Irpinia: 캄파냐주의 아벨리노 지역 일대) 지방의 전통적
인 조리법을 찾아내는 책임을 맡고 있었다. 이런 부분에서는 다른 레
스토랑과 차별화되는 문구인 '사포리 안티께'(Sapori Antiche: 고대의 맛)
라는 문구가 늘 따라다닌다. 별급 레스토랑의 대부분이 현대적 감각
으로 레스토랑과 메뉴를 내세워 프로모션을 하지만 여기는 전통성과

고대의 맛에 신경을 쓰며 요리에 조미료 그리고 소스나 수프 등에 인위적으로 사용되는 루(Roux: 밀가루와 버터를 볶은 농후제)나 밀가루나 전분 등을 가급적 사용을 자제한다. 첫 스테이지인 라볼리아 마타의 주방은 늘 다도(Dado)라고 하는 조미료를 많이 써왔다. 하지만 이곳은 찾아볼 수가 없었기에 더더욱 순수한 맛의 강점을 찾아내는 듯 보였다. 리나와 난 늘 일을 같이 했다. 가끔 느끼는 거지만 종 부리듯이 나에게 일을 강요했고 가끔 견딜 수 없는 자존심 문제가 발생하여 우울증에 빠지기도 했다. 한국 내에 거주하는 동남아 사람들을 한수 아래라고 보듯 그런 행동으로 나를 대하니 정말 그들 맘을 이해할 듯했다. 리나는 나를 데리고 스테이지가 끝날 때까지 같이 일을 하겠다고 동생인 마리아에게 말을 한 듯했다. 물론 저녁에는 일본 요리사인 쥬시와 뒤 늦게 함유한 시계가 마리아를 거들었다. 쥬시는 이들보다 요리 실력이 나아보였다. 빵부터 디저트까지 못하는 부분이 없어보였고 우리는 일을 하는 시간이 6시까지 겹치므로 점심까지는 난 프리미(Primo)와 세컨도(Secondo)를 번갈아 가면서 요리했다. 프리모는 파스타 요리를 말하며 세콘도는 메인요리를 지칭하는 말이다. 점심에는 쥬시와 시계가 번갈아 저녁 미장업무와 전채와 디저트를 맡아서 했다. 하지만 점심 장사가 끝나면 그들은 6시까지 쉬고 그때부터 저녁 장사를 다시 시작한다.

오아시스 레스토랑의 절대적인 요리 강자가 한 명 더 있다. 리나와 마리아보다 더 이탈리아 손맛을 간직한 그녀는 맘마 루치아(Mamma

Lucia)이다. 그녀는 인상도 좋고 늘 편안한 태도와 자상한 모습까지 간직하고 있어 나는 그녀를 '맘마 루치아'라는 호칭을 자주 썼다. 그녀는 젊은 주방장보다 나이가 많고 주방에서 보조 역할을 한 시간들이 많았고 그녀의 어머니로부터 요리 손맛을 물려받아서인지 남다른 감각이 있었다. 또한 그녀의 어머니를 자랑스러워했다. 그녀는 특히 파스타 요리를 맛깔스럽게 잘했다. 루치아는 주방장들과 사이가 좋지 않을 때 날 위로해 주는 요리사 중 한 사람이었다. 외국인이기에 현지 말을 잘 알아듣지 못하거나 요리 중 실수를 하면 리나는 짜증부터 냈지만 그녀는 의기소침해 하는 모습을 보며 늘 내게 용기를 줬다. 우린 3시 이후 클로즈 타임(Close Time)이 되면 주말 연회에 사용할 라비올리를 만들었다. 보통 시금치와 리코타 치즈 그리고 파마산 치즈가 듬뿍 들어간 보통의 라비올리이지만 맛은 정말 정직했다. 모양은 가장 기본적인 반달로 만들었는데 라자냐 면발 위에 계량이라도 한 듯 같은 양의 소가 채워져 금세 라비올리가 만들어졌다. 라자냐 반죽을 노른자만으로 반죽을 한 것인데도 불구하고 색이 노란 빛이 띠었다. 이태리의 계란 노른자는 아주 진한 주황빛이 돌아서 반죽을 했을 때 색이 강렬했다. 그렇게 만들어진 라비올

루치아와 알폰소

루치아와 젤라르다

리는 끓는 물에 한번 삶아 건져 깨끗한 천을 깔고 건져 냉장고에 넣어서 보관을 했다. 그녀는 대단한 일꾼이며 마에스트로(Maestro)라고 해도 손색이 없을 정도로 프로였다.

나의 휴무는 레스토랑이 문을 닫는 날인 곧 목요일이다. 그날 점심이나 저녁에 늘 놀러 다녔는데 우린 레스토랑 문을 열지 않기에 목요일에 먹을 모든 재료는 레스토랑에서 들고 와야 했다. 하지만 그걸 잊고 시계와 쥬시 모두 챙기지 않았다면 하루 종일 굶어야 한다. 가끔 목요일에 아무것도 챙기지 못하여 아침과 점심 내내 끼니를 해결하지 못하거나 아니면 숙소 아래 마트에서 간단한 과자 부스러기로 해결하기도 했다. 허기진 배를 참지 못할 때는 숙소를 나와 레스토랑이 혹시 열려있는지 확인하거나 혹은 문이 열려 있지 않으면 실망을 한 후 레스토랑 위편에 루치아에게 끼니를 의지 했었다.

어느날 그날도 배고픔을 달래기 위해 루치아 집에 도달할 때 그녀는 집앞 창고에서 뭔가 정리를 하고 있었고 난 몰래 들어가 루치아를 깜짝 놀라게도 했다. 그녀의 창고를 자세하게 둘러보았다. 가을에 수확한 토마토로 소스를 만들어 병입을 한 것, 레드 와인에 절여진 파프리카, 집에서 직접 짠 레드 와인 그리고 그녀의 올리브 밭에서 직접 수확하여 만든 올리브유, 건조되어 주렁주렁 달려있는 페페로치니(Peperocini: 이태리 고추)와 오레가노(Oregano)가 즐비하게 매달려 있었다. 난 시골 출신으로 저장한 음식들의 창고에 익숙했다. 어릴 때 무를 수확하고 무청을 잘라 삶아서 말려 시래기를 만들고 처마 밑에 꿰어 매달아 눈이 오는 겨울에도 창고 앞에 늘 매달려 있었던 그 풍경들이 갑자기 떠올랐다. 고추 말린 것이나 오레가노를 말려서 걸어 놓은 것은 이태리나 어릴 적 추억이나 매한가지임을 느끼고 있었다. 사람 살아가는 모습이 나의 어린 시절과 비슷해 보임을 알 수도 있었다. 루치아에게 배고픈 사정을 이야기하고 토마토소스 한 병과 스파게티 한 봉을 빌려 집으로 돌아와 맛있는 스파게티 알리오, 올리오 에 페페로치니(Spaghetti, Aglio, Olio e Peperoncini)를 일본인 요리사 쥬시 그리고 시계와 함께 꼽빼기로 먹어치웠다.


**할머니의 손맛을 배울 수 있는 레스토랑 맞나요?**

내가 두 번째 레스토랑에서 스테이지 생활을 하고 있을 때쯤 한국의 이치이프(I.C.I.F) 8월 반이 본교 수업을 마치고 스테이지 생활을 시작했고 이쪽저쪽에서 불만을 토로하는 목소리들이 나온다고 6월 반 동기들로부터 소문이 들렸다. "8월 반에 그 중 요리 실력과 언어 실력이 출중한 상성 씨는 학교에 이탈리아 할머니의 손맛을 배울 수 있는 레스토랑을 소개해 달라며 스테이지를 나갔는데 정말 칠순이 넘은 할머니가 지팡이를 짚고 몸을 잘 가누지 못하고 벽을 잡으며 그들을 마중나왔다고 했다." 문제는 주방에서 일을 할 때 발생을 했는데 자유자재로 움직이지 못하는 할머니와 호흡을 맞추며 일을 해야 했고 더군다나 레스토랑에서는 해선 안 될 준비된 음식을 냉동 보관하여 주문과 동시에 전자레인지에 해동하여 소스만 부어주는 레토르트 식품과 같은 조리 방식을 제공하는 레스토랑이라며 학교 측에 불만을 털어 놨다고 했다. 내부적인 상황도 모르고 할머니의 손맛을 배울 수 있는 레스토랑이라는 것만을 보고 추천해 주는 안일 한 행정도 문제가 있었다. 이런 일들을 겪은 것은 시작에 불과했다. 어떤 학생은 레스토랑이 아닌 바(Bar) 위주의 레스토랑 그리고 디스코텍과 같은 레스토랑 등에 배정되어 다들 로마에 있는 한국 사무실과 마찰을 빚은 게 한두 번이 아닌 모양이었다. 문제가 생긴 학생들은 다음 스테이지가 결정되기도 전에 스테이지 숙소에 나와 여행을 하던지 아니면 다른 동료들의 숙소에 찾아가 민폐를 끼치기도 했다. 그중에 8월 반 여러 명은 다음 스테이지가 결정되기 전까지 갈 곳이 없어 밀라노에 있는 친구 석진이의 숙소에서 지낸다는 소문을 들을 수 있었다.

외로운 곳에 한국 학생들끼리 모여서 있다 보면 외로움을 잠시 잊을 수 있다는 자체에 난 그들이 부러웠다. 나는 남부 이탈리아에 혼자 있었기에 더더욱 그러했다.

얼마 후에 오아시스에 반가운 동료의 전화가 걸려왔다. 나에게 전화를 할 사람이 없는데 수화기를 들어보니 동기인 진아 누나의 목소리였다. 그녀는 국내에 있을 때 이탈리안 레스토랑에서 오랜 경험을 쌓아 왔고 사진에도 깊은 관심을 보였다. 기숙사 생활을 할 때 늘 혼자 산책을 나갔는데 그녀의 어깨에는 수동 카메라가 매달려 있었다. 그만큼 외로움을 잊으려 사진에 취미를 두고 있었는지 모른다. 그녀는 잘 지낸다는 말과 첫 번째 스테이지를 마치고 다음 장소를 기다리고 있는데 큰 섬인 샤르데냐에 있는 레스토랑에 신청을 했다고 했다. 그녀는 참으로 당찼다. 여자 혼자 몸으로 외국에서 요리를 배우는 것도 대단했지만 늘 동생들을 생각하고 배려하는 마음까지 가지고 있었다. 난 좋은 성과가 있기를 바란다는 것과 건강하라는 말로 작별인사를 마쳤다.

시간이 지날수록 처음 오아시스 레스토랑에 실망했던 모습은 사라지고 깊이 있는 이들의 음식 문화에 다시 한 번 감동을 받게 되었고 깊은 생각을 해보게 되었다. 할머니의 손맛 그리고 이탈리아의 시골 구석의 가정집에서 무엇을 먹고 살아가는지 궁금한 모습에 차츰차츰 그런 실체를 알게 되면서 전문적인 레스토랑의 다이나믹하거나 테크닉과 기교가 뛰어난 음식만을 배우겠다는 나의 잘못된 생각이 참으로 한심했다. 순간의 그릇된 생각으로 이탈리아의 식문화를 제대로 배울 수 없었을 거라면 비싼 돈을 주고 유학을 오게 된 자체가 후회했을 것이다. 할머니의 손맛 바로 자연의 맛 그리고 전통성과 뿌리를 가진 음식들이 바로 상성 씨가 찾고 싶었던 음식이었고, 바로 그곳이 여기가 아니었을까 생각을 해본다. 우리의 한식 문화도 오랜 문화와 역사를 가지고 있다는 것도 난 이미 오래 전부터 알고 있었기에 비교를 해가면서 몸소 체험을 해야 한다고 생각을 해 본 적이 있었다. 단지 많은 레시피(Recipe)를 숙지하는 것 보다 식문화적으로 접근한다면 후에 식문화에 관련된 공부를 할 때 도움이 되지 않을까 하는 생각과 함께 여기에 있는 하루하루가 나의 소중한 경험이 될 것이라 생각하게 되었다.

스트라쉬나티

## 이탈리아 요리는 파스타가 최고지

별급 레스토랑에서는 대중적인 파스타보다는 지방의 특색인 파스타를 찾아내 그들의 특화된 파스타로 재구성되는 메뉴들이 대부분이다. 그 대표적인 파스타가 트릴리(Trilli), 트릴루치(Trilluci)인데 보통 이태리 전역에서의 *스트라쉬나티(Strascinati) 이름으로 통한다. 손가락을 이용해 길쭉한 반죽을

오아시스 메뉴판

눌러 당겨서 만든 파스타로 한 손가락 혹은 두 손가락으로 만들었느
냐에 따라 이름이 달라진다.

레스토랑 지하에 파스타를 만드는 공간에서는 늘 3시 이후에 루
치아와 나는 트릴리, 트릴루치 생 파스타를 만들었다. 그녀는 파스
타를 성형하기 전 한 시간쯤 전에 경질밀을 제분한 밀가루인 세몰라
(Semola)를 이용해서 반죽을 만들었는데 밀가루에 미지근한 물과 소금
그리고 올리브유 약간을 넣어 만들었고 양이 많아지면 나선형 모양
의 갈고리가 있는 반죽기를 이용해서 반죽을 치대면서 글루텐을 잡
았고 꺼내 손으로 치댄 후 보통 한 시간 정도 숙성시킨 후 사용을 했
다. 주말에 예약된 손님이 많을 때는 루치아와 나는 일주일에 3번 정
도 파스타를 만들어 댔다. 만들어진 생 파스타는 잘 건조를 한 후 냉
장고에 보관한 후 토요일과 일요일 연회에 대부분 사용된다. 가끔은
일손이 부족하여 파스타 양이 되지 않을 때는 마을 입구에 있는 파스

알폰소 라비올리

호두 소스를 곁들인
리코타 라비올리

타 공장에서 주문을 하기도 했
다. 주말에는 리나와 젤라르다가 맡아
서 파스타를 적절하게 삶아 소스를 잘 볶아서 제공했다. 젤라르다
는 주말에만 일을 했기에 생면을 만드는 과정에는 동참하지 않았지
만 그녀는 몸이 왜소하고 나이가 있음에도 불구하고 행동이 빨랐으
며 프라이팬을 돌리는 솜씨도 주방장인 리나보다 훨씬 능숙했다. 뷔
페식으로 제공되는 라비올리도 빠르게 삶아 물기를 건져 호두소스를
뿌려서 그녀가 늘 제공했다.


### 검게 그을린 비스테카(Bistecca)

오아시스 레스토랑의 메인 요리 중 대부분이 스튜를 하거나 한번

팬에 굽거나 반 조리하여 오븐에 구워내는 스타일의 육류 요리들이 많았다. 양, 염소 그리고 토끼 등이 그러했다. 보통 한국 내에 레스토랑에서는 그릴 등에 주로 구워 원하는 온도의 굽기 정도를 맞혀서 제공한다. 관리 업무를 맡고 있는 큰 아들 카르미네 말에 의하면 "우리는 전통적인 방법을 찾아내 오래 전 방법으로 스테이크를 굽는다." 며 자랑스러워했다. 그릴이 아닌 팬에 올리브기름을 두르고 으깬 통마늘, 월계수 잎, 그리고 로즈마리를 넣어 먼저 튀겨낸 후 간을 한 두툼한 스테이크를 올려서 굽는다. 더군다나 튀겨진 향초나 마늘을 팬 밖으로 들어낸 후 기름을 스테이크 위에 혹은 앞뒤로 뜨거운 기름을 끼얹어 가면서 굽는다. 한참을 굽다 보니 겉은 튀긴 듯한 질감이 나왔고 숯에 가까운 색으로 변하기 일수였다. 번거로운 작업을 거쳐야 하기 때문에 주방장 리나는 내게 보통 스테이크를 굽는 일을 시켰다. 그녀는 기름에 고기를 넣으면 기름이 튀는 걸 무서워했다. 그녀의 곱상한 얼굴에 튈지도 모른다면서 꺼려했다. 스테이크 굽기의 선호도가 다르겠지만 오아시스에서 고기를 구운 6개월 동안 미디엄 웰(Medium well), 웰던(Well done) 그리고 미디엄(Medium) 등은 잘 들어오지 않았다. 대부분 레어나(Rare) 미디엄 레어(Medium Rare) 등이었다. 이렇게 구워진 스테이크는 달궈진 손잡이 달린 구리 냄비에 튀긴 마늘, 월계수 잎, 양파 튀김 등을 넣고 판에 올려서 제공했다. 이들은 워낙 육류를 좋아해서 대부분 손님들은 고기를 남기지 않았다. 늘 선호하는 송아지 고기도 이들의 주력 상품이지만 냄새나는 양고기 등도 빠지지 않는다. 한국에서는 송아지 고기를 먹어본 적이 없지만 육안으로 봐서는 소고기와 별 차이가 없어 보였다. 하지만 섬세한 맛에서 늘 차이가 났다. 리나는 대부분 저녁에 사용하게 될 송아지 고기를 내게 손질하라며 책임을 전가시켰다. 송아지 안심이라 하면 기본 상식으로는 작아야 하지만 소고기와 별 차이가 없어 보였다. 안심을 손질한 후 유산지 같은 흡수 종이에 감싸 놓으라고 지시를 했다. 그녀 말로는 더 이상 핏기가 빠지지 않도록 하는 방법이라며 내게 알려줬지만 그 이유에 대해서는 신경을 쓰지 않았다. 그리고 내게 주어진 또 다른 업무는 양고기 스튜에 사용할 양 손질이다. 머리와 내장이 손질된 양 반마리가 들어오면 한입 크기로 잘라야 했다. 나무 도마 위에 올려놓고 중국식 칼로 절단했고 오래 하다 보면 손이 떨리고 어깨도 아팠으며 골까지 흔들리는 듯했다. 손질 후 남은 고기나 자투리는 모두 집으로 가져갔다. 가끔 저녁을 푸짐하게 먹기 위해서 팬에 올리브유를 두르고 구워서 소금장에 구워 먹기도 했다. 고기를 손질하는 작업은 늘 마무리하는 시간에 했기에 한 시간이나 혹은 그 이상 넘어서 퇴근을 할 수 밖에 없었다.

## 이탈리아 요리의 새로운 강자

여자 셰프와 일을 한다는 것은 처음에는 내겐 수치라는 생각이 들었다. 한국 아닌 외국에서 사나이가 여자에게 일적인 문제로 명령을

레스토랑의 창업자

받고 일을 한다는 자체가 용납이 되지 않았다. 나도 부모님 세대처럼 보수적인 것 같다. 그러나 이태리에서는 여주방장이 상당이 높은 비율을 차지하고 있는 것이 사실이다. 별급 레스토랑 셰프만 봐도 수가 많다. 라 볼리아 마타 셰프인 바르베라도 그렇고 리나, 마리아 그리고 오아시스 옆의 자그마한 호텔 무니피치오(Hotel Munipicio) 레스토랑도 그렇다. 보통 아침 8시 30분이면 나보다 먼저 레스토랑 가족들은 일찍 출근하여 아침 식사를 하고 있다. 우리 식의 거한 아침 식사는 아닌데 단지 커피류와 단 과자 빵류 혹은 쿠키 등이 전부다. 아침은 간단히 하고 점심과 저녁을 본격적으로 파스타, 빵, 살라메(Salame)류, 고기와 디저트류 등을 같이 먹는다.

아침 식사를 하는 도중 오늘은 리나가 보이질 않았다. 늘 그렇듯이 그들의 대화를 주의 깊게 들으려고 노력을 해봐도 소용이 없다. 이 지방 특유의 디아레토(Dialetto: 방언)를 쓰기 때문에 무슨 일인지 알아내기가 쉽지 않다. 모르면 내가 다시 한 번 물어봐야만 하는 번거로움이 있다. 그들은 최소 5분 동안의 대화에서도 핵심적인 말을 찾아듣기에는 어려움이 있었다. 내가 이해를 한 문장에서 "리나는 아프다"는 말밖에 듣지 못했다. 그 얘기를 듣는 순간 얼굴에는 환한 미소가 지어졌고 발걸음이 가벼워 짐을 느꼈다. 매번 오전이면 그녀의 히스테리를 듣고 있다 보면 신경질이 나는데 그걸 표출하기도 그렇고 스트레스가 많이 쌓인 건 사실이다. 오늘 아침은 흥이 저절로 났다. 그렇다면 파스타는 누가 책임지고 요리를 할까? 궁금했다. 그렇다고 아침부터 젤라르다를 부를 일도 없고 전채와 디저트는 콘체타가 있었고 설거지 아줌마 마달레나(Madallena)가 전부였다. 난 파스타 어시스트를 전담으로 했기에 메뉴에 대한 자신이 없었다. 준비를 하고 있는 도중에 루치아와 할머니 논나가 주방으로 들어와 앞치마를 매고 있었다. 할머니 혼자 못하는 걸 알고 루치아에게 도움을 요청한 듯 했다.

'오늘은 노병들의 출현인가?' 그러나 1시간이 지난 후에 그녀들은 수준급의 요리사임을 알 수가 있었다. 루치나는 능숙한 솜씨로 양고기를 손질하고 논나(Nonna: 할머니)는 그걸로 스튜 식으로 조리를 하기 시작하는데 넉넉한 올리브유를 두르고 고추, 보라색 양파, 로즈마리, 월계수 잎 그리고 붉은 색 파프리카를 넣어 볶다가 한입 크기로 손질한 양고기를 넣어 조리했다. 그러다 리나나 마리아와 다른 점이 눈여겨 보였다. 다름 아닌 소금이었다. 그녀의 딸들은 조미용 고운 소금을 사용한 반면 논나는 굵은 천일염을 요리에 넣어서 사용했다. 뭐가 차이가 있을까? 난 궁금하여 그녀에게 질문을 했다. 그녀는 웃음을 지으면서 "내 딸들은 요리를 하는데 멋을 내서 요리를 하지만 난 정성과 맛을 우선시 한다"는 것과 "굵은 소금은 맛의 근원을

오아시스 레스토랑 친구들

찾아내는 데 그 초점을 가지고 있기 때문에 사용한다"고 내게 얘기
를 했다. 양고기 스튜 요리가 감자까지 넣어 오븐에서 맛있게 조리되
어 큰 접시에 담기는 순간 난 테스팅을 할 수 있다는 말에 얼른 감자
와 양고기 한 조각을 게눈 감추듯이 먹어 치웠다. 정말 이 맛은 누구
나 맛있다라는 말이 나올 정도로 환상적이었다. 장사 준비가 마무리
가 되고 12시가 되니 예약 손님이 몰려들기 시작했다. 오아시스는 평
일에는 손님이 별로 없지만 오늘은 달랐다. 더구나 오늘은 주방장인
리나가 없고 주방을 논나가 지휘를 해야 하는데 걱정이다. 그녀의 나
이는 칠순에 가깝다. 주문이 들어오기 시작하고 이쪽저쪽에서 도움
이 필요하다는 말에 나는 전채를 하는 콘체타를 도왔고 파스타와 메
인 요리인 루치아를 도와야 했다. 이 역할은 논나가 해야 했지만 상

황이 그렇지 않았다. 루치아는 재빠른 눈치와 요령으로 식사를 빨리 빨리 내보냈다. 하지만 제공해야 할 손님이 많아서 그런지 논나가 제 역할을 못해서 그런지 30분이 지나고부터는 일이 걷잡을 수 없을 정도로 아수라장이 되어 버렸다. 논나는 멍한 상태로 서있었고 나는 그나마 루치아의 지시에 따라 서둘러서 식사를 제공하는 데 신경을 썼다. 홀의 웨이터와 소믈리에들은 음식이 늦다고 난리를 쳤다. 논나의 둘째 아들인 부초는 엄마에게 신경질적으로 음식이 늦다고 재촉을 더 했다. 식사는 다 나갔지만 주방은 폭탄을 맞은 듯 난리였다. 개수대 안에는 산처럼 쌓인 프라이팬, 접시, 도마들과 칼 등이 서로 뒤섞여 있어 개념 없이 일했다고 할 정도로 누가 봐도 아수라장이 된 장터였다. 기쁜 건 루치아와 나는 손발이 척척 맞았다. 그녀는 잘 이해 못하는 나에게 핵심적인 단어로 천천히 이야기를 하며 의사소통을 도왔고 난 되도록 빨리 준비를 하려고 시도를 해서 그런지 이런 모습이 서로에게 힘이 되었다. 우리는 그때부터 일에 관해서 단짝이 되었고 그런 넉넉한 마음을 가진 루치아에게 나는 호감을 갖게 되었다. 그 후로 쉬는 날이면 루치아 가족과 저녁 식사를 하는 횟수가 종종 생겼다.

## 우거지탕은 이탈리아에도 있다

발레사카르다(Vallesacarda)는 정말 춥다. 물론 영하 1~2도 정도 하는 곳이긴 하지만 난방 시설이 우리와 달라 숙소의 기온은 따뜻한 온기가 전혀 없었다. 방의 체감온도는 영하 10도 이상 되는 듯했고 저녁에는 얇은 침대시트를 여러 개 겹쳐서 보온 효과를 내도록 잠자리에 신경을 썼다.

미네스트라 마리타따
(Minestra Maritatta)

추운 겨울날에는 따뜻한 국물을 먹고 속이 풀리는 시원한 음식이 그리울 때가 많았다. 어느 날 주말 아침에 주방에서는 결혼식에 사용될 뷔페 메뉴가 만들어지고 있었다. 여는 때와 마찬가지로 일요일 아침은 정신이 없었다. 이 마을 아낙네들은 모두 출동한 듯 주방은 1층과 지하 주방 모두 분주한 모습이 역력했다. 늘 보던 루치아, 젤라라다 그리고 마달레나 등과 새로운 아줌마들도 보였고 각자 다가올 점심 연회 준비에 정신이 없었다. 직원들을 위한 점심 식사도 주방 몫이었다. 오늘은 팬네를 이용한 그라탕 요리다. 토마토소스에 삶은 팬네를 넣고 버무려 큰 오븐용 내열 용기에 담아 *스카모르짜(Scamorza) 치즈와 파마산 치즈를 뿌려 그라탕한 요리를 만들어 탁자에 놓인 것을 접시를 들고 담아서 먹었다. 우리는 식사 중 와인은 늘 오픈 대상이다. 마치 물처럼 이들의 식탁에 잔과 함께 놓여있다.

나는 늘 레드 와인 한잔과 식사를 즐겼고 몸이 무겁거나 일이 지겨울 땐 과하게 마시고 취기가 올라올 때까지 연속해서 마셨다. 식사 후 연회에 이상한 수프가 하나 등장했다. 우리나라의 우거지탕과 비슷한 국물 있는 수프가 있었는데 야채에 돼지갈비를 넣어 푹 끓여 만든 음식이 눈에 띄었다. 만드는 방법은 잘 보지 못했지만 대충만 보아도 조리법이 생각날 정도였다. 이상하게도 맛이 우리나라 우거지탕과 비슷하다라는 생각이 머릿속에서 떠나지 않았다. 맛을 본 후 더 확신이 들었다. 이제부터 이 수프에 눈독을 들여야겠다는 생각에 기운이 절로 났다. 이태리인들도 몸이 안 좋으면 고기국물을 먹는다고 들었는데 혹시 이 수프를 말하는 것 같기도 하고 아무튼 수프의 출현으로 속을 달랠 수 있을 것 같았다. 단 아쉽게도 올리브유 향과 프로쉬우또 햄이 중간 중간에 떠다녔지만 그것만 빼면 고유의 맛을 살리기에 아쉬움이 없어 보였고 무척 훌륭한 수프였다. 이것은 남부 이탈

**스카모르짜(Scamorza) 치즈**
소유로 만든 모짜렐라(Mozzarella)나 프로볼로네(Provolone)와 유사한 치즈로 서양 배 모양을 하고 있으며, 훈제한 스카모르짜 치즈는 아몬드 색을 띤다. 남부지방인 풀리아(Puglia) 지방에서는 우유 대신 양유로 만드는 것도 있다.

**미네스트라 마리따따(Minestra Matitata)**
캄파냐 주의 대표적인 수프로 크리스마스 혹은 부활절에 주로 먹으며 고기와 야채 등이 주로 들어가 만들어진 수프로 뼈가달린 돼지갈비와 혹은 이탈리안 후레쉬 소세지인 살시챠(Salsiccia)와 치코리아(Chicoria), 스카롤레(Scarole), 베르자(Verza), 보라지네(Borragine) 등의 야채와 같이 끓여서 만든 수프이다.

리아의 산간 지방에서 먹는 *미네스트라 마리따따(Minestra Maritata)라는 야채수프였다. 우리의 얼갈이 배추 대신에 이탈리아의 녹색 야채를 이용해서 만들어지며 진한 맛이 나는 것이 특징이었다. 리나가 수프를 만드는 날이면 밖의 추운 날씨를 극복하기에 안성맞춤인 듯해 나는 시간적인 여유를 가지고 음미하면서 먹었다. 뭔지 모를 깊은 맛과 매운 맛을 좋아해서 마르지 않은 생고추인 페페론치니(Peperoncini)를 잘라서 넣어 먹기도 했다.

## 할머니의 비밀 주방

할머니는 얼마 후에 나를 자신의 주방에 초대했다. 할머니의 비밀 주방에서는 액젓과 비슷한 양념을 절임류에 사용하고 있었는데 마치 동남아 음식에 자주 사용하는 피시 소스, 누옥남 등의 생선을 발효시켜 만든 소스와도 비슷했다. 물론 우리나라도 멸치 액젓이 있지만 이태리 요리에 액젓을 사용한다는 것을 처음 그녀의 비밀 주방을 방문하고서야 알게 되었다. 오래전에 「마크 쿨란스키」가 쓴 '소금' 이라는 책에서 이미 로마시대 '가룸'이라는 발효하여 만들어 낸 생선 소스에 관해 알고 있었다. 현재에는 가룸이 사용되지 않지만 그와 비슷한 꼴라투라(Colatura)가 있다는 정보도 알게 되었다.

꼴라투라는 나폴리 근교 아말피 해면의 작은 항구 마을인 체타라(Cetara)의 특산품으로 여러 요리에 풍미를 향상시키는 것으로 유명한

멸치 절임

액젓이다. 호박색을 띤 액체로 멸치를 발효시켜 만든다. 이것은 우리가 알고 있는 로마시대 자그마한 생선을 발효시켜 만든 액체인 가룸(Garum)과 같다고 봐도 손색이 없을 것 같다.

꼴라투라는 머리와 내장을 제거하고 24시간 동안 소금에 절이고 다시 밤나무 통으로 옮겨 소금, 멸치 순으로 층층이 쌓고 나무 원통을 덮어 무거운 것을 올려 4개월에서 5개월 정도 발효시켜 만든다. 발효시키면 나무판 표면에 액체가 떠오르면 완성된 것이다. 걸러낸 호박색의 꼴라투라는 파스타, 야채, 생선 요리 등의 기본적인 맛을 내는 데 사용하면 깊은 맛을 낼 수 있다.

소금과 장 문화 그리고 젓갈 문화가 동남아를 포함한 중국, 일본과 우리나라만 있는 것은 아니었다. 어렸을 때 어머니께서 고추장과 된장 등에 무나 오이 등을 절임하기 위해 물기를 제거하고 장 속에 오랫동안 저장하여 만든 장아찌 류의 음식을 세참의 찬으로 일꾼들의 밥상을 챙겼었던 것이 우리의 절임문화다.

이태리에도 저장 음식이 많다는 걸 할머니를

꼴라투라

통해 처음 알았다. 소토 오일(Sotto Oil)과 소토 아체토(Sottto Aceto)가 그것이다. 물기를 제거한 야채를 오일이나 식초에 저장한 음식들을 말하는데 할머니의 자그마한 주방에서 이 모든 것들이 만들어진다. 할머니의 비밀 주방은 레스토랑에서 내려다 보이는 자그마한 창고 겸 지금은 아무도 살고 있지 않은 빈집의 주방을 개조하여 사용하고 있었다.

할머니는 큰 광주리에 무와 같은 크기의 가지, 주키니 호박 그리고 파프리카 등을 가득 담아 왔다. 먼저 할머니는 내게 야채를 손질해야 하며 흐르는 물에 닦는 걸 지시했고 창고 쪽으로 사라졌다. 나는 이 야채로 무엇을 하려는지 도저히 감이 오질 않았고 주어진 업무만을 열심히 하려했다. 잠시 후에 할머니는 뚜껑이 있는 많은 유리병을 들고 왔고 큰 냄비에 물을 1/3정도를 담고 유리병을 거꾸로 세워 불을 켜서 약한 온도에서 끓이기 시작했다. 할머니는 저장 음식을 담을 유리병을 소독하는 중인 듯했다. 손질한 가지는 한식의 채 나물 하듯

참치를 넣어 절임한 고추

이 채를 썰어 소금을 살살 뿌리고 여기에 화이트 와인 식초를 부었다. 할머니는 정확한 레시피가 따로 없고 오랜 경험에서 익힌 감으로 조리를 하는 듯했다. 정량화된 표준 레시피가 없는

우리네 어머니의 손맛을 보는 듯했고 어느 정도 공감이 가는 부분이 참 많았다. 우리 내 어머니나 할머니 세대에도 계량화되지 않은 방법으로 김치를 담갔듯이 말과 경험에 의존한 것처럼 말이다. 30분이 지나고 가지가 숨이 죽고 할머니는 넉넉하고 투박한 손으로 한움큼 가지를 잡고 물기를 짜기 시작했고 큰 볼에는 어느덧 조글조글한 가지가 수북하게 쌓였고 여기에 얇은 편으로 썬 생마늘, 마른 고추, 넉넉한 드라이 오리가노를 넣어 잘 섞고 레스토랑 캄포(Campo: 밭)에서 재배하여 착유한 진한 과일향이 나는 엑스트라 버진 올리브유를 가득 붓고 그녀는 우리의 나물을 버무리듯이 여기에 '꼴라투라'(Colatura) 한 방울을 조심스럽게 넣어 손으로 놀려가며 맛을 내기 시작했다. 그녀의 손은 올리브유로 범벅이 되어 있었고 고소한 올리브 향이 진동했으며 드라이 오리가노(Origano)가 더 필요하다는 손짓을 했고 부드럽게 섞으라고 강조했다.

우리나라에서는 어머니들이 김장을 하게 되면 꼬마 녀석들은 뭔가에 기대를 하면서 김장 김치를 탐하듯이 나 또한 양념된 가지나물에 군침을 흘렸고 할머니에게 테스팅을 해도 되냐고 재촉했다. 그 맛은 새콤하고 매콤한 맛이 균형을 이루고 있었다. 식욕을 자극하기에 적합한 전채 요리로서는 손색이 없었다. 한국에 있었다면 이 기간에 빨갛게 버무려진 김장 소에 수육을 입안 가득 물고 있었겠지만 지금은 가지나물에 만족해야만 했다. 그 외에 가지를 얇게 저며 식초에 절이고 앤초비를 넣어 돌돌 말기도 했고 과육이 단단한 빨간색의 파프리카를 유리병 속에 담고 값싼 레드 와인을 잠기도록 붓고 겨울 내내 3개월 정도는 저장시키기도 했다. 이런 저장음식을 할머니는 내게 자세하게 설명해 주었다. 이 모든 절인 음식은 오아시스 로그가 새겨진 유리병 속에 담겨서 포장이 되어 레스토랑 입구 한쪽 구석에 진열되어 판매되었다. 물론 자주 판매되지는 않았지만 보통 선물용이나 판매가 더디면 레스토랑의 전채 요리로 사용하기도 했다. 할머니의 저장음식은 우리네 할머니의 3년된 장맛이나 5년된 묵은 김치와 같은 저장류의 음식들처럼 토속적이고 맛깔스러워 보였다. 이런 점이 오아시스 레스토랑이 별을 받을 수 있었던 하나의 요인이 된 듯하다. 손수 재배하여 만들어진 순수한 맛과 고대부터 내려온 조리법의 계승이란 것들이 레스토랑의 강점이 되고 있었다.

저녁 시간이 가까워 오면서 만들어진 저장음식은 수북하게 쌓였고 동시에 나의 허리는 통증이 엄습해 오고 있었다. 다음날 아침에 일어나는 데는 꽤 오랜 시간이 필요했다. 가끔 동료들과 편지나 전화로 자신들이 몸담고 있는 레스토랑의 흐름과 장단점을 말하는 경우가 있었는 데 이탈리아 레스토랑들의 정통성을 잃어가는 레스토랑도 적지 않다고 한다. 새로운 것과 기존 것과의 조화가 아닌 새로운 형태의 퓨전 요리가 발전하여 전통적인 요리를 배우려고 온 우리들의 배움에 대한 욕구에 찬물을 끼얹는 셰프들의 요리 스타일이 종종 나타나기도 한다고 동료들은 불만을 털어놓았다. 소스에 일본 간장인 기코만 간장과 미소 된장 등을 가미하여 만들고 또한 이태리식 프리타타(Frittata)인 튀김 요리를 일본식 덴뿌라 스타일로 바꿔서 만든다든가 하는 식으로 많은 재료와 조리법 등을 섞어서 사용한다는 것이었다. 그런 면에서는 난 썩 괜찮은 곳에서 잘 적응하고 있다고 생각했다.

## 올리브 열매를 따면 향기에 취한다

가을에 어느날 일본인 요리사들과 나는 아침에 출근한 후 커피와 빵을 먹으며 하루를 준비했다. 불쑥 나타난 카르미네는 오늘은 레스토랑에서 소유한 올리브 농장에서 열매를 수확하는 날이라며 일손이 부족하여 우리들 중 한 명만 도와달라며 부탁을 했다. 난 한국에 돌아간다면 요리 강사 일을 해보고 싶었기에 많은 것을 경험을 해보고 싶었다. 대학 강의를 하면서 후배를 양성하는 것 또한 나의 미래상이었다. 그러기 위해서는 주방에서 요리를 배우는 것도 중요하겠지만 이야기거리를 만드는 것 또한 중요하다고 보았기에 많은 경험이 필요했다. 레스토랑에서 일을 하려는 기간이 얼마 남지 않고 이태리에 체류할 수 있는 시간이 한정되어 있어 짧은 기간에 다양한 지역 요리를 배울 수 있는 것은 더더욱 넘을 수 없는 산이라는 분명한 선이 있었다. 그래서 다양한 식재료를 구경하고 생산 과정들도 익혀두는 것이 차후에 강사로 일할 때 많은 도움이 될 수 있을 것이라 생각했다. 마침 오늘은 점심 예약이 별로 없었고 난 자진해서 내가 하겠다며 카르미네에게 희망의 의지를 내보였다. 일본인 요리사 쥬시와 시계는

오아시스 레스토랑의 올리브

의아한 표정을 짓고 있었지만 난 상관없었고 괜찮았다. 카르미네는 무척 힘든 노동이 될 것이라고 말했지만 난 농군의 자식이기에 내 자신이 가능하다고 이미 믿고 있었다. 그는 힘든 일인데 할 수 있겠느냐는 식의 확답을 다시 듣고 싶어했다. 난 열심히 할 수 있다고 굳은 의지의 말 한마디 논 에 프로블레마(Non é Problema: 문제 없다.)라고 말했다. 그런 나의 결심으로 아침에 일꾼들과 동참을 했다.

 오늘 작업은 주방장 리나, 니콜라, 부처 그리고 여러 명의 일꾼들 포함 십여 명 정도 되었다. 레스토랑에서 짐차를 타고 20여 분 산길을 지나 능선을 가로질러 가는 도중에 멀리 보이는 대형 바람개비가 가까이 다가오는 듯 느껴졌고 우리는 드디어 올리브 밭에 도착했다. 늘 기차 안에서 창밖으로 보이는 키 큰 올리브 나무만을 보아왔는데 이렇게 올리브 나무를 가까이 보고 열매를 따는 것도 처음이었다. 막상 계량화된 나무는 생각만큼 높지 않아 작업하기가 편했다. 리나는 주방에서 일할 때처럼 뭐든지 조심성 있게 일을 했다. 얼굴이 상할까 두려워서인지 모자와 손목까지 보호할 수 있는 밴드를 양손에 끼고 나왔고 그런 누나의 모습이 한심한 듯 니콜라와 부초는 비아냥거렸다. 먼저 나무 사이에 간격이 촘촘한 그물망을 깔고 손으로 하나하나 가지에 매달려 있는 열매를 떼서 바닥에 떨어트리고 색도 구분 없이 마구 따서 떨어트렸다. 이런 작업이 신기하기만 했다. 한국에서는 볼 수 없는 올리브였기에 직접 만져보는 것조차 신기했다. 그러면서 마구 떨어뜨렸는데 옆에 있는 리나는 가지가 상하지 않도록 주의하라며 잔소리를 해댔다. 그녀의 늘 잘난 척하는 모습에 난 오늘도 짜증이 났다. 난 듣는 척도 하지 않으며 묵묵히 일에만 열중했다. 늘 올리브의 첫 맛이 어떻지 궁금했다. 초록빛에 약간의 밤색이 스며든 올리브 열매 하나를 깨물었다. 물론 바로 딴 올리브는 떫은 맛이 강하다는 사실은 이미 예비학교 시절 안토니오 심 선생님에게 배워서 알고 있었던 사실이었다. 그래도 궁금했다. 먹는 순간 급도의 떫은 맛이 혀를 마비시켰고 더 이상 올리브를 입에 담고 있을 수 없었고 끔찍한 맛에 놀라 뱉어 버렸다. 그런 모습을 보며 한심해 하는 동갑내기 친구 니콜라는 삐쭉거리며 날 비웃고 있었다. 하지만 난 즐거웠다. 요리사로서 한국에서 접하지 못했던 올리브 맛의 첫 느낌이 마냥 신기했기 때문에 이 맛은 평생 잊지 못할 것 같았다. 그 나무에 매달려있던 올리브 나무의 잔가지를 점퍼 안쪽에 넣었고 집에 가면 책장 사이에 말려 기념하고 싶었다. 우린 3시간 동안 같은 작업을 했고 넓은 올리브 농장에 감탄할 수 밖에 없었다. 바닥에 떨어진 가지와 올리브 열매들은 수북하게 쌓였고 바닥에 떨어진 큰 가지를 버리고 열매를 흰색 포대에 담기 시작했다. 잔가지와 잎 그리고 올리브 열매 모두 큰 포대에 담아 짐차에 싣고 레스토랑으로 향했다. 하지만 이것이 오늘 작업의 전부는 아니었다. 우리는 다시 수확한 올리브를 레스토랑 입구에 내려놓고 점심을 간단히 먹었다. 레스토랑의 영업시간 전에 직원들이 먹는 직원 식 음식이 차려져 있었다. 오늘은 간단한 샐러드와 파스타가 담겨 있었는데 점심에 리나는 올리브 작업을 했기 때문에 동생인 마리아가 하루 동안 주방을 책임지고 있었다. 직원 식은 이태리식 소시지인 살시차(Salsiccia)와 호박꽃으로 맛을 낸 링귀네 파스타가 올라와 있었다. 나는 허기진 배를 채우며 식탁에 올려져 있는 레드 와인을 따라서 마셨다. 급하게 마신 레드 와인은 항상 취기가 돌았다. 오후 작업은 1시간 후에 계속 이어졌다. 레스토랑 근처에 자그마한 올리브 밭이 하나 더 있는데 공동묘지 근처에 있는 밭으로 사람의 왕래가 좀처럼 많지 않은 곳이다. 시계와 쥬시는 내게 힘들지 않은지 물었고 나는 논 에 프라블레마(Non é Problema : 문제 없다.) 라고 말을 하고 당당한 표정을 지어보였다. 하지만 이미 허리가 아파왔고 다리는 힘이 없었고 기력도 없었다. 다시 오랫동안 올리브 수확을 했다. 얼마가 지났는지 잠시 휴식을 취한 후 레스토랑에서 우리를 위해서 간단한 파니니(Panini)를 준비를 해주었고 허기를 달래며 2시간 가량 작업을 더 지속했다. 포대에 담은 올리브는 카르미네와 일꾼 두 명과 착유장으로 향했다. 카르미네는 바로 수확한 올리브를 시간이 지난 후에 착유를 하게 되면 기름 특유의 쾌쾌한 냄새가 난다며 가급적 수확 후 하루가 지나기 전에 바로 올리브유를 짜야 한다고 말했다. 시간은 이미 초저녁이며 우린 착유장에 내려 올리브 포대를 잡고 둘 씩 짝을 지어 포대를 나르고 올리브 열매를 넣는 입구에 쌓고 붓기 시작하여 올리브 열매가 올리브유로 변해가는 과정을 한참 지켜보았고 그리고 또 한참을 기다려야 했다. 다시 1시간이 지났을까? 카르미네는 나를 불러 이제 올리브가 나온다며 내게 수도꼭지로 된 레버를 돌리라고 했다. 그때 반투명한 올리브유 액체가 쏟아져 스테인네스 통에 떨어졌다. 카르미네는 종이컵에 올리브유를 받아 마치 와인 테이스팅을 하듯 컵 윗부분을 막고 아랫부분을 비빈 후 테이스팅을 했다. 그는 내게 남은 올리브유를 내밀었고 그가 했던 방식 그대로 따라 해보면서 뿌듯하게 느꼈다. 새삼 여기가 이탈리아가 맞는지 다시 한 번 눈과 코를 의심하며 진한 올리브 향이 몸 안으로 들어왔고 입안에 넣었을 때는 짙은 농도의 액체가 목을 지나 공기를 홀짝 주입하여 한 모금 넘겼을 때는 올리브유의 매운 맛과 쓴맛이 같이 올라왔고 또한 향긋한 과일 향의 맛이 날 마비시켰으며 오늘 하루의 고된 올리브 열매를 따는 작업은 이태리의 큰 추억으로 남을 듯했다.

우린 착유된 올리브를 여러 개의 스테인리스 통에 담아 돌아가려고 준비를 하고 있었다. 그런데 착유장 사장의 안주인이 손짓을 하며 나를 불렀다. 그는 내게 '어디서 왔냐? 이름이 뭐냐? 왜 올리브를 땄는지' 등에 관해 궁금해 했다. 그녀는 이 산골에 외래인, 그것도 흔치 않은 동양인이 있는 것에 관해서 궁금해 했고 카르미네에게 미리 물어본 듯했다. 난 숱한 질문을 받았던차라 성의 없이 귀찮은 듯 답변을 했고 그녀는 내가 이태리 요리사가 되려한다는 생각이 좋은 생각이라며 이태리 요리의 탁월함과 우월성에 관해 이야기를 시작했다. 장시간에 걸친 이태리 요리 자랑을 끝낸 후, 그녀는 잠깐 기다리라며 사무실에 들러 뭔가를 찾아 가지고 나와 내게 건네주었다. 그녀는 내게 훌륭한 이태리 요리사가 되는 것을 기원하고, 우수한 이태리 요리를 많이 알려 달라며 한 권의 책을 선물로 주었다. 책은 이탈리아의 지역별 레시피를 한데 모은 그 유명한 *아르투시(Artusi)의 책이었다.

아스티의 이치이프(I.C.I.F)학교에서 요리 문화사 수업을 들었던 내용인 데 이 작가가 쓴 책은 이탈리아 요리사라면서 한 번씩 읽어봐야 한다는 전설적인 책이라고 식생활 연구를 하는 교수의 말을 들은 적

아르투시(Artusi)
이탈리아 요리책을 집대성한 저자로 "La Scienza in Cucina e Arte di Mangiare Bene"(라 쉬엔자 인 쿠치나 에 아르테 디 만자레 베네)라는 요리책을 썼다. 이 책은 이탈리아 요리사라면 한 번을 읽어봐야 한다는 지침서가 될 정도로 다양한 이탈리아 지역요리를 집대성 한 책이다.

이 있다. 스테이지를 마치고 한국에 돌아가기 전에 구입 목록에 적어
두었던 책 중에 한 권이기도 했다. 짐칸에 올리브유 통을 싣고 언덕
길을 따라 레스토랑으로 돌아왔다. 올리브유 보관은 할머니 집인 레
스토랑 이층으로 모두 옮겨 놓고 나서야 오늘일이 마감되었다. 이날
저녁은 온몸이 쑤셔 잠도 쉽게 오지 않았고 여독은 며칠 동안 날 괴
롭혔다. 하지만 그 올리브에 관한 기억은 알폰소의 요리 스쿨의 단골
스토리가 되었다. 집에 돌아와 선물로 받은 책을 펴보니 따분하고 지
루한 레시피들의 연속이었다. 그리고 요리책에 사진 한 장도 찾아볼
수가 없었다.

## 오늘은 레스토랑의 고추장 담그는 날

발레사카르다(Vallesacarda)는 조그마한 마을이므로 주변에 거주하는
인구도 그리 많지 않다. 인접한 마을의 발라타(Vallata)나 그로타미나
르다(Grottaminarda)처럼 큰 편이 아니지만 30여 가구가 모여 있고 우체
국과 우리 식의 동사무소, 은행 그리고 교회와 초등학교를 제외하면
관공서는 없는 편이다. 그런 이 마을에서는 오아시스 레스토랑이 경
제적으로 마을 사람들에게 도움을 준다. 시골의 산간지방 사람들은
경제적으로 풍족하지 않고 꾸준하게 회사에 다닐 수 있는 곳도 없어
경제활동이 어려운 상황이기에 거의가 농업에 의존하거나 레스토랑
에서 시간제 근무를 하며 가정의 생계를 이어갔다. 루치아, 제라르

산마르자노 토마토

토마토소스

다 그리고 마달레나 등이 대부분 이런 식으로 주방에서 근무를 해오고 있다. 레스토랑에서 토마토소소스를 만드는 날이면 우리나라의 한적한 시골에서 상부상조로 품앗이를 하며 김장을 하듯 오아시스 발레사카르다 주변 동네 사람들이 거의 다 모인다고 보면 된다. 마을은 높은 지대이므로 마을 주변에는 밭들이 많아 여름이 지날쯤이면 가지에 달린 빨간 악마의 열매인 토마토를 모두 다 수확한다. 물론 여름 내에 따서 우리가 알고 있는 카프레제 샐러드(Insalata Caprese)를 해먹고 토마토소스용으로 사용해 왔다. 하지만 가을이 되면 남은 것들은 전부 다 주방에서 토마토소스로 만들기 위해서 거둬들여 끓여진다.

그날도 난 일꾼이 된 듯했다. 마을의 밭에서 거둬들인 토마토는 모양은 제각각이고 우리가 알고 있는 토마토소스에 적합한 산 마르자노(San Marzano)라고 하는 플럼 토마토(Plum Tomato)로 잘 알고 있는 토마토뿐 만아니라, 방울토마토 그리고 주먹만 한 못생긴 것들도 큰 바구니에 섞여 있었다. 마을 주변의 오래된 토마토는 다 모아 놓은 듯 오아시스 주방은 늦은 저녁까지 붉은 빛으로 감싸였다.

 오늘은 레스토랑 문을 닫는 날인 목요일임을 이용해 주인내들은 쉬는 우리들까지 동원해서 일을 돕게 했다. 주방의 할머니가 총괄 지휘를 하며 딸들인 리나, 마리아 그리고 며느리인 요리사 마리아들이 일을 같이 도왔다. 한국에서 고추장이나 간장 등을 담글 때는 시어머니의 잔소리를 들으면서 며느리가 마지못해서 하듯 우리의 모습은 며느리 입장인 듯했다. 네모난 상자에 담긴 토마토는 꼭지를 제거하고 물에 한번 씻고 도마에 옮겨진 후 할머니는 대충 4등분으로 잘라 큰 통에 옮겨 담았다. 먼저 할머니는 넓은 팬에 올리브유를 두르고 많은 양의 다진 양파를 볶다가 그리고 손질하여 반 혹은 4등분 한 생 토마토를 먼저 넣어 볶다가 오레가노와 바질 등을 넣어 한참을 끓였다. 마지막에 생 바질과 이태리 파슬리 다진 것을 넣고 푹 끓인 후 간단히 소금으로 간을 했고 넉넉한 올리브유를 넣고 불을 껐다. 식기 전에 믹서기에 넣고 갈기 시작했다. 믹서기에 갈면 껍질과 씨는 한쪽에 나오고 과육으로 된 되직한 소스는 한쪽으로 모아져 나왔고 얼른 적당한 통으로 옮겨서 식혔다. 식은 토마토소스는 병 뚜껑이 있는 소독한 유리병에 담겨 밀봉되었고 병뚜껑에는 제조된 날짜를 적어 구별했다. 이렇게 하여 레스토랑에서 겨울과 다음해 생 토마토가 재배되어 출하될 때까지 사용할 수 있도록 할머니의 비밀 창고의 한쪽부터 채워져 보관되었다.

리나는 매일 아침 토마토소스가 필요하다고 하면 리나의 신경질적인 말투에 이골이 난 웨이터 리콜라는 댓구도 하지 않았고 귀찮은 시늉을 하면서 가져오곤 했던 것이 바로 이것이었다. 하지만 이걸 바로 파스타에 사용하지 않았고 유리병 속에 담긴 토마토소스는 한 번 더 끓여졌다. 같은 방법으로 올리브유를 두르고 으깬 마늘을 넣어 향을 뺀 후 버리고 다진 양파를 넣어 볶다가 소스를 넣어 단시간 끓인 후 마지막으로 간을 한 후 바질을 넣어 마무리하여 모체소스를 만들어 냈다. 이들의 토마토소스의 색깔과 맛은 훌륭했다. '기후의 차이가 아닐까!' 축복 받은 나라임을 확실했다.

## 발레사카르다(Vallesacarda)는 아침마다 자명종이 울린다

레스토랑은 매주 목요일마다 문을 닫고 단 하루 휴식에 들어간다. 매일 아침 일찍 일어나야 하는 자체가 너무 힘들고 목요일만큼은 아침에 늦잠을 자고 싶었지만 그럴 수가 없었다. 마을에 아침마다 동네 사람들의 잠을 깨우는 사람이 있다. 주말을 제외하고 아침 7시면 시끄러운 경적 소리와 스피커폰을 이용한 생선 장수의 상업성 말투로 우리 식으로 본다면 추운 겨울 찹쌀떡 등을 판매하는 식이다. 늘 아침마다 출근길에 아저씨를 만났는데 산속에 있는 사람들에게 유일하게 생선의 먹을거리를 제공하는 유일한 생선 장수이다. 그만큼 이곳은 나폴리가 멀고 바다가 멀다. 어찌 보면 이곳이 아드리아 해와 지중해 중간쯤이 되는 육지가 아닐까 싶은데 생선 아저씨는 늘 생선 위에 이탈리안 파슬리(Prezzemolo) 줄기와 플라스틱 장갑을 물을 담아 대롱대롱 매달아 벌레가 접근하는 걸 막는 것 같았다. 신기한 것은 차를 움직이면 물 채운 장갑이 대롱대롱 흔들려 우스꽝스러워 보였다. 트럭 뒤편에는 얼음에 담긴 여러 생선과 특히 머리가 절단되어 날카로운 부리가 붙어있는 채로 새워진 황새치, 소금에 절여진 *바칼라(Baccala), 날카로운 이를 뽐내고 있는 아귀 그리고 빨간 색의 새우, 유

바칼라(Baccala) 이야기

대구는 중세시대에는 지중해 및 북 유럽 등의 근해에 많이 서식하는 물고기였다. 하지만 지나친 포획으로 배를 타고 먼 바다로 나가 잡아오게 되었는데 되돌아 오는 기간이 길어 도중에 상하기 일수였다. 그래서 긴 장대에 대구를 꿰서 말려 바다 바람에 보관을 했다. 말린 대구를 스톡피시(Stok Fish)라고 말한다. 스톡은 네덜란드어로 장대를 의미하며 여기에서 유래가 되었다고 한다. 중세시대에는 소금이 비싸서 염장하는 곳에는 사용되지 않았고 소금이 대중화되고 나서야 생선을 절였다. 이태리에서는 염장대구를 바칼라, 스페인에서는 바칼라오 등으로 불렸다.

지중해 연안 국가들의 염장대구를 이용한 요리들이 비슷한데 베네치아에서는 염장대구를 흐르는 물에 담가 염기를 제거한 후 우유에 데쳐 삶은 감자, 파마산 치즈, 올리브유 등으로 갈아 만든 바칼라 만테카토(Baccala Mantecato)가 유명하며, 스페인에서도 조리법이 유사한 브란다데 데 바칼라오(Brandade de Bacalao)가 있다.

요즘은 이태리 근해에서 대구를 잡아서 만들기는 힘들고 노르웨이 등지에서 수입에 의존한다. 대구를 10일 동안 소금에 절여 말려서 바칼라를 완성한다. 이 염장 처리하는 방식은 포루투칼 방식이라고 하는데 생선의 두께에 따라 다르지만 2-3일 혹은 일주일 정도 찬물에 담가서 염기를 빼고 여러 번 물을 갈아 줘야 하며 혹은 흐르는 차가운 수돗물에 염기를 제거하기도 한다. 이태리 전역의 식재료 상에서 쉽게 볼 수 있으며 물에 불려 염기를 제거한 것도 판매를 하고 있다. 이렇게 소금을 제거한 대구는 수프, 샐러드 등과 같이 혹은 전채 요리와 생선요리 등에 사용된다.

독 긴 다리를 뽐내고 있는 스캄피(Scampi: 가재 새우) 등이 차에 실려 있었다. 매번 만나는 생선 장수 아저씨와 눈인사를 하며 출근을 한다. 시골 마을이라 생선 아저씨 주변에 모여 있는 사람들은 대부분 나이든 할머니들이 많았고 시끄러운 생선 장수는 아직도 발레사카르다(Vallesacarda) 마을의 아침마다 고요한 정막을 깨고 젊은이들의 단잠을 깨울 것이다.

## 순배는 가난한 요리 유학생

이탈리아는 문구류, 서적과 생필품 등의 가격이 많이 비싼 편이다. 넉넉하게 책을 살 만한 여유가 되지 못하여 유학 생활을 마치고 떠나기 전 구매 목록 리스트에서 심사숙고를 한 후 몇 권의 책만을 구입을 한 후에 모자라는 비용은 몸이 고생이라도 해서 얻어야만 했다. 유명한 요리책을 살 만한 비용도 비싼 복사비를 지불하고 카피할 수 있는 능력도 없을 때는 미련하게 손으로 일일이 적고 그림은 스케치를 하며 메모를 했다. 내게 필요한 요리책과 요리 역사에 관한 서적은 퇴근 후 몇 시간 동안 공부를 하며 적고 또 적었다.

국내 조리과 대학을 마친 후 편입하여 조리대학교를 마친 후 2년 정도를 외식업체 주방에서 일을 하며 돈을 모아 유학 비용을 지불하고 나에게 남은 돈이라고는 고작 생활비는 원화로 300만원 정도가 남아서 1년으로 나눠서 사용할 수밖에 없었다. 가급적이면 비용을 쓰지

돈 알폰소의 요리책

않아야 했고 그래서 책을 사는 건 더더욱 엄두도 내지 못했다.

레스토랑 안에도 서재가 있는 것은 스테이지 생활을 한 후 3개월이 지난 후에 알게 되었는데 다름 아닌 오늘은 아침에 출근해야 할 홀 청소 업체 직원이 아프다고 하여 출근하지 않았다. 이런 일이 처음인지라 불통이 내게 튀었다. 미리 나온 홀 웨이터 겸 둘째 아들인 부초는 리나에게 얘기를 하며 주방에서 홀 청소하는 것을 도와달라고 간청을 했고 점심에 예약도 없고 해서 주방은 한가로웠다. 그 일을 하는 건 전부 내 몫이었다. 요리를 배우며 별일을 다한다며 속으로 궁시렁거리면서도 홀 바닥을 쓸고 닦았다.

서재에도 두 개의 테이블이 있기에 청소를 하다가 책꽂이에 있는 여러 권의 책들을 보았다. 칸칸 별로 구경삼아 훑어보며 내게 필요한 책을 찾았다. 마침 돈 알폰소의 요리책이 있었고 그의 요리의 표지가 나의 이목을 끌었다. 그때부터 서재에 있는 책을 빌려볼 수 있는지부터 가능한 후 숙소로 돌아와 빌려온 책을 공부하며 적기 시작하는 버릇이 생겼다. 그 후로는 오아시스 레스토랑의 서재는 나의 도서관이 되었고 요리책은 거의 없었지만 그들이 연구하고 발견한 이 지방의 파스타에 관해 연구로 사용되었던 오래된 서적들이 있어 내겐 너무나 흥미로웠다. 이들이 별급 레스토랑이 된 것은 남들이 하지 않는 전통요리를 찾아 복원하고 메뉴를 개발하여 그들의 지방 사람들에게 전통을 이어가는 모습이 별급 레스토랑의 순위를 매기는 심사위원들에게 큰 자부심으로 여겨졌을 것이다. 그 대표적인 파스타가 트릴리(Trilli), 트릴루치(Trilliluzzi) 등이다. 나는 그 외에도 에밀리아-로마냐 지방에서 나온 살라미 책을 비롯하여 돈 알폰소(Don Alfonso)의 요리책 등을 적거나 그림을 스케치하며 오아시스 레스토랑 숙소에서 추운 겨울을 보냈다.


## 이탈리아 요리 용어사전의 탄생

일본 요리사인 쥬시가 처음 오아시스 레스토랑에 왔을 때 난 경제 대국 일본인의 위상을 한 번 더 실감할 수 있었다. 처음 이곳을 찾아오는 것만으로도 너무 힘들었던 그 시절이 생각이 났는데 난 레스토랑 근처에 와서 전화를 해 이들은 고작 2o분 떨어진 버스 정류장까지만 날 데리러왔었다. 하지만 일본인 요리사 쥬시에게는 너무나 호의적이었다. 포지아(Foggia) 역까지 마중을 나가 편하게 레스토랑까지 모셔왔다.

그는 나보다 왜소한 체격에 얼굴은 날카로웠고 턱수염을 약간 길렀고 오랜 이탈리아 생활에 지쳐서인지 지저분한 느낌마저 들었다. 그와 난 한방을 같이 썼는데 늘 노트북에서 시선을 떼지 않았고 축구광으로 여가시간에는 늘 축구 경기만을 즐겨보는 듯했다. 그는 세리에 리그나 스페인 리그 그리고 영국 리그 등의 유럽 클럽 팀의 경기 결과를 하루가 멀다하게 다 알고 있었고 어떤 선수 등의 특징과 포지션 등 축구광으로서의 모습이 있었다.

하루는 스페인 리그와 이탈리아 리그에 있는 안정환 선수나 이천수 선수가 한국인임을 알고 있었고 최근 경기 결과도 알고 있을 정도였고 축구에 별관심이 없는 나와도 그들의 경기에 대해서 얘기를 한 적도 있었다. 그가 이곳에 온 지 얼마 되지 않아 신용카드를 분실했다며 전전긍긍하고 있었다. 그래서 그는 담배를 살 수 있는 돈도 없어 보였다. 그가 내게 돈을 빌려달라고 말을 하는 것도 여러 번 망설였다는 느낌을 받았다. 그는 적은 돈을 빌려 달라고 했고 그 정도는 나 또한 여유가 있었다. 그는 일본에서 카드가 오면 주겠다며 내게 고마워했다. 일본인 요리사는 일적인 면에서는 남달랐다. 난 하루에 12시간 이상 근무를 하지 않았다. 하지만 쥬시와 시계는 15시간을 모두 채워서 일을 했고 심지어는 그 이상을 일한 적도 있었다. 가끔 그들이 열심히 하는 열정적인 모습이 부럽기까지 했다. 그들이 아침 식사를 하고 주방으로 들어와 두건을 쓰고 자신의 칼 케이스에서 칼을 꺼

내는 순간부터 그의 눈빛에서는 생동감과 비장함이 묻어 나왔다.

늦은 저녁 그와 이런저런 대화를 하다가 1년 전 이치이프(I.C.I.F) 졸업생들과의 추억, 학교 생활 그리고 아스티 학교를 나와 경험한 얘기들과 그의 스테이지 생활과 관련하여 우린 서로 공감을 가지며 신중하게 얘기를 시작했다. 1년 동안의 자신의 스테이지 레스토랑인 제노바 근교 바닷가인 포르타 누오바(Porta Nuova) 사람들에 관해서 많은 얘기를 했으며 서로가 이태리에서는 타국이며 외국어를 배워 쓴다는 공통점과 우린 동양인으로서 언어가 비슷해서인지 문법적으로 맞지 않은 대화를 해도 서로 이해를 잘 해 나갔다.

그가 스테이지한 레스토랑의 메뉴를 설명하며 우린 더더욱 흥미를 가지기 시작했고 자신이 설명하는 요리 단어가 생각이 나지 않는다며 트렁크 가방에서 사전을 꺼냈는데 일본어로 된 '이탈리아 조리 용어사전'이었다. 난 늘 요리 관련 책에 관심을 가지고 있었으며 그 책을 본 후부터 이상하게도 그가 하는 말이 귀에 들어오지 않고 한쪽에 놓아 둔 책에만 신경이 곤두섰다. 난 그에게 혹시 사전을 볼 수 있느냐고 말했고 그는 흔쾌히 보라며 내게 건넸다.

사전은 간단명료하게 요리에 대한 설명이 보기 좋게 쓰여 있었다. 책을 좋아하는 내게는 심장까지 요동치는 걸 느꼈다. 책을 보면서 이탈리아 요리 유학을 준비하던 시절 학원에서 이탈리아 요리책을 번역하며 새로운 단어가 나오면 정리하고 암기했으며 한국에 돌아온 후 사전을 내고 싶다는 계획을 세운 적이 있었다는 것이 떠올랐다.

그렇다. 이 책이라면 그 계획을 실천에 옮길 수 있을 것 같았다. 먼저 쥬시에게 카피를 하고 싶다고 양해를 구했고 다음날 아침 벅찬 가슴으로 문방구에 가서 책을 모두 복사하고 싶다고 주인에게 말하고 견적을 의뢰했다. 하지만 그 금액은 너무나 터무니없게 비싼 가격이었고 난 포기할 수밖에 없었다. 난 가난한 한국인 요리 유학생임을 다시 한 번 깨달았다. 그날 저녁 쥬시는 내게 복사를 했냐고 물었고 난 이태리는 복사비가 너무 비싸서 하지 못했다고 말했고 그는 순간 이해를 못하겠다는 행동으로 고개를 갸우뚱거렸다. 그는 내게 그 책이 필요하면 가지라고 말했다. 난 그의 말을 잘못 이해했나 하고 그에게 다시 되물었다. 그는 같은 말을 반복했고 일본으로 돌아가면 가격이 저렴해서 또 구입을 하면 된다는 것이었다. 일본은 그때만 해도 우리보다 도쿄에 이탈리안 레스토랑이 천 개 정도가 있다는 말조차 있어 일본 내 이탈리아 요리가 붐이 일고 있었기에 요리 자료들도 많다는 것이었다. 난 그에게 너무 고맙다고 말을 하고 오아시스를 떠나는 날까지 부지런히 사전을 보고 이태리어로 된 요리 사전을 서로 비교해 가면서 적었고 그동안 주방 공간에서 배운 조리 용어 등도 다시 추가하면서 나만의 조리 용어 사전을 만들어 나갔다.

### 이것이 홍합 주빠(Zuppa) 맞나요?

오늘은 목요일이다. 일주일에 한번 레스토랑에 문을 닫는 날이면 레스토랑 관계자들은 스테이지 학생들을 위해 벤치 마케팅(Bench marketing)을 하며 요리에 대한 정보나 흐름을 이해하도록 도움을 줬다. 이번주는 아밀피(Amalfi), 포지타노(Positano), 살레르노(Salerno)까지 구경을 시켜주겠다는 레스토랑 관리를 맡고 있는 카르미네의 말이 있었다. 니콜라, 실바나, 쥬시, 시계 그리고 나 이렇게 다섯 명이서 이른 아침 서둘러 발레사카르다(Vallesacarda)를 출발했다. 10시 이전에 아말피에 도착하여 우리는 허기진 배를 채우기 위해 바에 들러 간단한 커피와 그리고 부리오슈(Brioche: 아침 식사용 빵) 등으로 아침 식사를 했다. 식사 후 포지타노를 가기 위해 꼬불꼬불한 해안선 도로를 따라 한참을 달려서 포지타노(Poggitano)에 도착을 했고 험한 도로를 지나와서 그런지 난 멀미 증상이 있었다.

낭떠러지에 심어진 포도나무들이 무성하게 있고 어떤 곳에는 계단식으로 가꾸어진 포도밭도 보였다. 우리는 인근에 내려 전망대로 올라 푸른 지중해의 바다 빛과 시원한 바람에 한참 동안을 바라보며 한 주 동안의 피로를 풀었고 사진도 찍었다. 다시 살레르노를 향해서 출발했고 1시간 정도를 달렸고 운전하는 니콜라가 잠시 쉬어가자는 말에 우리는 잠시 차 밖으로 나가 차가운 공기를 마셨다. 니콜라와 실바나는 춥다며 차안에 있었다. 우리는 연인이라는 부러움을 표현한 후 둘만의 시간을 보내도록 방해하지 않았고 우리 세 사람은 주변에서 한참을 산책했고 언제 차로 들어가야 할지 몰랐다. 니콜라와 실바나는 한참 동안 앞좌석에서 키스와 포옹 그리고 딥 키스를 퍼부으면

포지타노 전경

서 서로의 사랑 표현을 하며 차안에 있었고 우리는 춥다는 핑계와 살
레르노로 출발하자고 재촉 후 불만을 토로했다. 사실 애정 행각이 진
하여 짜증이 날 정도였다. 우리와 다르게 사랑 표현은 직설적인 것이
그들이다.

　도착 후 우리는 식당을 찾기 시작했다. 자그마한 트라토리아(Trattoria)
일 솔레(Il Sole)로 대중적인 식당을 찾았다. 메뉴판은 파스타와 수프
그리고 샐러드로 구성된 식당이었다. 우리는 각자 파스타를 하나씩
주문했고 나는 홍합 수프와 레몬 맛이 들어간 파스타를 주문했다. 홍
합 껍질이 수북하게 담긴 요리가 나왔다. 한국에서 이태리 요리를 먼
저 접한 나로서는 해물이 들어간 수프는 토마토가 들어가 국물이 자

작하여 떠먹을 수 있었다. 혹은 구운 마늘빵에 적셔서 먹기도 했다. 하지만 여기 홍합 수프는 국물이 있는 흔적이 없었다. 홍합만이 가득하고 껍질 안의 살도 빈약해 보였다. 10개 정도의 살만 발라먹으니 그 이상 먹을 게 없었다. 한국식으로 변화된 수프가 현지에서도 같이 제공되지는 않았다. 같은 메뉴라고 해도 그 나라 특성에 맞게 변했다. 나는 따뜻하고 매콤한 국물 맛이 그리웠으나 마늘 빵 대신 딱딱한 파네 코무네(Pane Comune)로 대체가 되어 남은 국물을 적셔 먹었다. 식사 후 우리는 바닷가를 둘러보았다. 야자나무로 가로수를 조성해 두어 이국적인 풍경을 연출하고 있었으며 지중해의 따스한 바람과 기온 또한 내리 비치는 햇살의 따뜻함을 받으며 마냥 좋았다. 돌아오는 길에는 다들 피곤해서인지 뒷좌석에서 우리는 골아 떨어졌지만 앞좌석의 니콜리와 실바나는 번갈아가면서 운전을 하며 싱글벙글 거렸다. 그것이 사랑의 힘인 듯 보였다.


## 역시 봉골레 파스타는 이태리가 맛있다

어느덧 날씨가 많이 쌀쌀해졌다. 발레사카르다(Vallesacarda)에 위치한 오아시스 레스토랑도 예외는 아니었다. 여기에 온 지 4개월이 지나 가을에서 겨울로 바뀌고 있었다. 마을에 들어오는 초입부터 단풍잎이 붉게 물이 들었고 여기 시골에도 낙엽들이 울긋불긋 거렸다. 이런 풍경을 보고 마음이 흔들리지 않을 한국 사람이 어디 있겠는가!

한국인의 정서를 가지고 있는 나 또한 가끔 깊은 감성에 빠졌다. 수요일 저녁 부초는 내게 용돈이라는 명목 하에 500리라를 건 냈으나 나는 학생이며 용돈을 받을 수 없다고 거절을 했다. 리라는 이탈리아가 유럽연합에 가입하기 전에 화폐 단위로 지금은 유로화로 바뀌었다. 이 돈을 받게 된다면 그들의 요구대로 기존에 12시간 근무에서 3시간을 더 해야 한다는 의미로 난 생각을 했기에 받을 수 없었다. 많은 걸 요구하는 그들의 태도로 본다면 가능한 일일지도 모르는 일이었다. 책임감을 더 가져야 한다는 생각이 순간 뇌리 속으로 스쳐갔다. 결국 나는 거절했지만 그들은 싫다면 자그마한 선물을 주겠다며 내일 목요일 쉬는 날인데 아침 식사를 일찍 하고 발라타(Vallata)에 카르미네 옷 가게에 가자는 것이었다. 난 흔쾌히 승낙을 하고 아침에 부초의 차를 타고 발라타(Vallata)까지 갔다.

상점은 꽤 큰 할인 매장으로 여러 가지 스포츠 상품까지 진열되어 있었고 옷, 가방 등을 보는 순간 이 산골에도 명품이 팔릴까 할 정도로 고가의 옷들이 즐비했다. 카르미네는 쉬는 날인데도 불구하고 자신의 상점에 나와 있었고 우릴 친절하게 맞아주었다. 레스토랑에서 소믈리에로 일할 때와 다른 모습을 가졌으나 그의 친화적인 모습은 대단할 정도로 낯선 고객들에게 쉽게 다가갔다. 난 매장을 두리번거리다가 가격들을 보고 또 다시 놀랄 수밖에 없었다. 카르미네는 놀라는 내 표정을 보며 여기서 원하는 한 가지만 고르면 된다는 식으로 내게 말을 건넸다. 얼마 후에 다가올 추운 겨울을 감안하여 외투 선택을 했고 맘에 드는 것을 골라 가격표를 본 후 깜작 놀랄 수밖에 없었다. 주저하는 내 모습을 본 그는 흔쾌히 맘에 들면 괜찮다며 건넸다. 내가 고른 검정색 반코트는 가격이 꽤 비쌌고 이태리 내에 준 명품이라는 피오렌티나(Fiorentina)로 적혀 있었다. 그는 이것도 우수한 옷이라고 내게 거듭 자기의 숍에 진열상품은 고가임을 강조했다. 쥬시와 시계는 피곤하다며 부초의 차에 타고는 숙소로 들어가 버렸다. 산책을 좋아하는 나로서는 들뜬 기분을 안고 혼자 발라타 시내를 거닐며 비린내가 나는 생선 상점이 즐비하게 놓인 자판을 구경하기 시작했다. 이곳은 바닷가와 멀리 떨어져 있어 해산물과 조개류를 먹기가 힘들었다. 레스토랑 실습을 하면 늘 소금에 절인 바칼라(Baccala) 요리만 제공할 뿐이다.

오늘 점심은 바지락을 이용한 링귀네 알레 봉골레 베라치(Linguine alle Vongole Veraci)를 먹어야겠다고 결심을 하고 구입하여 10km 정도 되는 길을 붉게 물든 가로수를 감상하며 숙소로 돌아왔다. 일본인 요리사들은 낮잠을 자고 있었고 난 조개를 가지고 맛있는 파스타를 준비했고 냉장고에 남은 방울토마토를 반 갈라 소스 삼아 볶은 조개에 넣어 붉은 빛이 도는 봉골레 파스타를 해서 게걸스럽게 먹어 해치웠다. 짭조름하고 달달한 맛이 혀를 마비시키고 별 재료를 넣지 않았는데도 깊은 맛이 났다. 참 희한하다. 한국에서는 들어가는 재료는 비슷한데 이태리적인 깊은 맛이 나지 않는 것도 내겐 과제였다. 얼마 지나지 않아 일어난 쥬시와 시계에게 남은 파스타 면과 조개 그리고 여타의 재료를 넘기고 나는 마을 산책과 젤라르다 집에 놀러 가기 위해 밖으로 나왔다.

그리고 매주 목요일마다 특별한 일이 없을 때 나는 산책을 즐겼다. 10km 미터 남직하여 걸어 다녔고 마을 주변과 올리브 농장 근처까지 걸으며 짙게 물든 단풍의 경치와 먼 산과 능선 위에 돌아가는 풍차 등이 나의 늦은 가을의 주된 관심사였다. 중간에 만나는 동네 사람들은 내게 어디 가냐고 질문을 던지기도 하며 태워줄 까 하는 식의 말을 걸어오곤 했다. 이들만 제외하고는 조용한 휴식을 보내고 마음의 수양을 찾기에 안성맞춤인 듯했다. 나는 발라타(Vallata)까지 걸어서 도착하여 작은 마을의 모습을 간직한 그곳의 골목골목들을 내 머릿속에 스케치하곤 했다. 한번은 문방구에 들러 습작에 필요한 연습장이 떨어져 새로운 연습장을 사기 위해 집어 계산대로 가져가 지갑을 찾았는데 아차 하는 생각이 들었다. 숙소에 놓고 왔다는 생각이 들었고 나의 이런 행동을 누군가 옆에서 보고 있는 사람이 있었던 모양이었다. 그건 다름 아닌 레스토랑 여자요리사인 콘체타였고 처음부터 아는 척하려고 했는데 뭔가 이상하여 주춤하고 있었다며 안타까워하는 표정을 지어보였다. 그녀는 내게 얼마가 필요하냐고 첫 마디를 걸어 왔다. 속으로 호의를 거절하고 싶었지만 다시 상점에 오기가 귀찮다는 생각에 내일 주겠다고 그녀의 호의를 받아들였고 내일 레스토랑에서 보자고 말하며 우린 헤어졌다.

## 잔인한 할머니의 비둘기 잡기

　오아시스 레스토랑은 모든 식재료는 자급자족하는 편이다. 주로 쓰는 야채류, 올리브유, 와인 등을 레스토랑의 캄포(Campo: 밭)에서 재배하여 레스토랑 식사에 바로 사용된다. 주로 야채 재배와 관련해서는 레스토랑의 할아버지인 제네로소(Generoso)가 담당하여 관리한다. 또한 레스토랑에 관련된 시설을 유지, 보수하는 임무 또한 그의 몫이다. 가족 구성원 모두 직접적으로 레스토랑 운영에 누구 한 명이라도 맡은 업무를 게을리하게 되면 가족 구성원들로부터 많은 질타를 받기 일수였다. 이들의 사고방식으로는 아버지인 제네로소나 엄마도 예외일 순 없었다.

　큰 아들인 카르미네는 레스토랑의 전반적인 운영 관리 및 그들의 새롭고 오래된 전통요리를 찾아내는 데 주 임무를 담당하고 있었다. 지배인과 소믈리에 자격증도 가지고 있으며 형제들의 분란이 있을 때 중재자 역할을 하며 큰 아들 몫을 톡톡히 하고 있다. 그의 아내 마리아는 요리사이지만 지금은 둘째 아이가 갓난 아기여서 돌볼 사람이 없어 집안일에만 전념하고 있다. 하지만 애들이 크면 그녀는 주방에서 일을 할 것이다. 둘째인 부초는 홀 웨이터 겸 소믈리에 일을 하고 있으며 다혈질인 성격을 잘 견디는 그의 아내도 대단하지만 아내 또한 홀 종업원으로 일을 한다. 우리나라면 사돈 관계에서 같이 일을 한다는 것은 힘들지만 이들은 달랐다. 주방에 일손이 부족하면 부처의 장모인 그라지아(Grazia)가 주방 일을 하러 가끔 왔다. 일을 하는데 있어서 공과 사의 구분을 확실히 하는 듯했다. 부초는 전형적인 백인의 포스를 간직하고 있고 오아시스가 별급 레스토랑이라고 늘 자부심과 지나친 허세를 떨며 자랑을 하며 다닌다. 그리고 막내아들인 니콜라는 같은 나와 동갑 나이인데 대머리로 나보다 10살 이상은 더 되어 보였다. 그의 여자 친구는 홀에서 같이 근무하는 실바나로 내년쯤 결혼을 할 예정이라고 했지만 이건 거짓말인 듯했다. 내가 오아시스를 떠나 10년이 지난 후 서울에서 이곳의 정취가 가끔 생각이 날 때 전화를 하면 그들은 아직도 솔로 생활을 만끽하고 있었다. 얼마 전 2013년 3월에 드디어 그들은 결혼식을 올렸다. 그리고 여자 셰프인 리나와 마리아 자매는 결혼을 해서 각자 여러 명의 자식을 키우고 있으며 레스토랑 근처의 집에서 독립된 생활을 하고 있다. 보통 주말이면 레스토랑이 난리가 되는데 연회 때문에 많은 인원이 투입이 된다. 그들의 자식들 또한 주말에 주방과 홀에서 일손을 거든다.

아침에 일찍 일어나 출근을 하면 레스토랑의 정문을 열고 홀로 들어가는 순간 이미 레스토랑 가족들은 홀 원탁에 앉아 아침 식사를 하고 있었다. 오늘은 평소에 없던 할머니가 등장을 했고 리나는 아침에 보이질 않았다. 이상하여 부초에게 물으니 리나는 잠시 외출을 해서 그녀가 올 때까지 주방에서 준비와 요리는 레스토랑의 창업자이며 '요리의 달인' 할머니가 한다고 했다. 마침 아침 식사를 마치고 주방에 들어가려는 순간 레스토랑 밖에 도로에서 경적 소리가 났다. 우리는 모두 눌러대는 소리에 궁금해서 다들 시선을 밖으로 돌렸다.

한 달에 한 번 수요일에 여기 깊은 산속까지 차를 몰고 들어와 장사를 하는 닭 장수 아저씨였다. 아니 엄밀히 말하면 비둘기 장사치다. 어릴 적에 닭장에 닭을 가득 싣고 이곳저곳을 돌며 닭을 팔던 생각이 났는데 이곳에는 닭 대신 식용 흰 비둘기가 철창 안에 가득 있었다. 할머니는 한참 동안 주인과 실랑이를 벌였고 1시간쯤 후에 비둘기 두 마리를 사와서 주방으로 들어왔다. 그런데 바쁜 주방을 아랑곳하지 않고 개수대를 휴지통 삼아서 비둘기 목을 단칼에 자르더니 피가 툭툭 떨어지기는 걸 방치해 두었다. 개수대 바닥은 피가 잔뜩 고여 있었고 비린내가 주방에 가득 채워졌다. 그것을 뜨거운 물에 담가 깃털을 뽑기 시작했다. 그러나 잔털이 잘 뽑혀지지 않아 혼자서 중얼중얼 소리를 내고 뭔가를 찾으려 주방 안을 돌아다녔고 얼마 지나지 않아 그녀의 딸인 리나가 돌아온 후 인상을 쓰면서 불만을 토로했다. 하지만 아랑곳 하지 않고 토치를 들고 와서는 약한 불을 켜고 잔털을 그을리기 시작했다.

우린 노린내와 밀려드는 주문에 멍한 상태가 됐다. 홀에서는 작은 아들인 부초가 들어와 맘(Mam)하며 '제발'이라는 단어를 계속 반복하면서 방방 뛰며 할머니의 행동을 억제시키려했다. 할머니는 문제의 심각성을 알고 핏물을 제거한 비둘기를 개수대에 거꾸로 매달아 놓고 신경질이 나는 듯 나가버렸다. 그러나 개수대 위에 매달아 둔 비둘기에서 핏물이 한두 방울씩 떨어지면서 피 비린내가 가시질 않았다. 이런 난리로 점심 식사를 제공했고 저녁 장사 준비도 마무리하고 퇴근을 했다. 보통 퇴근하면 저녁은 주방에서 원하는 과일이나 쌀 등의 원하는 재료를 가져가 주방에서 직접 해먹었다. 저녁에 되어서야 난 바람을 쐬러 동내 한 바퀴를 돌았는데 레스토랑 주방에서 나오는 할머니를 만났다. 오늘 저녁에는 특별 식의 요리를 준비한다면서 저녁은 레스토랑에서 하라는 것이다. 난 속으로 부푼 마음에 주방 식구들과 직원용 테이블에 앉았는데 할머니는 큰 스튜냄비에 여러 가지 야채인 감자, 호박 등이 들어간 요리를 내왔다. 뚜껑이 개봉되고 이상한 냄새가 풍기는 듯했다. 이것은 점심에 할머니가 손질한 비둘기 냄새와 유사했다. 그것은 다름 아닌 비둘기 스튜였다. 난 역한 냄새에 먹지 못하고 파스타와 빵 그리고 와인만을 마시며 식사를 마무리하고 도망치듯 나와 버렸다.


## 루치아! 오늘은 볶음밥과 계란탕이다

저녁 6시면 늘 비좁은 숙소에서 저녁을 해결했다. 그렇다고 준비하는 주방 겸 거실은 부엌 살림이 잘 짜여 있지 않았고 주방기물도 다양하게 비치되어 있지 않았다. 물론 저녁은 일을 마친 후에 레스토랑에서 먹지만 가끔은 한식이 그리울 때가 있어 레스토랑 지하 식자재 창고를 다니며 이것저것 봉지에 담아 나를 위한 저녁 만찬을 준비했다. 오늘은 퇴근 전에 같이 일을 하는 메인요리를 맡고 있는 루치아 아줌마에게 집에 놀러가도 되겠냐는 허락을 받고 그럼 나도 한식을 몇 종류 준비하겠다며 7시에 집에 가기로 약속을 하고 서둘러 준비를 했다. 볶음밥과 중국식 해산물 수프를 끓여 볼에 담아 얼른 발길을 옮겼다.

루치아 집은 레스토랑 뒤쪽 언덕위에 있었고 큰 도로를 따라가면 10여 분 정도 걸리겠지만 지름길로 가면 가파른 계단을 올라 금세 도착을 할 수 있다. 집에는 막내딸과 루치아만 있있고 남편과 둘째 딸은 출타 중이었다. 우린 3명이서 음식을 차리기 시작했고 루치아는 파스타와 고기 요리 그리고 그녀 딸은 빵과 살라미를 잘라 접시 중앙에 놓고 있었고 난 준비해 온 음식을 데우기 위해 주방의 이곳저곳을 살피기 시작했다. 루치아는 준비해 간 볶음밥과 해산물 수프를 가스 화덕에 데우지 않고 벽난로 위칸에 음식을 데우는 장소가 있어 뚜껑을 열고 호일로 덮고 밀어 넣었다. 주방은 참으로 아담하고 깔끔하게 정돈이 되어 있어 보기 좋았다. 루치아는 따로 그들이 먹을 빵과 살라미 그리고 치즈 몇 조각과 과일 그리고 레드 와인을 탁자 위에 세팅을 했다. 우린 식사를 하면서 많은 이야기를 했지만 그들의 관심은 나의 결혼 문제 그리고 돌아가서 무엇을 할 건지 등 나의 미래에 관한 것들이었다. 그들은 핵심적인 사안만을 내게 질문을 했다. 솔직히 난 이 문제에 관해 심각하게 생각해 본 적이 없었다. 루치아와 딸은 볶음밥을 한 스푼 먹고 나서 자신의 입맛에 맞지 않는지 더 이상 포크나 수저가 가지 않았고 루치아만이 딸에 비해 몇 번 애정을 보이더니 루치아도 큰 반응을 보이지 못했다. 해산물 계란탕은 더더욱 그들의 입맛에 맞지 않은 모양이었다. 전분의 질감이 수프에 풀어져 있는 느낌이 생소한 모양이었다. 우리는 남은 음식 중 과일과 레드 와인 그리고 치즈 등을 먹으며 가을밤이 깊어가는 줄도 모르고 수다를 떨었다.


## "돈 알폰소(DON ALFONSO)" 그는 타고난 요리사
### 내 이름도 알폰소(Alfonso)라고!

부초는 어느 날 한 통의 전화를 받고 큰 환호성을 질렀다. 주위에 모여 저녁 식사를 하고 있던 사람들은 그가 무슨 말을 할지 모두 숨을 죽였다. 캄파냐 주에 경쟁 레스토랑인 돈 알폰소 레스토랑이 미슐랭 가이드 별3개에서 2개로 떨어졌다고 환호성을 질렀다. 무슨 이유인지 모르겠지만 레스토랑 식구들은 매우 흥겨워했다. 뒤늦게 이해한 사실이지만 별 1개에서 2개로 올라가는 것이 3개에서 2개로 떨어진 것보다 매출 상승과 이미지 쇄신에 큰 영향을 받는다는 것이었다. 난 속으로 그래도 수준이 다른데 하고 혼자 중얼거렸다.

레스토랑은 전통적인 요리를 강조한다면 알폰소는 전통과 요리 트렌드가 공존하는 레스토랑으로 규모나 실력으로 봐도 비교가 되지 않았다. 이 당시 나는 '돈 알폰소의 요리 책'을 보며 세련된 요리 기법과 그의 레스토랑의 열정과 기교에 감탄을 했으며 책값이 없어 숙소에서 일을 마치고 숙소에서 혼자 라이 이탈리아(Rai Italia) 채널에서 나오는 음악을 듣고 시간가는 줄 모르게 필사본을 만든 적이 있었다. 내 이탈리아 이름은 마르티노 데 알폰소(Martino de Alfonso)이다. 마르티노는(Martino)는 '마에스트로 마르티노'(Maestro Martino)를 말한다. 그는 중세 요리사로 요리를 책에 기록한 것뿐만 아니라 파이(Pie) 식 요리를 개발한 훌륭한 요리사이기도 했다. 그리고 '돈 알폰소'(Don Alfonso)는 살레르노(Salerno)에 위치한 별급 레스토랑 오너 셰프 이름이다. 신구의 훌륭한 요리사의 이름의 조합으로 만들었으며 스페인어 전치사인 'de'를 붙여서 나의 이름이 만들어진 것이다. 이제 나의 이름은 순배가 아닌 마르티노 데 알폰소(Martino de Alfonso)가 되었다. 레스토랑 사람들은 알폰소보다는 '순배'라는 한국식 이름을 즐겨 불렀다. 가끔 난 알폰소라고 불러 달라고 그들에게 짜증을 낸 적도 있었다.

돈 알폰소 레스토랑에서 식사를 하려면 최소 몇 개월 정도 미리 예약을 해야 하는 것은 필수였다. 그는 농장과 호텔을 같이 운영하고 있으며 와인과 올리브를 직접 재배하여 레스토랑에서 자신의 훌륭한 요리를 만들기 위해 그의 요리의 필수적인 재료로 사용한다는 강점을 가지고 있기도 했다. 그의 훌륭한 요리를 배우기 위해서 일본인 요리사들도 스테이지 생활을 한다며 소문을 들은 적 있었다. 배고픈 유학생 순배에겐 별급 레스토랑을 벤치 마케팅을 하는 것은 어려운 일일 수밖에 없었다. 차후 이탈리아를 다시 찾는다면 이곳에 예약을 해서 그의 요리 세계에 한번 빠져보고 싶은 충동도 일었다. 어느덧 오아시스 레스토랑에서 근무를 한 지도 4개월이 지나고 이제는 한국으로 떠날 날이 가까이 오고 있었다.

## 알폰소! 후레쉬 모짜렐라 치즈는 조심스럽게 다뤄야 한다

나는 스테이지를 마치고 레스토랑에 일주일 더 머물며 치즈를 만드는 공장에 견학했다. 어깨 너머로 모짜렐라 치즈를 만드는 전 과정을 지켜보았다. 치즈 공장은 그로타미나르다(Grottaminarda)에 위치해 있었으며 발레사카르다(Vallesacarda)에서 이곳 까지는 자가용으로 40여 분을 달려야 치즈 공장에 도착할 수가 있었다. 오아시스에서 스테이지를 마치며 휴식을 취하는 기간 동안 카르미네를 졸라 치즈를 만드는 과정을 보고 느끼고 싶다고 말을 하였다. 공장에서 일을 하면서라도 어떻게 만들어지는지 보고 싶다고 그를 귀찮게 재촉했다. 그는 어디론가 여러 통의 전화를 해본 후 우리 레스토랑에 납품을 하는 리코타 치즈 사장님에게 전화를 해 승낙을 받아냈다.

학교 견학 때 파마산 치즈는 만드는 과정을 보고 이미 알고 있었다. 후레쉬 모짜렐라 치즈, 카치오 카발로 등 캄파냐 주의 주 특산물을 보고 싶었다. 공장 내부는 정말 작고 협소했다. 사장 포함 5명 정도의 소규모 가내 수공업 정도로 생산을 하는 영세업체였다. 리코타 치즈를 만들고 있는 사장이 얼굴이 익숙해 보였는데 아침마다 오아시스에 납품을 했던 자그마한 새 둥지 모양의 바스킷에 부드럽고

치즈공장

치즈공장

매끈해 보이는 치즈를 들고 주방 문으로 들어왔던 그가 생각이 났다.
우린 서로 눈웃음으로 인사를 하고 옷은 편한 청바지와 간단한 작업
복으로 갈아입고 일을 하기 시작했다. 작업복이 없어 청바지에 의존
해야만 했지만 장화를 신고 아줌마들과 일을 하기 시작했다. 난 특유
의 친화력으로 그녀들과 친해질 수 있었다. 김이 모락모락 나며 모짜
렐라 치즈가 틀을 통해 나오는 것을 성형을 해보며 신기해 했다. 공
장 내부에는 레스토랑에서 줄곧 사용해왔던 치즈들이 냉장고에 대롱
대롱 매달려 있어 역한 치즈 냄새가 났지만 나쁘지 않았다.

오늘 하루는 마치 한국 내 체험 삶의 현장을 경험하는 듯했다. 큰
솥에서 끓고 있는 우유에서 기름이 둥둥 떠다니는 걸 보았고 한쪽으
로 지방인 버터를 제거하고 끓고 있는 우유에 액체를 넣었는데 그것
은 우리 두부에 간수를 넣듯이 응결을 시키는 칼리오(Caglio)라고 하는
응유효소인 것을 난 쉽게 알아차렸다. 우리는 가정에서 효소가 없어

레몬즙과 플레인 요구르트로 그 기능을 대체해 왔다. 효소를 넣고 나서는 점점 더 미세한 덩어리로 변해가고 있었고 순두부처럼 형체가 나타났다. 한소끔을 끓이더니 자그마한 용기로 국물과 건지를 떠서 둥지 모양의 용기에 부어 한참을 두면 물기가 없어지고 김이 모락모락 올라오는 리코타 치즈만 남아있었다. 이렇게 해서 매일 아침 레스토랑에 배달되었던 것이다. 만드는 것이 매우 간단했고 신선함을 유지하고 있었다. 사장은 내게 하나의 리코티나(Ricottina)를 건네며 시식해 보라고 했다. 이처럼 부드럽고 신선한 치즈는 처음 먹는 듯했다.

리코타 치즈 외에 공장 내부에는 여러 가지 치즈를 만들어 숙성 중에 있는 치즈들이 많았는데 큰 워크인 냉장고에 페코리노 디 카르마쉬아노 (Pecorino di Carmasciano) 라는 경질 치즈 등이 서랍식의 냉장고 안에 놓여져 숙성되고 있었으며 냄새는 그리 좋지만은 않았다. 발 냄새 같은 향이 진동을 하여 난 밖으로 나와 버렸다. 마치 이것은 우리나라 메주를 만드는 것처럼 상황이 유사한 듯 보였다. 며칠 동안 아줌마들과 일을 하면서 많은 정이 들었고 마지막 날에 그들에게 감사한 마음을 표현하고 인사를 하며 카르미네 차를 타고 가는 짧은 기간에도 가슴이 뭉클해짐을 알 수가 있었다.

## 이탈리아에도 정(情)이라는 과자가 있다

떠날 날이 가까이 다가왔다. 유학 생활이 마지막인 이곳에서 많은 정이 들은 곳이었기에 떠나기가 아쉬웠다.

떠나기 전날 발레사카르다를 구석 구석을 돌아다녔고 저녁 식사는 마지막으로 오아시스 레스토랑에서 했다. 지배인이며 가족의 큰 아들인 카르미네는 내게 서울에 돌아가면 어떤 계획이 있느냐고 물었다. 난 대학원 공부를 마치고 싶다고 했지만 우선 직장이 선택돼야 했다. 저녁에 루치아에게 마지막 인사를 하기 위해 그녀의 집을 찾았다. 나는 그를 좋아했는데 그런 내 마음을 그녀도 알고 있었다.

우리는 커피를 마시며 마지막을 아쉬워했고 그는 나를 위해 꾸러미를 준비하여 선물이라며 내게 건넸다. 꾸러미에는 여러 가지 콩 종류인 레구메(Legume) 등이 쌓여져 있었다. 렌틸 콩, 잠두 콩, 그리고 초록 빛으로 말려진 오레가노와 실에 잘 건조되어 매달린 페페론치니(Pepperoncini: 이태리고추)가 쌓여져 있었다. 그리고 그녀의 올리브 밭에서 열매를 따서 착유하여 만든 올리브유가 한 병 담겨 있었다. 내용물이 보이지 않는 불투명 페트병에 들어 있었고 이 모든 선물을 보고 난 순간 울컥했다. 이건 한국 문화에 있는 정문화가 아닌가? 친정집에 다녀간 딸이 마지막 날에 엄마가 딸을 위해 준비한 정성스런 음식을 소중하게 보자기에 싸서 주는 정성이 깃든 선물 같은 것이었다. 난 감동을 받았다. 이 선물들은 한국에 돌아와서 국내 일 꾸오꼬 이탈리안 요리학교가 서초동에 있을 무렵 안토니오 심 원장님과 일을 같이 했던 그 시절 원장님이 옥상의 향초 밭을 일구실 때 나도 이곳 한 구석에 루치아가 준 렌틸과 잠두콩을 심어 재배를 하여 수확의 기뿜을 느낀적이 있었다.

　다음날 나는 레스토랑 가족인 할머니와 할아버지 그리고 아침 장사 준비를 하고 있는 쥬시와 시계, 콘체타 그리고 리나와도 마지막 인사를 하며 발레사카르다의 오아시스 레스토랑을 떠났다. 카르미네는 나를 그로타미나르다까지 태워다 주었고 풀만(Pullman)을 타고 3시간 후에 종착역인 로마 티부르티나(Tiburtina) 역 주변에 도착했다. 동료들과 만나기로 한 같은 민박집을 찾기 위해 테르미니역 옆으로 이동을 했다. 저녁이 되어서야 여러 명의 동료들이 민박집에 모였고 우리들은 기숙사를 떠나 서로의 힘들었던 스테이지 생활에 대해 얘기하며 시간 가는 줄 모르게 밤새 시끄러운 밤을 보냈다.

　다음날 동기들 중 도경 누나, 수민과 민경은 오래간만에 쇼핑을 하며 시간을 보냈고 그 외 여러 명의 남자들은 개인적인 선물을 사기 위해 돌아다녔고 나는 미식 관련 책을 사기 위해 큰 서점을 돌아다니며 하루 온종일 시간을 보냈다. 다음날 공항으로 갔고 탑승을 하면서 대한항공 비행기를 보니 감동이 밀려왔고 한편으론 언제 이런 좋은 여행을 할 수 있을까 하는 생각에 빠졌다. 오랜 시간 동안 기내에서 잠을 잤고 깨어보니 벌써 혹독한 서울 생활을 하고 있었다.


**맘마 루치아의 편지**

　한국에 대한 부푼 꿈을 안고 돌아왔지만 우릴 반기는 이는 가족,

친구 그리고 지인들뿐이었다. 처음 한국에 호텔로 실습을 나갔고 호텔 내에 근무하는 요리사들은 우리를 색안경을 쓰고 쳐다 보았다. 유학을 다녀온 남학생들은 서울 특급호텔에서 실습이 이미 예약이 되어있었다. 난 국내 조리학교를 졸업을 했고 실습은 많이 했기에 어떤 식으로 일이 진행이 되는지 낯설지가 않았다.

우리는 실습을 하면서 현실의 벽과 다시 한 번 부딪쳐야 했고 나를 선두로 하나 둘씩 실습을 포기하기 시작했다. 이태리 레스토랑이 있는 호텔에서 인턴 생활을 하는 친구, 일반 집 레스토랑에서 처음부터 시작하는 요리사 그리고 자신의 레스토랑을 운영하기 위한 준비 단계부터의 우린 각자의 시행착오를 거치며 성숙의 단계에 도달하기까지 선택의 실수를 거듭 반복했다. 하나같이 서울이라는 현실에서 다들 자리를 잡지 못했다. 나 또한 많은 일이 있었다. 유학에서 돌아온 후 대학원에 복학하여 공부에 몰입해야 했지만 모든 것이 싫었기에 학업도 포기했다. 유학 시절 1년 반 정도로 인해 편안한 유럽 생활을 잊지 못하고 방황을 했으며 바쁘게 움직이는 서울 생활에 적응을 하지 못했다. 물론 어설프게 배워 온 이태리 요리에 대한 동경과 배움의 갈증이 유발되어 이태리를 가려는 계획을 다시 세웠다. 나는 유학을 마치고 한국에 돌아온 후에 2년 넘게 적응을 하지 못한 채 직장을 여러 군데나 옮겼다.

2년이 금세 지나갔다. 그러던 차에 이치이프(ICIF) 1년 후배들이 한국에 돌아와서 이런저런 소문을 듣기 시작했다. 이때만 해도 이탈

NOH SOON BAC.
IL CUOCO
3th FL, TAE-WON Bldg
981-16 PANG BAE-DONG SEO CHO-GU
SEOUL -137-063
KOREA.

postaprioritaria
€ 0,77
17.04.2003 10.26
MAAF-UP 270Mxx2HQo5Zxi2-
83050 VALLE...

루치아 편지

리안 레스토랑에서 일을 하고 있었고 일주일에 한 번씩 일 꾸오꼬(il Cuoco)에서 이탈리아 요리 기초반의 강의를 하고 있었다. 그러다 보니 후배들은 원장님을 종종 찾아왔다. 이번에 돌아온 후배 '용수'라는 친구는 내가 일한 오아시스 레스토랑에서 실습을 했다. 후배들과 간단한 술자리를 할 기회가 되어 용수 씨는 내게 루치아 소식을 전해 줬다. 나는 그녀가 건강하다는 소식을 전해 들었다. 루치아는 그동안 오아시스 레스토랑을 거쳐 간 요리사 중에서 가장 훌륭한 요리사가 두 명이 있었다고 말했다는 것이다. 일본인 요리사 쥬시가 있고 그리고 한국인 요리사 순배라는 말을 했다는 것이었다. 이 말을 듣는 순간 기분이 무척 좋았다. 루치아가 그런 말을 했다는 자체가 나에게는 영광이었다.

한국 내 일반 레스토랑에서 근무를 하는 조건은 무척이나 힘들었다. 이런저런 힘든 현실 상황과 두고 온 이탈리아의 여운, 그리움 등이 마음 한구석을 다시 요동치게 만들었다. 난 이탈리안 레스토랑 요리사로서 열심히 일을 했다. 현실이 힘든 줄 알면서도 이태리 요리 하는 것 하나만으로 행복한 마음을 가지고 있었지만 국내 요리사의 경제적인 조건은 좋지만은 않았다. 2003년 9월 어느 해 난 한 통의 편지를 받았고 궁핍한 유학 생활 덕분에 이탈리아 여행을 하지 못해 늘 아쉬움을 간직하고 있었다. 난 연초부터 열심히 일해왔고 꼭 가을이 오면 나의 방탕한 끼는 나를 다시 떠나게 만들었다. 이탈리아 미식 기행의 결정은 루치아로부터 받은 편지가 결정의 종지부를 찍었다.

　루치아는 편지를 내게 보냈는데 받은 편지로도 매우 반가웠고 내 모습은 이미 이탈리아에 가 있었다. 그녀의 삐뚤삐뚤한 필기체는 이탈리아인의 전형적인 글씨체를 보는 듯했고 바르지 못한 글씨는 모든 이탈리아인의 모습을 보는 듯했다.

　난 필기체로 흘려 써진 편지 내용과 언어감각이 뛰어나지 않았기 때문에 좀처럼 이해하지 못했고 동기인 인숙 누나에게 해석을 부탁할 수밖에 없었다. 누나는 내게 자세하게 해석하여 적어서 편지 내용을 이해하기 쉽도록 정자로 옮겨주었다. 그제야 나는 편지 내용을 이해할 수 있었다. 편지에는 안부 내용과 몸이 조금 아프다는 내용이 담겨 있었다. 편지를 받은 다음 달 10월 중순쯤 어느덧 나는 이탈리아에 와있었다.

# 고구마, 루콜라와 프로쉬우또 스텔라 피자

Pizza di Stella con Patate dolce, Rucola e Prosciutto

재료

피자 도우(Pizza dough) 240g, *고구마 메쉬(Mesh)100g,

프로쉬우또 슬라이스(Prosciutto slice) 4장,

*다진 파세리 5g, 파마산 치즈 30g, *피자소스 50g,

피자치즈 80g, 후레쉬 모짜렐라 치즈 40g, 루콜라 6줄기

이렇게 만드세요

**1** 피자 도우를 얇게 밀어 6등분하고, 모서리 끝부분을 자른다.

**2** 자른 도우 중간에 고구마 메쉬와 피자 치즈를 올려 봉합을
한다.

**3** 도우 중간에는 피자 소스를 바르고 후레쉬 모짜렐라 치즈를
올린 후 430도 오븐에 5분 미만으로 구워낸다.

**4** 꼭지점에 맞게 자른 후 루콜라 잎과 슬라이스 파마산 치즈와
프로쉬우또를 올린다.

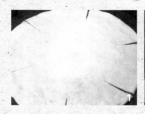  

**TIP**

요즘 이탈리안 레스토랑에서 유행하고 있는 피자로 사람 수에 맞게
개수를 만들어 나눠먹는 재미와 피자 도우에 다양한 재료를 넣어 즐길 수 있다.

| **피자 도우** | **피자 소스** | **고구마메쉬** |
|---|---|---|
| 강력분 1kg, 물 600ml, 소금 20g, 설탕 15g 생 이스트 5g, 올리브유 15g, **만드는 방법** 재료를 넣어 반죽한 후 실온에 30분 휴직을 준 후 240g으로 분할을 하고 공굴리기를 하여 냉장고에 넣어 48시간 동안 냉장 발효하여 사용한다. | 토마토 홀(캔)100g, 바질 3잎, 드라이 오레가노(Oregano) 3g 엑스트라 버진 올리브유 10g, 꿀 10g, 소금, 후추 약간씩 **만드는 방법** 토마토 홀은 핸드 브라인더로 갈아서 체에 받혀 물기를 제거하고 바질 슬라이스, 오레가노 올리브유, 꿀, 소금과 후추로 맛을 낸다. | 삶은 고구마를 체에 내려 데운 생크림, 파마산 치즈, 버터, 소금과 후추를 넣어 맛을 낸다. |

# 02

# 두고 온
# 오아시스의 흔적

숙소를 나오기 전에 벤치 마킹을 하라는 의미로 자그마한 상자에 50유로를 넣고 간단한 메모를 적고 나왔다. 나는 아침에 오아시스 가족과 한국인 실습생에게 배웅을 받으며 인사를 하고 나폴리에 가기 위한 차에 올랐다. 이제부터 나는 와인과 미식 기행을 계획하여 바쁜 행보의 시작을 앞두고 있었다. 캄파냐 주인 아벨리노(Avellino) 와 베네벤또(Benebento) 그리고 카세르타(Caserta) 지역을 여행하기 시작했다.

## 알폰소의 미식 기행

2년 만에 찾은 피우비치노(Fiumicino) 로마 공항이다. 첫 유학을 위해 발을 딛었던 곳인데 오래된 느낌과 옛 기억이 날 정도로 다시 찾은 이태리에 대한 희열과 감탄을 하고 있었다. 내가 로마에 도착한 시간은 오후 5시 정도였다. 로마에서 바로 발레사카르다(Vallesacarda)까지 가기에는 이미 차편이 없었다. 레스토랑에 전화를 하여 지금 막 로마에 도착하여 내일 그곳에 도착하겠다는 소식을 전했다. 로마 테르미니(Termini) 역 근처 한인 민박에 투숙을 했다. 내일은 오아시스 형제와 할머니 그리고 셰프 등을 만난다는 생각을 하니 가슴이 벅차올랐다.

아침에 테르미니 역에서 지하철을 타고 티부르티나(Tiburtina) 역까지 가서 그로타미나르다(Grottaminarda)행 풀만(Pullman)을 타는 데는 많은 시간이 걸렸다. 출발 시간이 얼마 남지 않았고 매표소를 찾는 데도 시간이 걸렸다. 차표를 구입하는 데도 오랜만에 쓰는 이탈리아어여서 그런지 언어조차 낯설었다. 겨우 차를 탔고 그로타미나르다에 가기 위해서 3시간 정도 차속에 있어야만 했다. 고속도로와 지방 국도를 거쳐 익숙한 자그마한 도시 그로타마나르다에 도착하고 터미널에 내려 발라타(Vallata)까지 가는 버스 시간표를 확인하고 시내를 두리번거리면서 허기를 채우기 위해 이태리식 햄버거인 프로슈우또와 양상추가 들어간 파니니(Panini)를 골라서 먹었다. 차는 어느새 발라타 마을에 도착하여 눈앞에 보인 도시의 모습과 집, 축구 경기장과 올리브 밭 모든 것들이 이년 전 그대로인 듯했다. 발라타에서 발레사카르다까지 가는 버스는 하루에 자주 없지만 오래 전에 걸어 다니면서 느꼈던 감성을 회상하기 위해 배낭을 메고 구릉지인 이르피니아(Irpinia)의 지대를 걸어서 레스토랑까지 갔다.

레스토랑에 도착하는 순간 레스토랑의 가족들은 날 환하게 맞아 주었다. 다들 표정이 이상했는데 버스를 타지 않고 걸어서 먼 거리를 왔다는 것에 그들은 놀랐다. 나는 레스토랑의 홀과 주방을 돌면서 깜짝 놀랐다. 주방은 낡고 지저분한 모습은 없어지고 현대적인 주방으로 바뀌어있었고 홀에 테이블도 조금 더 럭셔리한 모습을 하고 있었다. 카르미네, 부초, 그리고 내 친구 니콜라 등도 날 편하게 받아 주었다. 그런데 이년 전 나와 유사한 모습을 하고 있는 한국인 유학생이 있는 것이 아닌가! 그는 이치이프(ICIF) 학생이라며 내게 말을 건넸고 우린 서로 인사를 하며 해외 유학 생활에 힘들어 하는 동정의 모습을 보였다. 예전에는 스테이지 학생들은 기숙사를 사용했지만 지금은 오아시스를 찾는 손님을 위해 한국식으로 말하면 사랑방을 꾸며 놨다며 카르미네는 나를 그쪽으로 안내했다. 레스토랑에서 광장을 지나가다보면 자그마한 가정집이 있는데 그 집을 인수하고 아기자기한 방 두 개를 꾸며 놓았다. 하나는 한국인 '재현' 씨가 남은 방을 내게 사용하라며 그는 방에 내 짐을 넣어 주었다. 그리고 저녁에 와서 레스토랑에서 식사를 하라는 말에 나는 입이 찢어졌다. 저녁 식사는 예전과 그리 다른 메뉴는 아닌 듯했다. 늘 할머니의 손맛과 지방의 전통성이 그대로 묻어 나오는 모습에 마치 2년 전 그 시절로 돌아온 듯했다. 식사 후 한국에서 가져온 선물을 꺼냈다. 그건 종인데 그들에게 종의 의미를 거창하게 설명을 했고 종소리가 나면 많은 행운과 레스토랑에 손님이 많이 찾아온다는 말을 하며 긍정의 힘을 더하여 부초에게 설명을 했다. 또 한 가지의 선물인 '이탈리아 조리 용어 사전'을 건넸고 도움주신 분에 형제 이름과 리나와 마리아 셰프 그리고 루치아까지 이름을 한국말로 적고 여기서 익히고 배운 요리와 조리 용어 등을 책으로 냈다고 말을 했다. 책을 만들었을 때 여러분들에게 많은 도움을 받았다고 부연 설명까지 했다. 특히 일본인 요리사인 쥬시로부터 받은 책이 큰 도움이 됐다는 말을 하고 그에게 레스토랑으로 연락이 왔는지 궁금해서 물었지만 그는 스테이지를 마치고 일본으로 가서 연락이 되질 않는다고 했다.

저녁에 숙소에 돌아와 유학생인 후배와 이런저런 얘기를 하며 시간 가는 줄 몰랐다. 안스럽게도 그는 손에 위생 장갑을 끼고 일을 한다는 것이다. 주부습진 같은 증세가 나타나 걱정이라며 말을 보탰고 유학생의 고충에 대해 말을 하며 즐거운 시간을 보냈다. 나는 아침 일찍 일어나 아침 공기를 맡으며 발레사카르다 마을의 이곳저곳을 살피고 루치아와 제라르다의 집에 들러 인사를 하고 간단한 기념품을 건네고 숙소에 돌아오니 피곤함이 밀려들었다. 냉장고 문을 열어보니 자그마한 화이트 와인인 그레코 디 투포(Greco di Tufo)가 있어 마시기 시작했다. 이미 난 아침 식사를 하기 전에 취했고 짐을 꾸려 숙소를 나와 레스토랑으로 발걸음을 옮겼다. 오아시스 가족들과 마지못해 2년 전 물리게 마셨던 카푸치노와 부리오쉬를 먹고 인사를 나눴다. 주방 후문에 있던 콘체타가 보였다. 오랫동안 여기서 일을 하고 있는 그녀는 내게 반갑다며 바치로 인사를 했고 그런데 술 냄새가 많이 난다며 농담을 던졌다. 하지만 난 이미 취한 듯 어지러웠다. 한국인 후배에게 격려를 했고 숙소를 나오기 전에 벤치 마킹을 하라는 의미로 자그마한 상자에 50유로를 넣고 간단한 메모를 적고 나왔다. 나는 아침에 오아시스 가족과 한국인 실습생에게 배웅을 받으며 인사를 하고 나폴리에 가기 위한 차에 올랐다.

이제부터 나는 와인과 미식 기행을 계획하여 바쁜 행보의 시작을 앞두고 있었다. 캄파냐 주인 아벨리노(Avellino) 와 베네벤또(Benebento) 그리고 카세르타(Caserta) 지역을 여행하기 시작했다. 이곳은 레스토랑에서 그리 멀지 않은 곳이었기에 나폴리 시내의 민박에 짐을 풀었고 남부 이탈리아 여행의 기점이 나폴리 였다. 민박집은 편안한 곳이었지만 나폴리 중앙역 앞의 주변은 조용하고 편안한 장소는 아니었다. 해만 떨어지면 범죄의 우범지역으로 바뀌는 듯했다. 역 주변에는 흑인과 술에 취한 부랑자 등이 즐비했고 이곳저곳의 자리를 차지하기 위해서 폭력과 고함소리가 끊이질 않았다. 남부 지역은 여전히 치안 상태가 불안했기에 나폴리 밑으로는 가지 못했다.

★ 아벨리노의 먹거리

아벨리노는 이르피니아(Irpinia) 지역에 위치한 도시로 지역 대부분이 높은 구릉지로 연결되어 있다. 이 지역에서는 양유로 만든 치즈인 페코리노 치즈가 유명하다. 아벨리노 도시와 자그마한 지역인 카르마쉬아노 지역에서 생산되는 페코리노 디 카르마쉬아노(Pecorino di Carmasciano) 치즈가 있으며 맛은 특유의 양유 맛과 쾌쾌한 냄새를 가지고 있는 것이 특징이다. 바뇰리 이르피니아(Bagnoli Irpinia) 지역에서 생산된 블랙 송르 버섯도 많이 생산이 되고 아드리아노 이르피니아(Adriano Irpinia) 지역에서 생산된 디오피(DOP) 올리브유도 있다. 지역의 대표적인 파스타로는 파케리(Paccheri)가 있다. 튜브 모양의 파스타로 토마토를 넣은 고기소스와 혹은 야채나 콩류로 만든 소스와 잘 어우러진다. 그 외 손으로 만든 생 파스타로 푸질리(Fusili), 카바텔리(Cavatelli), 딸리아뗄레(Tagliatelli), 라비올리(Raviloi) 그리고 오레끼에떼(Orecchiette)도 자주 식탁에 등장한다. 산간지방으로 바다와 멀리 떨어져 있어 염장된 대구인 바칼라(Baccala)를 즐겨 먹는다. 과일은 열매가 굵고 큰 체리, 맛이 탁월한 사과와 양파 등이 유명하다. 와인은 타우라지(Taurazi), 그레코 디 투포(Greco di Tufo), 피아노 디 아벨리노(Fiano di Avellino) 등이 대표적인 최상급 와인들로 이르피니아(Irpinia) 지역에서 생산된 국제적인 와인들이다.

오르비에또

## 화이트 와인은 역시나 오르비에또(Orvieto)

★ 오르비에또의 먹거리

　로마로 돌아온 후 민박집에 무거운 짐을 맡기고 가벼운 옷차림과 간단한 소지품만으로 나는 화이트 와인으로 유명한 산지 오르비에토로 이동을 했다. 로마를 지나 토스카나 주의 편안함과 부드러움이 주변의 녹음으로써 말을 해주고 있었다. 중간 중간에 보이는 언덕과 평야가 어우러져 생활에 지친 나에게 힐링(Healing)이 되는 듯했다. 넘어가는 낙조에 비친 한가로이 풀들을 뜯고 있는 소떼들이 더욱 그렇다. 넓게 펼쳐진 평야는 토스카나 주의 웅장한 포도원이 얼마 남지 않았

오르비에또

음을 알 수도 있었다. 열차에서 내려 더 이상 도보나 차로는 시내까
지 올라가지 못하는 곳이었다. 역에 내리자마자 에스컬레이터와 케
이블카를 타고 높은 정상에 있는 마을의 끝자락까지 올라갔고 다시
버스를 타고 시내까지 올라가야 하는 번거로움이 나를 기다리고 있
었다. 케이블카와 버스 요금이 합산된 금액이 80센트였다. 케이블카
표를 보여주면 시간 안에 버스도 이용할 수 있었다. 산 중턱에 도착
하면 다시 도시 중앙 첸트로(Centro)의 두오모(Duomo)에서 매 시간 다
니는 버스를 이용한다. 점심시간 때에 도착을 해서 그런지 관광객들
을 대상으로 하는 레스토랑의 호객 행위를 하는 곳이 많았고 그들의

저렴한 메뉴에 화이트 와인인 오르비에또를 끼워서 파는 메뉴들을 강조하며 나를 끌어들였다.

오르비에또 하면 와인 중에서 화이트 와인이 유명하며 흰색, 검정색 송로버섯, 올리브유, 접시 공예도 이목을 집중시키는 역할을 한다. 접시에 여러 그림을 그려 판매도 하고 에트루리아(Etruscan) 인들이 사용했던 질기나 도자기 류 등을 만들어 전시와 판매를 동시해 하고 있으며 에트루리아(Etruscan) 인들의 박물관도 한쪽에 위치하고 있어 그들의 옛 도시가 이곳에 있었으며 유물과 유적 이탈리아의 선조들의 생활상을 볼 수 있어 좋은 기억으로 남을 듯했다. 오르비에또는 에트루리아(Etruscan) 인들이 건설한 10개의 도시 중 한 곳이라는 것을 부각시키는 듯했다. 오르비에또의 화이트 와인을 만드는 품종으로는 프로카니코(Procanico), 베르델로(Verdello), 그레께또(Grecchetto), 말바시오(Malvasio), 드루페찌오(Drupeggio) 등이 있다. 한적하고 허름한 트라

토리아라고 써진 식당에 들어가 간단히 점심을 먹었다.

브루스케타는 구운 빵 위에 엑스트라 올리브유가 뿌려진 것과 토마토를 양념한 것 그리고 새콤하게 볶아 양념을 한 양송이버섯을 올려놓았다. 발삼식초를 지나치게 넣어 신맛의 비율이 높아 쉽게 손을 댈 수가 없었다.

다음으로는 리조또를 먹었는데 라디치오와 파마산 치즈를 듬뿍 넣어 만들어 나왔는데 라디치오가 지나치게 많이 들어가 쓴맛이 강했고 다른 도시에서 먹을 때보다 리조또의 쌀 농도가 너무 물러서 흐를 정도였고 맛도 형편없었다. 그러나 배고픔을 해소하는 데는 문제가 되지 않아 게걸스럽게 해치웠다.

움브리아 주의 대표적인 파스타는 스트란고찌 델라 움부리아(Strangozzi della Umbria)라는 것이 있는데 콩가루를 넣어 만든 건 파스타로 스파게티 두께에 돌돌 말려있는 면이다.


### 기타 연주는 캄포바소(Campobasso)에서

★ 캄보바소의 먹거리

캄파나주 끝자락에 위치한 캄포바소는 몰리세 주에 속해 있으며 해산물이 풍부하여 멸치, 대구, 숭어, 도미, 한치, 가재 새우와 쏨뱅이 등이 풍부하다. 특히 산 주세페(San Giuseppe) 날과 성탄절에는 염장대구인 바칼라(Baccala)와 컬리플라워도 빠지지 않고 즐긴다. 산 비아세

(San Biase)지역의 트리고(Trigo)와 비페르노(Biferno) 사이의 강과 골짜기에서 재배되는 길쭉한 감자는 맛이 훌륭하며 유통기한이 길며 껍질은 노란 빛과 과육은 흰색과 크림색을 띤다. 캄포바소의 올리브유는 질이 우수하여 주파(Zuppa)나 미네스트라(Minestra) 등의 수프 류의 마지막 요리의 양념으로 사용되며 3년 동안이나 보관이 가능할 정도로 저장성이 좋다.

포도 품종은 알리아니코(Aglianico), 산조베제(Sangiovese), 몬테풀치아노(Montepulciano) 등의 레드 와인 품종과 트레비아노 토스카노(Trebbiano Toscano)와 말바시아(Malvasia) 등의 화이트 와인 품종도 있다. 특히 몰리세 주에서는 비페르노 로쏘(Biferno Rosso), 몰리세 파랑기나(Molise Falangina), 펜트로 이제르니아(Pentro Isernia) 등이 높이 평가받고 있다. 몰리세의 산과 골짜기 등에서 재배되는 사과로 증류주인 멜라 리몬첼라가(Mela Limoncella) 등이 만들어진다. 파스타는 따꼬쩨(Tacozze)라고 해서 밀가루, 계란, 소금으로만 반죽하여 사각형으로 잘라 만든 생면으로 라구 소스와 페코리노(Pecorino) 치즈와 잘 버무려서 제공을 한다. 피자는 반달 모양으로 소를 채워 만든 카치아텔리(Cacciatelli)라고 하는 것도 유명하다.

치즈는 스카모르짜(Scamorza), 스트라치아타(Stracciata), 카치오카발로(Cacciocavallo), 피오르 디 라테(Fior di Latte), 페코리노(Pecorino), 모짜렐라(Mozzarella)와 부리노(Burrino) 등이 주로 생산되고 살라미인 벤트리차아나(Ventriciana)와 소프레싸타(Soppressata) 등을 이용한 콜컷(Cold Cut)

이 유명하며 후레쉬 소시지인 사기치오또(Sagicciotto)도 있다.

캄포바소는 로마테르미니 역에서 인테르레지오날레(Interregionale)로 3시간 10분 정도 걸리는데 열차는 로마 공항 방향으로 향하더니 산으로 둘러싸인 몰리세의 주요 도시를 통과하여 이제르니아(Isernia)를 거쳐 갈 수 있으며 몰리세의 주도는 캄포바소와 테르몰리 등이다. 그중 핵심 도시인 캄포바소로 나는 향했다. 이제르니아와 캄포바소는 산속의 도시이며, 테르몰리는 유일하게 바다를 끼고 있는 도시 중의 하나였다. 캄포바소는 완만한 산에 자리하고 있는 수많은 민가들이 마치 캄파냐 주의 도시인 아벨리노나 베네벤토 지역을 연상시킨다.

이제르니아 지역을 거쳐서 도착할 수 있는 카씨노(Cassino) 지역은 높은 산 아래에 아름다운 마을이 군데군데 모여 군락이 형성되어 마을 위에 구름이 살포시 앉아있는 듯 보였고 마을을 품은 야경 또한 아름다움을 연출하고 있었다. 캄포바소의 시내는 아담하고 깨끗하며 조용한 시골 마을의 도시였다. 역사적인 유물이나 유적지는 거의 없으나 음악이나 기타로 유명한 도시로 전 세계적으로 알려져 있으며 매년 음악 콩쿠르 대회가 열리며 몰리세 주의 핵심 도시로 자리매김하고 있는 곳이다. 몰리세 주의 대표적인 특산품은 다른 남부 도시처럼 산이 우거진 지역은 산양, 염소, 돼지 등을 많이 양육하여 우유가 많아 치즈 자체로도 유명하지만 우유를 이용한 음식과 육류 요리 특히 내장요리 등이 발달되어 있다. 그러나 거기에 반해 이 주는 와인이나 올리브 열매를 쉽게 찾아볼 수가 없다. 치즈는 스카모르짜(Scamorza)나 *페코리노(Pecorino), *카치오카발로(Caciocavallo)가 유명하며 스튜 형태의 요리 우미도(Umido) 또한 산간지방에서 많이 찾아볼 수 있는 요리 형태이다. 내장을 돌돌 말아 꼬치에 꿰서 만든 스피에디노(Spiedino) 요리도 특색 있게 나타난다. 나는 캄포바소를 지나 마르케(Marche)주인 앙코나(Ancona)로 향했다.

### 페코리노(Pecorino) 치즈 이야기

페코리노 치즈는 양유로 만들고 네가지 종류가 있다. 페코리노 로마노(Pecorino Romano)는 이태리 외의 나라에서 더욱 잘 알려져 있고 생산 지역은 로마가 아닌 샤르데냐 섬에서 주로 만들어진다. 페코리노 사르도(Pecorino Sardo)는 샤르데냐에서 생산이 되며, 페코리노 토스카노와 페코리노 시칠리아노가 있다.

페코리노 치즈는 숙성 정도에 따라 스타지오나타(Stagionata)와 세미 스타지오나타(Semi-stagionata)두 가지로 나뉘는데 오래 숙성된 스타지오나타는 버터맛과 견과류 맛이 나는데 비해 반 숙성된 것은 우유나 크림과 같은 부드러운 질감과 맛을 가지고 있다. 또한 남부 이탈리아 에서는 통후추, 으깬 고추, 검정색과 흰색 송로버섯 조각을 치즈에 넣어 만들기도 한다. 샤르데냐에서 만든 페코리노 사르도는 카수 마르수(Casu Marzu)라 불려진다. 페코리노 치즈는 파마산 치즈보다 비싸며 특히 바질 페스토(Pesto)나 로마의 파스타인 아마트리치아나 소스나 양념을 만들 때 요리에 많이 사용된다.

### 카치오 카발로(Caciocavallo) 이야기

이 치즈는 남부 이탈리아에서 우유 혹은 양유로 만들어진다. 치즈를 매달아 숙성시키는 치즈로 프로볼로네(Provolone) 맛과 유사하며 특히 쓴맛이 많이 나는 반 경질의 치즈로 오래 숙성 시킬수록 독한 맛과 향이 나며 파스타나 치즈 요리 등에 사용되며 두툼하게 자른 치즈를 가열된 팬에 앞 뒤로 노릇하게 구워 꿀과 견과류를 곁들여 전채 요리로도 먹기도 한다. 남부 이탈리아 지역인 바실리카타, 칼라브리아, 몰리세, 풀리아와 캄파냐 지역에서만 생산되는 카치오카발로 실라노(Caciocavallo Silano)도 유명하다. 그 외에 시칠리아 라구사노 지역에서 만든 카치오카발로 라구사노(Caciocavallo Ragusano)도 있다.

## 앙코라(Ancora)가 아닌 앙코나(Ancona)라니까요!

나는 로마 민박집에서 여러 옷가지를 갈아입고 가급적 짐이 없는 가벼운 배낭 하나만으로 짐을 꾸려 테미르니 역에서 레지오날레 기차를 타고 출발하여 3시간 30분 정도를 걸려 폴리뇨(Foligno)와 아씨시(Assisi)를 거쳐 산과 아드리아(Adria)해를 인접하면서 먼 바다도 가끔 볼 수가 있는 지중해보다 느낌이 사뭇 다른 앙코나에 도착을 했다. 앙코나 시내는 바다를 끼고 역과 항구가 불과 몇 킬로미터 정도밖에 떨어져 있지 않았다. 역에서 여러 대의 버스들이 선착장과 시내를 자주 왕복하여 사람들을 날랐다. 날이 어두워지기 전에 역 주변의 여행 정보 센터에 들러 주변의 유스호스텔 위치를 먼저 파악하고 숙박을 하고 짐을 풀기로 작정을 했다.

이탈리아 지역의 유스호스텔은 역과 터미널 주변이 아닌 먼 곳에 위치하고 있지만 이곳만은 예외였다. 이곳은 역에서 불과 3분 거리에 위치에 있었고 역 건너편 주택가들 사이에 위치한 유스호스텔이었다. 시내중심가는 비아 로마(Via Roma)와 비아 카보르(Via Cavour)가 중심이 되어 시장과 자판, 거리에 옷 장사들이 장사진을 이룬다. 시내버스인 1번 버스의 종착역에는 바다와 인접해 거대한 시계탑이 자태를 뽐내고 있고 또한 피아짜 다르미(Piazza D'Armi)에서는 매주 화요일과 금요일 아침에는 큰 시장이 열려 많은 주민과 관광객들이 뒤섞여 시장의 생명력을 되찾은 듯 시끄러운 광경이 늘 연출되는 곳이다. 간단하게 시내를 구경한 후 자세한 것은 내일로 미룬 후 어두운 거리를 뒤로하고 유스호스텔로 발길을 옮겼다.

나는 자그마한 방 4인실 중 2층 침대 위칸에 배정을 받았는데 1층에는 이탈리아인이 이미 짐을 풀고 피곤한 몸을 풀고 침대에 누워 방이 떠나갈 듯 코를 곯고 있었다. 오늘 밤은 쉽게 잠이 오지 않을 듯해 보였고 나도 짐을 풀고 오늘의 여행 일정과 다음 여행지를 생각하며 메모지에 미식에 관한 메모를 하기 시작했다. 갑자기 이탈리아인이 일어나면서 내게 말을 걸었다. 이태리어 할 줄 아는지 그리고 왜 이태리에 왔는지 궁금해 했으며 많이 수다스러웠다. 그런 과정에서 그의 이름을 알게 되었고 루카라는 호칭으로 불렀으며 그는 말 농장에서 일을 하고 있는데 말을 좋아하는 마니아(Mania)라고 말했다. 내일은 베로나(Verona)에서 말 경주가 있는데 그걸 보기 위해서 남부 칼라브리아(Calabria) 주에서 올라왔다는 것이다. 우리는 이런저런 이야기를 했지만 나의 짧은 이태리어로는 그의 수다스런 말에 많은 걸 이해하질 못했지만 이탈리아의 미식 기행에 많은 수확을 얻길 바란다면서 인사말인 '카포 인 루포'(Capo in Luppo)라는 말을 내게 건넸다. 나는 그 의미를 이해하지 못했지만 후에 그건 '행운을 빈다'는 의미를 가진 말인 것을 알았다. 우린 더 이상의 화제를 이어가지 못했고 그의 코골이 소리에 긴 밤을 보내고 새벽녘에 잠을 이루려 할 때 그는 일어나 떠날 준비를 하고 있었다. 앙코나는 바닷가라 신선한 생선만이 있는 것이 아이었다.

★ 앙코나(Ancona)의 먹거리

염장대구인 바칼라(Baccala), 말린대구 인 스토카피소(Stoccafisso) 등
도 쉽게 찾아 볼 수 있어 감자, 생크림과 파세리 등과 같이 조미되어
오븐에 구워져 바(Bar)등의 쇼케이스 안에 고객들을 기다리는 메뉴 한
가지로 쓰였다. 다른 지방에서도 볼 수 있듯이 그릴(Grill)한 여러 가
지 야채 또한 빠지지 않고 한쪽 자리를 차지하고 있다. 그리고 허브
빵가루에 여러 해산물을 묻혀 오븐에 구워 낸 해산물 오븐 구이 등이
따뜻하게 보관되어 판매된다. 특히 멸치를 그라탕한 요리도 눈길을
끈다. 그리고 눈길을 끄는 건 두툼하게 자른 가지를 절여 구워서 층
층히 쌓아 올린 요리인데 사이사이에 프로쉬우또 꼬토, 토마토소스,
생 모짜렐라 치즈를 얹고 오븐에서 구어 낸 요리도 유독 군침을 돌게
했다.


## 알폰소가 뽑은 최고의 도시 '아스콜리 피체노'(Ascoli Piceno)

이탈리아를 여행해 본 지역에서 가장 좋아하는 곳인 이곳은 오래
된 로마시대의 유적들과 자그마한 도시에 골목골목 아담한 집과 골
목 그리고 돌과 돌을 정교하게 맞혀진 도로가 너무나 인상적이다.

앙코나에서 아스콜리 피체노까지 열차로 직접 바로 가는 노선이 없
어 산 베네데또 델 트론토역(San Benedetto del Tronto)에서 환승을 하여
피체노(Piceno)까지 갔다. 아드리아해의 해안가 마을과 도시를 거쳐

Ascoli piceno 유스호스텔

Ascoli Piceno 유스호스텔

치비타노바 마르케(Civitanova Marche) 그리
고 포르토 다스꼴리(Porto d'Ascoli)등을 거
치면서 자그마한 해변과 항구를 끼고
있는 도시이며 가까이 비쳐지는 아드
리아해의 바닷물은 지중해와 다른 흙

탕물로 섞여 보였다. 포르타 다스톨리(Porto d'Ascoli)를 지나 자그마한
능선을 가진 산들에 예쁜 마을과 올리브 나무, 포도밭 등이 주위를
감싸고 있어 포근함을 더해준다. 아스콜리 피체노(Ascoli Piceno) 역은
아담한 시골에 간이역을 연상시킨다. 역에서 빠져나와 첫 번째 사거

Ascoli Piceno 골목

리에서 우회전하면 시내와 만날 수 있는데 도보로 15분 거리 밖에 되지 않는다.

난 이곳에 머무는 동안 숙소를 유스호스텔로 정하고 일주일 가량 보냈다. 보통 유스 호스텔을 찾는 관광객들은 휴가기간이나 여름과 겨울의 방학 시즌의 해외 관광객들이 두루 찾는다. 하지만 이 기간만을 제외하고 찾는다면 조용한 유스호스텔을 이용할 수 있다.

이곳에서는 시내 곳곳에서 유명한 광장과 유적 등 볼거리가 쉽게 펼쳐져 있다. 그중에서도 피아짜 델 포폴로(Piazza del Popolo) 광장에 노천 카페에서 에스프레소 한 잔을 단숨에 들이 마시면 여기가 내가 원하는 진정한 이탈리아구나! 라는 탄식이 나왔고 잠시 후엔 여행에 지쳐 피곤함이 밀려 들어왔다. 피곤함에는 가끔 알콜의 힘을 빌리긴 하는데 이 지역의 유명 와인을 먹어보는 것도 식문화를 알아 가는 데 많은 도움이 될 것이라 생각하여 레드 와인을 주로 마셨다. 이 지방에서 손쉽게 접할 수 있는 와인인 몬테팔코 로쏘(Montefalco Rosso)가 있고 여기에 유명한 올리브 튀김을 구매해서 와인을 음미하면서 나른한 오후를 보냈고 허기 또한 달랬다. 올리브 튀김은 짭조름했고 올리브 표면에 튀김옷이 두툼하게 입혀져 있고 소는 참치, 소고기, 돼지고기를 섞어 만들었고 퍽퍽하지도 않았고 부드러움이 더했다. 올리브의 과육도 많고 소와 옷이 조화를 이루며 관광객들의 입맛을 사로 잡고 있었고 관광객들 대부분은 한손에 봉지를 들고 안에 올리브 튀김을 꺼내 먹으면서 구경을 하는 모습이 종종 보였다. 바로 이것이 프리토 알라스콜라나(Fritto all'Ascolana)이며 아스콜리 피체노(Ascoli Piceno)의 대표적인 요리이기도 하다. 시내 곳곳의 바(Bar)를 들어가면 한곳도 빠지지 않고 이 올리브 튀김이 주력 상품인 양 한쪽을 차지하고 있다. 와인과 올리브는 환상적인 궁합인 듯 와인을 마시는 노천 카페에서는 안주로 올리브를 먹고 있는 모습도 보였다. 와인을 다 마신 후 본격적인 시내의 생활상을 보기 위해 여분의 올리브 튀김을 구입하여 살색의 종이 봉지에 담긴 올리브 튀김을 하나씩 꺼내 먹으며 해질 녘까지 걸어 다녔다.

나는 사전에 예약한 유스호스텔을 찾기 위해 지도와 주소를 번갈아 가면서 보며 위치를 찾아내어 자그마한 성의 문 앞에 도달하여 오스텔로(Ostello)라고 하는 로그를 확인하고 초인종을 눌렀다. 이곳은 바깥에서 보기에는 건물의 규모가 유스 호스텔이라고 보기에는 다소 작아 보였지만 정확히 예약된 곳이 맞았다. 간혹 각 도시에 사설 기관도 많았기에 확인을 하는 것은 필수였다. 한참 후에 한 노파가 나와 나를 반겨 주었다. 예약자 이름과 여권 번호 등을 서류에 기입한 후 방과 거실을 안내해 주었지만 나 외에는 아무도 없는 것을 확인한 후 그녀에게 다른 투숙객은 왜 없는지에 질문을 하니 성수기가 지나 지금은 없다라고 그녀는 투명스럽게 답을 주었다. 내부의 유스호스텔 규모도 작았고 남녀로 나눠진 방이 전부이며 최대 40명 정도를 투숙시킬 수 있다는 것과 백작인 롱고바르디(LongobardiI)의 저택을 개조하여 만든 곳이라는 것도 알 수가 있었다. 그녀는 내게 오래된 무쇠로 된 열쇠를 건네며 들어오기 싫을 때 그리고 나가고 싶을 때 언제든 편하게 나가고 들어오라는 말을 하고 내게 유스호스텔 열쇠를 건네 주었다. 문제가 있으면 자기의 숙소는 3층에 있다면서 초인종을 누르라고 했고 마지막 날에 숙박비 계산과 자물쇠를 주면 여권을 주겠다는 것이었다. 로마 민박집에서는 큰 방에 빼곡하게 자여진 침대에 2층까지 사람들을 받아 집단 수용소 분위기에서 생활하다보니 혼자 저택을 사용한다는 자체가 너무나 기뻤다.

다음날 본격적인 미식 관광을 다녔다. 자그마한 도시에 골목골목마다 특색이 있고 꽃과 나무 그리고 오래전부터 잘 맞혀놓은 듯 인도의 매끄러운 돌로 잘 다듬어진 바닥 등 신기한 것들이 많다. 유명한 관광지는 아니지만 관광객들의 떼가 묻지 않은 청정지역이 바로 이곳이었다. 아스콜리 피체노는 로마시대 유적지가 많다. 시내 외곽에 원형 극장이 있고 축제도 다양하게 펼쳐지는데 중세부터 내려온 말 타고 창으로 과녁을 맞추는 경기가 있어서 아주 유서 깊은 곳 중의 하나라고 들었다. 곳곳의 식료품점을 들어가면 이 지방의 유명한 재료와 와인 등을 볼 수 있는데 안티노리사(Antinori)의 솔라리아(Solalia), 티냐넬로(Tignanello) 와인은 한국에서도 고급와인으로 손꼽히는 와인으로 슈퍼 토스카나 와인들의 한 종류라고 알고 있다. 그중 티냐넬로는 한국의 유명한 회사의 회장이 명절에 임원들에게 선물로 줬다고 해서 화제가 되었던 와인이기도 하다. 그리고 아마로네 발폴리첼라(Amarone Valpollicella)도 말로만 들었던 와인들이 저렴한 가격에 주인을

저녁 메뉴

**Crostini al Salsiccia e Mozzarella**
후레쉬 모짜렐라와 소시지를 올린 크로스티니
+
**Spaghetti al Scampi e Pomodoro Ciliegie**
가재 새우를 넣은 방울 토마토 스파게티

기다리고 있었다. 와인과 재료를 구경을 하는 동안 이상한 숯불 바비큐 냄새가 내 코를 자극했다. 투명 유리창 밖으로 보이는 밖에 이동식 차에 통 바비큐가 올라와 있고 회전식으로 구워지면서 기름이 떨어지며 노릇한 식감과 냄새가 지나가는 관광객들의 식욕을 불러일으키는 듯했다. 이것이 이태리식 통 바비큐인 *포르케타(Porchetta)이다. 그것은 우리 식으로 보면 통 바비큐라고 볼 수 있는데 중부지방에서 특히 자주 볼 수가 있고 돼지고기를 넣어 바비큐하고 얇은 겹으로 잘라 무게를 달아 판매를 하기도 하며 짜투리 고기로는 빵 사이사이에 끼워서 먹는 파니니(Panini: 이태리식 샌드위치) 형태로 만들어 팔기도 했다. 나는 간단한 음식을 판매하는 와인 바(Bar)에 들러 식사를 주문했다.

크로스티니는 구워놓은 딱딱한 빵 위에 이태리 후레쉬 소세지인 살시차를 익혀서 올리고 피자치즈를 올려 진한 갈색의 식감이었고 코를 자극했다. 가재새우인 *스캄피(Scampi)는 살이 발라져 먹기에 편했으며 토마토와 은근하게 볶아진 부드러운 맛과 매우 잘 어울렸다. 특히 스파게티 삶았던 면의 간이 정확한 듯 보였다. 스파게티 면 자체만으로도 나는 이미 맛있다라고 생각하며 속으로는 감탄을 하고 있었다. 혹 여기가 이탈리아라는 이유라는 것도 있지 않을까 한다. 토마토소스가 아닌 방울토마토 몇 개 정도를 넣었을 뿐인데 단맛과 해물의 감칠맛이 면에 베어져 있었다.

벌써 이 작은 도시에서 시간을 보낸 지 3일이 지났다. 이탈리아 전역을 여행하면서 이번처럼 오랜 기간을 정해놓고 체류한 기억은 없었다. 늘 바쁜 일정과 열차 시간에 쫓기면서 많은 구경과 음식에 열

포르케타(Porchetta) 이야기

이탈리안 돼지 바비큐를 말하며 로마 근교 아리치아(Ariccia) 도시에서 유래된 요리로 돼지 뼈와 내장을 제거하고 고기, 지방, 껍질 등을 채워 마늘, 로즈마리, 휀넬(Fennel)과 허브를 가미한 소금으로 양념하고 돌돌 말아서 나무 장작에 위에서 구워낸 돼지 구이다. 구워진 고기는 파니니(Panini) 사이에 끼워서 먹기도 하며 혹은 메인 요리로도 손색이 없다. 포르케타의 또다른 유래는 트레비소(Treviso) 지역에서도 만들어 졌으며 일년 된 돼지를 도축하여 소금, 후추, 야생 휀넬, 화이트 와인, 마늘등으로 소를 채워 오븐에서 구워 만든 요리였고 오늘날은 베네토(Veneto) 지역에서도 매우 인기가 있는 바비큐요리다.

스캄피(Scampi)이야기

스캄피는 가재새우이다. 노루웨이 랍스터(Norway Lobster)나 랑고스틴(Langous tines)이라 부르며 대서양 바다 돌틈에서 자라며 유난히 집게발이 가늘고 긴 것이 특징이며 맛은 새우보다는 가재와 더 유사하다. 수프, 파스타, 메인 요리, 전채 등에 다양하게 사용된다. 신선한 스캄피를 조리했을 때는 약간의 단맛이 나지만 냉동을 시키면 이런 맛이 없어지고 반을 갈라 그릴에 구워 간단히 레몬만을 곁들여 먹기도 하며 조리된 스캄피에는 녹인 버터만을 곁들여도 맛이 난다.

정을 보아온 나지만 이 도시에는 묘한 매력에 사로잡혀있다. 엄마의 품인 듯 묘한 모성애를 자극하는 곳이다. 그동안 저녁이면 바에서 와인과 간단한 요깃거리인 아페르티보(Aperitivo: 한입크기 음식)만을 먹었고 식사다운 음식을 해보지 못했기에 갑자기 밥이라는 단어가 머릿속을 떠나지 않았다. 난 밥고픔이라는 단어에 사로잡혀 주위의 중국 식당이 있는지 확인한 후 안자마자 쌀 요리를 주문했다. 그건 다름 아닌 리소 칸토네제(Riso Cantonese)를 주문을 했다. 배고픈 여행자에게는 가격이 저렴하고 양이 많은 중국 식당은 현지식보다 두 끼 정도를 해결할 정도로 경제적으로 도움을 받는다.

　리소 칸토네제는 여행을 하다보면 고향 생각과 한식이 그리울 때 내가 찾는 단골 메뉴이다. 우리식으로 보면 중국식 볶음밥이라고 보면 된다. 밥에 완두콩과 소시지 그리고 기름에 잘 볶아진 스크램블에그(Scrambed Egg) 등으로 구성된 볶음밥으로 다소 간이 세게 나와 내 입맛에 적합한 메뉴였다. 같이 곁들일 수 있는 우리의 국 같은 수프인 계란탕이 나오는데 주문 전에 고추를 넣어서 매콤하게 해달라고 주문을 하면 이들도 한국 사람의 식성을 아는지 잘 맞혀 주곤 한다. 식사 후 계산서를 달라고 했고 내게 중국말로 뭐라 하는 듯했고 난 이태리어로 한국 사람이라서 중국말을 못한다고 말했다. 식당의 주인인 듯한 중국 아줌마는 내게 이태리어로 혹 한국 사람인데 누굴 아는지 내게 물었다. 난 여기 처음 여행하는 사람이며 알지 못한다고 했다. 아줌마는 낯선 사람과 담소를 나누는 걸 좋아하며 수다스러워 보였다. 그녀의 말은 즉 얼마 전까지 자신의 집 옆에 살았던 한국인 유학생이 타 지역으로 갔는데 이탈리아 배달원은 중국말인 줄 알고 자기네 집에 물건을 맡겨놓고 갔다고 한다. 우편물을 줘야 하는데 그 학생의 연락처가 없어서 학생에게 온 우편물을 주지 못하고 있다는 것이다. 여러 편의 소포를 가져와 내게 건넸는데 그건 다름 아닌 '열린 생각'이라는 잡지책이었고 수신자 이름이 '한숙경'이라고 적혀 있었다. 이국땅에서 한글을 보니 참 감회가 새로웠다. 작년까지만 해도 아스콜리 피체노(Ascoli Piceno)에 한국 유학생들이 많았다고 했다. 음악을 배우러 온 일본, 한국 유학생 특히 바이올린 전공을 하는 학생들이 많았는데 유명한 선생님에게 과외를 받기 위해 있었다고 한다. 그 교수가 죽자 한국인 유학생들도 하나둘씩 자그마한 시골 동네를 떠났다고 했다. 이처럼 자그마한 동네에 나 말고 한국인들이 이미 많이 거쳐 갔다는 것이 아이러니했다.

내일 아침이면 페사로(Pesaro)로 떠나려한다. 오늘 밤은 마지막으로 즐겨 찾는 와인바 그리고 정든 롱고바르디 저택에서의 마지막 추억에 잠겨야 할 것 같다. 마지막으로 저택의 방명록에 한글로 '순배 여기 왔다감'이라는 표현을 쓰고 열쇠와 숙박비를 지불하고 기차를 타기 위해 피체노(Piceno)역으로 향했다.

이 지방에서는 올리브가 유명한데 올리브의 떫은맛을 어떻게 제거하는지 궁금해 하는 학생들을 위해서 염장법을 소개해 본다.

★ 올리브 절임 (올리브 염장법)

올리베 알라스콜라나 인 살라모이아(Olive all'ascolana in Salamoia)는 아스콜라나 스타일의 올리브 염장법을 말한다.

테네라 아스콜라나(Tenera Ascolana)라는 올리브 품종을 선택하는데 이 올리브는 둥글고 통통하며 알맹이가 크고 씨가 작은 것이 특징이다. 또한 색도 연하다. 그리고 염장하기에는 포도주 제조용 나무통이나 일반 나무 통 아니면 주둥이가 큰 유리 용기 등이 필요하며 수도꼭지 옆에 두어 물을 갈기 편하거나 이동하기 편한 용기가 적합하다. 절임을 위해서는 가급적 올리브 알의 크기가 일정한 것을 선택하는 것이 좋다.

가성소다와 물을 섞어서 절인다. 물 10리터에 가성소다 200g 기준으로 섞는다. 섞은 물을 올리브에 붓는데 올리브가 모두 잠기도록 액

올리브 절임

체를 만들어 붓는다. 올리브가 떠오르지 않도록 직물 포나 포장용 나무 용기를 덮는다. 절이는 시간은 3시간 30분 정도로 하며 올리브의 조건에 따라 가감을 해야 한다. 소다가 올리브 껍질에 약간 절여졌다면 소다 물을 버리고 새 물을 받아서 소다 끼를 우려내 버린다. 이때 새 물을 받아서 30분 정도 휴식을 준 물을 사용하는 것이 적당하다. 다시 하루에 아침, 저녁으로 물을 2번씩 갈아주고 3일 동안 한다. 소다 끼가 없어진 것을 확인했다면 갈아 준 물을 버리고 염수 물을 섞어 준다. 염수 물은 물 10리터 기준 소금 800g을 넣어 염도를 맞추고 2달 후에 갈아 준다. 갈아 준 염수는 조금 연하게 할 수도 있다. 이렇게 떫은맛이 없어진 올리브 열매와 염수를 봉합하여 저장하게 되어 시식을 할 수가 있다.

★ 피체노 먹거리

피체노의 대표적인 생 파스타는 사각형 모양을 하고 있는 꽈드렐리 펠루시(Quadrelli Pelusi)가 있으며 빵집이나 생파스타 가게에서 쉽게 볼 수 있으며 작게 잘라 만들어 수프나 고기 국물에 넣어 먹기도 한다.

아스콜리 지방의 전채나 간식 등으로 먹을 수 있는 올리브 튀김인 올리바 아스콜라나 프리또(Oliva di Ascolana Fritto) 요리는 누구나 쉽게 바에서도 구입하여 먹을 수 있다. 올리브 소는 여러 가지 고기를 넣어 익혀 갈아만든 고기 단자를 채워서 만들어 진다.

마르케 주의 대표적인 빵으로 빠네 디 키아세르나(Pane di Chiaserna)

는 페사로(Pesaro), 우르비노(Urbino) 그리고 페루자(Perugia)등지에서 볼 수있는데 앙코나(Ancona) 주 도시에도 쉽게 찾아볼 수 있다. 두터운 막대 모양으로 만들어지며 피체노 지역에서는 몬테 카트리아(Monte Catria)의 샘물로 만들어진다. 특히 빵을 잘라 크로스티니(Crostini) 같은 전채 요리 등에 주로 사용된다.

빈꼬또

이 지방의 특별한 살라미로는 치아우스콜로(Ciauscolo)라고 하는 마르케 주의 마체라타(Macerata)와 움부리아 주의 폴리요(Foligno) 지방의 전통 살라미로 돼지 삼겹살, 갈비 살, 어깨살과 라드를 섞어서 만들며 소금, 통 후추, 마늘 그리고 *빈 코토(Vin Cotto: 포도 주스를 농축시킨 포도시럽) 등을 넣어 양념하여 만든 훈제, 염장 건조 살라미가 있다.

제시(Jesi) 지역에서 생산되는 그라빠 베르디키오는(Grappa Verdichio) 베르디키오 품종으로 만들며 알콜 44%도로 부케향이 농축된 것이 특징으로 볼 수 있다. 마르케 지역인만큼 송로버섯이 많이 생산되며 건대구인 스토카피소(Stoccafisso) 요리가 유명한데 대구에 감자와 올리브유를 넣어 만들고 특히 대구 퓨레는 파스타나 폴랜타(Polenta) 요리와도 잘 어우러진다.

치즈로는 포싸(Fossa)가 유명한데 마르케 주와 에밀리아 로마냐의 일부 지역에서 생산되는 치즈로 양이나 혹은 우유를 섞어서 만들기도 하며 동굴에서 숙성시켜 만든 경질 치즈로 처음에는 섬세한 맛을 내지만 매콤한 맛과 뒷맛에 쓴맛이 느껴진다. 불쾌한 숲 향이 올라오며 원산지 생산 통제를 받는 치즈이기도 하다.

와인은 라크리마 디 모로 알바(Lacrima di Morro Alba)와 베르디키오 데이 카스텔리 디 제시(Verdicchio dei Castelli di jesi) 등이 있으며 포도 주스를 농축하여 만든 빈 코토도 이지방의 특산품이기도 하다.

로마 여성의 피부 미용제 '데프루툼'(Defrutum) 이야기

데프루툼(Defrutum), 빈 코또(Vincotto) 그리고 사바(Saba)까지 같은 맥락이라고 봐야하나! 맛있는 포도즙을 얼굴에 바르다니 정말 아깝네요. 광고 문구에서도 자주 나오던데 "이제 피부에 양보 하세요" 이미 이런 문구는 로마시대부터 특히 귀족들이 선호했을 법한 행동들이었을 것이다.

고대 로마시대 요리에 포도 주스를 농축시킨 데프루툼(Defrutum), 카레눔(Carenum) 그리고 사바(Saba) 등이 존재했다. 단지 포도 주스를 장시간 불에 끓이고 졸려서 만들었고 포도 주스 원액에 2/3 정도로 조리면 데프루툼이라 했고 반으로 조리면 카레눔 그리고 1/3로 만들면 소파(Sopa)라고 불렸다.

음식의 단맛과 신맛을 첨가하고 보관을 위해서도 사용했고 특히, 젖먹이 돼지나 오리 등의 요리에 풍미를 증가시키기 위해서 많이 사용을 했다. 또한 로마시대에 가룸(로마시대 생선 액젓)과 같이 섞어서 사용하기도 했다. 이것은 로마시대 가장 인기 있는 양념 중에 하나였으며, 멜론이나 킨세(Quince: 마르멜로 열매) 등을 겨울에 보관하기 위해 이것들과 같이 저장하기도 했다. 한편 로마 여성들은 피부 미용에도 자주 사용했으며 로마 군대의 비상 식량의 보존료로서 역할을 하기도 했다.

## 토스카나에도 화이트 와인이 유명해!

★ 아레쪼(Arezzo)의 먹거리

아스콜리에서 돌아온 다음날 다시 로마에서 인테르시티(Intercity)를 타고 1시간 20분 정도를 달려 피렌체 인근에 위치한 아레조(Arezzo)로 이어졌다. 자그마한 도시에 깨끗하고 조용한 그러나 중세풍의 건물의 잔재가 남아있는 도시이다. 대성당과 교회 등도 도심 중앙에 자태를 뽐내고 있으며 골목골목이 참 아름다운 곳이다. 도시도 고대의 에트루리아(Etruscan)인들의 오래전 거점 도시임을 쉽게 알 수가 있는데 도심을 구경하다가 식재료 판매점을 들러보면 그 지방에서 주로 판매되거나 유명한 상품들을 쉽게 찾아볼 수 있는데 눈에 쉽게 띄는 제품이 올리브다. 유리병 속에 담긴 검정색 올리브 페스토는 농도가 되직하여 사용량을 떼어낸 후 풀어서 사용해야 한다. 포르치니 버섯을 볶아 넉넉한 기름에 보관되어 진열된 상품들이 대다수이다. 그리고 바질 페스토가 아닌 이태리 파슬리로 불리는 프레제몰로(Prezzemolo)를 주로 만든 초록색의 소스가 유독 눈에 띄어 여러 가지 고기 수육 요리인 *볼리또(Bollito)를 먹을 때 같이 곁들여서 먹으면 좋을 듯싶었다. 점심은 늘 빵이나 이탈리안 식 샌드위치 파니니 등으로 끼니를 주로 해결했다.

오늘은 파스타가 먹고 싶어 허름하고 자그마한 레스토랑에서 포르치니(Porcini) 소스를 곁들인 파스타를 주문하여 먹어볼까! 하고 식당을 찾기 시작했다.

자그마한 식당에서 파스타를 찾아 주문하여 허기진 배를 채웠다. 내가 주문한 메뉴는 딸리아뗄레 콘 풍기 포르치니(Tagliatelle con Funghi Porcini)였다. 포르치니 버섯의 신선한 맛과 풍부한 향 그리고 파마산 치즈로 마지막에 양념을 한 파스타로 깊고 풍부한 맛에 매료되었다.

★ 산지미냐뇨(Sangimignano)의 먹거리

나의 여행 일정은 르네상스의 화려함과 메디치(Medici)가의 혼이 살아있는 전설의 도시 피렌체와 토스카나로 이동을 했다. 늘 그렇듯이 한 도시를 여행을 하려면 숙소 선정이 가장 우선적으로 시행되어지는데 저렴한 숙박비로 아침과 저녁이 제공되는 한인 민박집을 주로 찾게 된다. 중앙역에서 그리 멀지 않은 곳을 선택하여 토스카나 주를 여행하기로 했다. 피렌체 민박에 짐을 풀고 토스카나 주의 유명한 화이트 와인 산지인 산지미냐뇨(Sangimignano)로 향했다. 피랜체 역에서 레지오날레를 타고 1시간 10분을 지나 포지본지(Pogibonsi)에서 내려 자그마한 지역 버스를 타고 가는 길목마다 능선으로 이어져있고

볼리토 미스토(Bollito misto) 이야기
송아지, 코테키노(Cotechino), 소고기, 수탉을 육수에 넣어 약한 온도에서 장시간 끓인 이탈리아 북부의 스튜로 이태리 전역에서 다양한 방법으로 조리되고 있으며 익은 고기는 얇게 잘라 바다 소금, 겨자 절임한 과일인 모스타르다(Mostarda), 향초 소스인 살사 베르데(Salsa Verde), 홀스 레디쉬(Horse Radish) 등을 곁들여 먹는다. 삶고 남은 고기 국물은 리조또나 수프 등에 같이 사용한다.

올리브 나무와 포도나무들이 즐비하게 우거져 있어 웅장한 토스카나 주의 풍경에 다시 한 번 매료될 수밖에 없었다. 버스를 탄 지 30분이 지나 도착을 했다. 도시의 입구에 내려 20분쯤 도보로 올라가야 산지미냐노 시내 중심가를 만날 수 있지만 자그마한 도시임에도 불구하고 관광객은 외진 이곳까지 많이들 찾아왔다. 시내에는 상점과 식재료를 파는 가게 등이 주로 있고 박물관과 교회 그리고 성당 등이 줄지어져 있어 관광객들의 눈길을 사로잡고 있다. 와인 상점마다 자신들의 판매 전략으로 베르나차(Vernaccia) 와인을 3병으로 묶어 12유로에 판매를 하고 있었다. 그 외에 근처에 유명 와인인 키안티(Chianti), 몬탈치노(Montalcino), 몬테풀치아노(Momtepulciano) 등의 와인도 쉽게 찾아 볼 수 있다.

그 외에 상점마다 이 고장에서 나오는 올리브오일, 샤프란이라고 하는 자페라노(Zafferano), 페코리노(Pecorino) 치즈와 돼지고기나 송아지 고기를 이용한 요리나 가공품들이 진열되거나 식당 메뉴판에 기재가 되어 있어 관광객들을 끌어드리고 있었다. 나의 와인 기행은 이제 시에나를 거점으로 토스카나 주의 와인의 깊은 매력 속에 이미 빠져 있었다.

시에나는 키안티 클라시코 와인과 몬탈치노와 몬테풀치아노 꼬무네에서 생산되는 레드 와인은 이태리 와인의 자랑이다. 먹거리로는 토마토를 넣은 수프나 콩을 넣은 미네스프라 등을 주로 먹으며 야생 수렵물을 이용한 요리나 멧돼지 스튜, 포르치니 리조또, 소고기 스테이크, 소프레싸타(Soppressata), 부리스토(Buristo) 등의 살라메 등을 먹어볼 만하며 디저트로는 딱딱한 판 포르테(Pan Forte)와 카발루치 (Cavallucci) 등이 유명하다.

몬탈치노의 피자가게

### 대단한 브루넬로(Brunello)

★ 시에나(Siena)의 먹거리

먼저 시에나를 거쳐 와인으로 유명한 몬탈치노를 지나 더 깊은 곳으로 들어가 몬테풀치아노 (Montepulciano)까지 가기로 결정을 했다.

시에나 역은 시내에서 멀리 떨어져 있어 시내까지 가는 버스를 한 번 더 이용을 해야만 했다. 시내에 내려 이 지방의 유명한 와인과 그리고 음식과 눈에 띄는 디저트 등을 볼 수가 있었다.

그중에 우리 식으로 보면 강원도 호박엿 같이 종이에 싸서 판매가 되는 *판 포르테(Pan Forte)와 칸투치(Cantucci)라고 하는 디저트가 자주 보였다. 시에나는 관광지로 유명하여 사람들이 북적북적 했다. 팔리 오 축제가 열리는 곳으로 잘 알려진 시에나는 넓은 캄포광장에서 한참을 멍하니 서있기도 하고 두오모에 들어가 내부를 감상하면서 시간을 보냈다. 몬탈치노 와인이 생산되는 그 핵심 지역으로 이동을 했다.

브루넬로 디 몬탈치노

그곳까지 가기 위해서는 다시 시에나 역까지 내려와 매표소에 문의를 해야만 했다. 버스 시간이 하루에 고작 6번 정도가 전부였고 더구나 돌아오는 막차가 6시였음을 알 수가 있었다. 버스를 타고 시에나 도심을 벗어나 능선들이 계속 이어졌고 능선들은 푸른 녹초들로 가득 차 보였는데 그것은 포도밭이다. 이곳이 전 세계적으로 이태리 와인의 자부심을 갖게 해준 브루넬로 몬탈치노의 고장이란 걸 과시라도 하는 것 같았다. 왜 미국인들이 퇴직 후 살고 싶은 최고의 도시를 플로렌스로 선정을 했을지 의심이 가지 않는 부분이 바로 이 풍경인 듯했다. 이곳은 내가 봐도 축복의 땅이 아닐까 생각을 해본다. 시에나를 떠나 버스로 능선의 산길을 두 시간 가량 달리니 몬탈치노라고 하는 푯말이 보였고 시내로 들어서니 자그마한 마을이라고 하는 것이 더 정확했다.

시내 중심에서 내려다보이는 토스카나 일대의 포도밭은 정말 웅장하고 장엄할 정도다. 마을 주변에는 온통 포도밭과 올리브 나무 등으로 뒤덮여 있고 해발 700미터라는 표지판으로 하여금 찬 기운이 느껴질 정도다. 그 넓은 대지가 그 유명한 브르넬로 디 몬탈치노를 생산하는 주요 핵심지역이다. 그중 이 자그마한 몬탈치노의 마을이 수 많은 관광객들로 매일 붐비는 곳이 되어 전 세계의 관광객들에게 위 상을 떨치고 있는 유명한 지역이다. 마을의 입구와 주변의 도로의 가 로수 길에는 참나무라 불리는 레치오(Reccio) 나무들이 양쪽 도로로 빼 곡하게 자리잡고 있으며 도토리와 비슷한 열매들이 바닥에 수북하 게 쌓여있다. 그곳의 전통 음식을 먹기 위해서는 고급 레스토랑보다 는 자그마한 트라토리아 급의 식당을 주로 찾아야만이 지역의 전통 성을 찾아낼 수가 있어 허름한 식당을 찾았다. 그곳에서 브르스케타 (Bruschetta)와 생 파스타를 시켰다. 부르스케타는 나무 도마 위에 서빙 이 되어 나왔고 말 그대로 쓰고 남은 빵을 다시 구워서 나왔는데 이 들의 빵은 원래 단단한데 다시 이것을 오븐에 구워 식혀 나온 후에 먹는 브루스케타는 너무 딱딱했지만 풍미는 나쁘지 않았다. 건조된 향초빵가루가 들어있는 파스타는 목이 메어왔고 소스가 없어서 그런 지 입안이 답답하여 파스타를 다 먹지 못했고 포기할 수밖에 없었다.

판 포르테(Pan Forte)이야기

과일과 견과류로 만든 디저트이며 13세기 토스카나주 시에나에서 처음 만들어졌으며 말 그대로 강한빵이라는 의미를 가지고 있다. 원래는 매운 맛이라는 의미를 가진 판 페파토 (Pan peppato)라는 의미를 가진 말이었다. 술과 설탕을 넣어 녹인 후 여러 가지 견과류를 넣어 만들고 얇은 팬에 굳힌다. 마지막에 가장가리에 쌀 종이로 띠를 두르고 설탕가루를 뿌려서 마무리한다. 매콤하면서도 단단한 것이 특징이며 작게 잘라 커피와 같이 먹거나 아 침 식사 혹은 식사 후 디저트로 먹기도 한다.

아름다운 자그마한 도시를 산책을 하고 외곽도로를 걷다보면 코르크 나무 가로수 주변에 관광객들은 그늘 아래에서 사진을 찍기 바빴다. 돌아가는 차편을 확인한 후 시에나를 거쳐 나는 피랜체 민박집으로 돌아왔다. 아쉽게도 몬테풀치아노는 다음 여정으로 미루고 슈퍼에서 사온 5유로 정도하는 키안티 와인을 마시며 잠이 들었다.

## 진아 누나! 날 기다린 거지?

다음날 민박집에는 반가운 손님이 와 있었다. 그건 다름 아닌 진아 누나였다. 우리는 서로가 의아해했고 한국에서 서로 이태리를 간다는 말만하고 커피숍에서 이런저런 이야기를 하면서 식사를 하며 헤어졌던 기억이 생생했다. 이렇게 일정에 맞게 피렌체에 한인 민박집에 같은 시간 때에 있을 줄은 몰랐다.

우리는 민박집에서 주는 한식으로 간단히 식사를 하고 커피를 마시며 각자의 미식 여정에 대해 이야기를 했다. 다음날 난 몬테풀치아노를 간다는 말에 그녀는 같이 가자며 다음날 아침 시에나 행 열차에 올랐다. 시에나에 도착한 시간은 11시 정도였지만 역에서 출발하는 몬테풀치아노 행 버스는 하루에 두 번이란 걸 알았다. 아침에 한번 그리고 1시경에 두 번이었다. 우리는 2시간 가량을 기다려야 했기에 시에나 시내 구경을 하기로 결정을 했고 시내에서 갑작스런 소나기를 만났다. 우리는 잠깐 지나가는 소나기이니 우산을 사는 것을 서로

꺼려했고 비를 피하기 위해 중식당에 가서 점심 식사를 하기로 했다. 볶음밥과 몇 가지 음식과 수프 정도를 주문하여 먹기 시작했는데 누나는 먹는 걸 주저했다. 음식에 너무나 많은 조미료 성분이 들어있어 못 먹겠다는 것이었다. 솔직히 난 그걸 따질 만큼 여유롭지 않았다. 그녀는 주인에게 불만을 토로했지만 새로운 음식을 해주겠다는 말을 듣지 못했고 나는 누나의 의사에 맞혀줄 수밖에 없었다.

우리는 다시 역으로 와서 몬테풀치노행 버스를 타고 비탈진 산길을 따라 3시간 가량을 굽이굽이 올라갔다. 시에나에서 몬탈치노까지 두 시간이 걸리며 몬탈치노에서 다시 한 시간을 더 가야 하는 곳이 몬테풀치아노인데 몬탈치노를 지나 피엔자(Pienza)를 거쳐서 지나는데 이곳도 경치가 탁월했으며 다음으로 도착할 정거장이 기대가 되었다.

피엔자를 지나면서 높은 기압과 추위 어지러움과 매스꺼움 등과 한 시간 가량 싸움을 해야만 했다. 난생 처음 멀미를 시작했고 갈수록 고도가 높아져 머리가 아프고 멀미에 고산 병 증세가 나타났고 버스 안에 현지인들은 아무런 느낌이 없어 보였다. 숨이 고르지 못하고 허덕이면서 극한 상황에 우리는 처하게 되었다. 우리는 낮에 비를 맞으며 거리를 돌아다녔기에 감기 증세를 보였으며 둘 다 역한 고통에 시달리며 겨우 도착했을 때는 이미 파김치가 되어 있었다. 몬테풀치아노(Montepulciano)마을은 정류장에서 내려 15분정도 올라가야 입구에 도달할 수 있고 높은 성벽으로 정상까지 둘러쌓여 있고 성벽을 따라 상점과 현지인들의 집들이 나란히 줄지어져 있었다. 골목과 골목은 중세시대의 흔적이 고스란히 남아있어 보였다. 가끔 집과 집 사이에 비쳐지는 몬테풀치나노의 포도밭은 나를 경악하게 만들었다. 웅장하고 장엄하여 와인을 좋아하는 사람이라면 이것이 흔히 말하는 비경이 아닐까 하는 느낌만이 들 뿐이었다. 나도 모르게 박수를 치며 브라보(Bravo)를 외쳤다. 몬탈치노와 비교한다면 웅장하고 고도가 높은 곳에 있어 토스카나의 산맥의 장엄함을 고스란히 가지고 있어 자그마한 도시 곳곳의 위치한 집 모서리의 낭떠러지는 이곳이 높은 언덕에 있다는 것을 다시 한 번 실감나게 만들었다.

골목골목마다 아기자기한 모습은 참 아름답다. 상점은 와인 가게, 식재료들을 파는 알리멘타리(Alimentari), 와인 저장고(Cantina), 교회, 광장, 그리고 크고 작은 레스토랑 및 핏제리아(Pizzeria) 등이 주류를 이루고 있었다. 관광객들은 비가 많이 내리는 데도 불구하고 삼삼오오 짝을 지어 다니는 모습이 보였고 가끔 일본 사람들도 눈에 띄었다. 새삼 이곳이 와인으로 유명한 비노 노빌레 몬테풀치아노(Vino Nobile Montepulciano)라는 와인 산지임을 다시 상기시켜 주는 듯했다. 나는 와인상에 들러 그들이 홍보하고 있는 이곳의 유명한 와인을 시음하는 기회까지 얻을 수 있었고 와인상들의 입구에는 오래된 오크통들이 인상적으로 세워져 있었다.

시내의 이곳저곳을 황급하게 돌아다니다 보니 낮에 맞았던 비로 인해 오한과 몸살이 찾아오는 것 같았다. 날은 어두워지고 마을 입구에 위치한 터미널로 이동했다. 같이 옆에 있는 진아 누나는 보이지 않았

montepulciano

고 비바람과 어둠이 깊게 밀려왔으며 보이지 않는 누나가 괜히 걱정이 되었다. 불러도 그녀는 대답이 없었다. 5분이 지났을까? 누나는 터미널에 먼저 와있었다. 어느덧 어두운 밤기운은 짙어만 가고 우리는 시에나 행 17:45분에 출발하는 버스를 타고 지침 몸과 씨름을 하면서 버스에 몸을 맡겼다. 한참을 왔는데 대도시의 시에나는 나오질 않았고 몬탈치노라는 푯말밖에 보이지 않았다. 어느덧 차는 마지막 정류장에 도착했는데 그건 다름 아닌 몬탈치노 였다. 그 버스는 여기가 종착역이었고 다시 여기서 시에나행 8시 20분 차편으로 갈아타야 했던 것이다. 그때 시간은 8시를 가리켰지만 막차가 떠나기까지 20분 정도 시간이 남아있었다. 우리는 지친 몸 때문에 더 이상 이동할 수 없다고 의견을 절충하고 숙소를 잡아 묵기로 했다. 정류장 옆 자그마한 호텔에서 투숙을 했고 몬탈치노 알베르고(Moltalcino Albergo)라는 호텔에 들어가 큰 방에 침대 두 개가 있는 방을 53유로(Euro)에 묵기로 했다. 우린 서로에게 피해가 되지 않도록 조용히 바스락거리지도 않고 난 더군다나 코를 골았기에 가급적이면 누나가 잠이 들면 시끄러운 포탄 터지는 소리를 내야겠다며 잠이 들었다. 하지만 이런저런 생각이 하도 많이 들어 누워만 있을 뿐 뜬 눈으로 밤을 거의 지새웠다. 다음날 아침 우리는 아침 식사를 포카치아 한 조각으로 해결했으며 조용한 몬탈치노를 둘러본 후 간단하게 점심을 먹으며 전날의 아픈 추억을 지워 내려갔다. 나는 와인 산지 위주로 여행을 하다 보니 많은 교훈을 얻게 되었다. 와인 산지를 가기 위해서는 대중교통을 이용해야 하는데 대부분의 산지는 산악지대 혹은 산속 등에 위치하여 대중교통을 이용하기에는 시간적인 제약을 많이 받았다. 다음에는 이런 계획을 하려면 자가용이 필수임을 알았고 차편을 알아보는 것도 중요하다는 것을 더욱 절실하게 느꼈다.

## 불쌍한 순임 이모

나는 피렌체에 체류하는 날이 길어졌다. 피렌체를 기점으로 하는 주변 도시들의 하루 여정으로 돌아올 수 있는 곳이라면 피렌체 민박집에 계속 머물면서 이동을 했다. 그러다 보니 빨래가 큰 걱정이었다. 민박집은 작고 말릴 곳 없고 손빨래가 힘들고 해서 모든 게 불편했다. 나는 길게는 10일 정도 한곳의 민박집에 머물기도 했기에 일을

폰테 베키아

하시는 분과 자연스럽게 친해졌다. 연변에서 와서 불법으로 일하시는 이모님들과 당연히 친해질 수밖에 없었다. 그중 순임 이모는 민박집에서 3년 동안 하루도 빠짐없이 일을 해왔고 터무니없는 월급으로 일하는 모습이 안타까웠다. 더군다나 여행객들이 아침에 나가면 집 청소와 빨래 그리고 음식 준비까지 다 그녀의 몫이었다.

　사장은 조선족이라기보다는 중국 사람으로 노동력을 착취하는 듯했다. 체류 허가증이 없는 것을 악용해서 적당한 보수도 주지 않았다. 주인 부부는 손님이 있어도 중국어로 의사소통을 했으며 이모는 점심에 한가한 시간에 언어를 배우러 구청의 무료강좌에 가려했지만 주인들은 그녀가 어디로 도망가거나 남자를 사귈지 모른다고 해서 그녀를 감금하는 수준이었다. 난 그녀가 안쓰럽다는 생각이 들었고 내가 해줄 수 있는 것은 언어를 할 수 있게 책이라도 주어야겠다는 생각에 한국에서 가지고 간 '최보선의 쉬운 이탈리아어' 책을 선물로 주었다. 그녀는 정말 고마워했다. 가끔 그녀는 밀린 빨래가 있으면 꺼내놓으라며 혹은 새롭게 만든 겉절이를 담근 날이면 여행에 지친 내게 저녁 반찬으로 챙겨주곤 했었다.

내가 이탈리아를 다녀온 지 12년이 지난 후 나의 이치이프(ICIF)학교 동기인 상성은 얼마 전에 밀라노를 여행하다가 민박집에 가서 묵었는데 어떤 이모가 나를 아는지 물어봤다는 것이다. 한국에서 왔고 요리를 한다고 하니 나를 아는지 소식을 궁금해 했다고 한다. 인연도 길고 우연성도 난발인 듯한 인생이다.

상성은 내게 이태리까지 이름을 알렸다고 하면서 농담을 던졌다.


## 시내 한 구석에 돛단배가 있다
★ 리보르노(Livorno)의 먹거리

피렌체 민박집에서 다시 짐을 꾸려 항구 도시인 리보르노(Livorno)로 향했다. 이곳 리보르노는 메디치 가문과 밀접한 관련이 있다고들 한다. 메디치 가문이 중요한 무역의 항로로 피사와 리보르노를 둘 다 이용했다는 것이다. 그건 그들의 본거지인 피렌체와 인접해 있어 해상을 이용한 무역에는 이들 도시가 안성맞춤이었다고 한다. 물론 나의 최종 목적지는 볼게리(Bolgheri)였다. 이곳은 슈퍼 토스카나 와인의 핵심 지역으로 전 세계적으로 유명한 와인 산지로 거듭난 지역이다.

볼게리를 가기 위해서는 먼저 리보르노로 갔고 차편이 없기에 하룻밤을 묵고 아침 일찍 그곳으로 떠나야만이 도착할 수 있었다. 리보르노 역에서 몇 정거장을 지나치다보면 시내 한복판에 바닷물이 들어와 있고 배들이 정박해 있는 곳이 보여 이곳이 바다와 멀지 않다는 것과 항구 도시임을 알 수가 있다. 도시 외곽에는 공장지대와 새로운 신식 건축물로 이뤄진 곳들도 많고 리보르노 역 근처에는 자동차 공장과 시멘트 공장, 다양한 공장들이 위치해 있으며 시내에는 차가 아닌 오토바이가 다른 도시에 비해 눈에 자주 띄었다. 자전거 전용도로와 신호등에도 오토바이 표시까지 있어 주 교통수단이 오토바이일 것이라는 착각까지 유발시킨다.

버스에서 내려 이곳저곳의 식재료 상을 둘러보며 이색적인 콩을 보았다. 그건 렌틸(Lentil) 콩이 한가지 색이 아니라는 것을 이제야 알았다. 주황색을 비롯하여 여러 가지 색을 띤 제비 콩이 포대에 담겨 있어 이색적이었다. 도시를 구경하다 보니 어느덧 어둠이 내려앉기 시작하여 중심가에 있는 인포메이션 정보센터를 찾아 유스호스텔의 위치와 차편까지 알아보고 버스를 타고 가기 시작했다. 유스 호스텔은

리보르노 시내

리브르노 유스호스텔

시내중심에서 3번 버스를 타고 25분 가량 차로 달려서 시내에서 한참을 지나 외곽의 한적한 마을에 도착하여 올리브 농장과 시골길을 따라 웅장한 소나무로 된 가로수가 있는 도로 주변을 지나고서야 막다른 길이 나왔다. 이제야 직감적으로 마지막 종착지임을 알 수가 있었다.

　유스호스텔은 큰 대문과 정원을 지나 마치 오래된 저택을 개조하여 사용하고 있었다. 손님들을 수용할 수 있는 방과 침대가 많아 보였다. 짐을 풀고 수많은 방과 침대가 있었지만 비수기라는 것 때문에 같은 방에 나를 포함 3명 정도가 군데군데 떨어져 있는 침대를 사용을 하고 짐을 풀어 간단한 세면도구만을 꺼내놓고 어두운 유스호스텔의 이곳저곳을 돌아다니며 구경을 했다. 옆 건물 로비 층에 레스토랑이 있는 것을 보고 습관적으로 메뉴판에 눈이 가기 시작했다. 메뉴판을 흘낏 보고 되돌아 작은 문을 통해 밖으로 나가니 주방문이 보였고 일하는 여자 요리사들의 모습이 한 눈에 들어왔다. 특유의 붙임성으로 들어가 인사를 하며 이런저런 미식 여행에 관한 이야기를 하

---

**오스텔로 레스토랑의 정찬 코스**

**Prosciutto di cinghiale e burro con ginepro**
버터와 노간주 열매 향을 가미한 멧돼지 프로쉬오또
+
**Gnocchi con salsa di ortica con faraona**
쐐기풀소스를 곁들인 뿔달과 뇨끼
+
**Carne di chianina alla contadina**
더운 야채를 곁들인 키아니나 송아지 구이
+
**Crespelle di crema al granmanier**
오랜지 리퀴르가 들어간 크림으로 소를 채운 크레페

---

고 있었다. 여기 레스토랑은 남자가 없고 모두 여성임을 알 수가 있었다. 마침 요리사들은 뇨끼를 만들고 있었고 우리의 감자보다 더 전분이 많고 뽀송뽀송해 보였고 찰질게 반죽을 하고 있었다. 주방장은 내게 오늘 저녁에 코스 요리가 나가는데 거기에 프리미 피아토(Primi Piatto) 코스에 뇨끼를 제공한다고 했고 여기에 와서 먹어 보는 게 어떠냐고 여자 주방장은 자신들의 메뉴를 추천 했다. 그녀는 참고로 외진 유스호스텔 근처에 식당이 없다며 충고까지 했다. 난 그날 저녁 선택에 여지가 없었다.

저녁 7시에 저녁 식사를 한다며 레스토랑 직원에게 예약을 했고 시간이 되니 많은 사람들이 드레스 코드를 갖혀 입고 샴페인을 먹고 있었다. 물론 테이블에는 아직 착석하지 않은 채 말이다. 레스토랑 입구에 도착하여 발포성와인과 간단한 스낵을 즐기면서 담소를 나눴다. 나는 이 분위기가 익숙하지 않아서 바(Bar) 테이블에 앉아 스투찌끼니(Stuzzichini: 자그마한 음식이나 간식)만 먹고 음악만을 주의 깊게 들었다. 오늘의 단체 손님들은 이 자리의 주선자를 기다리는 듯해 보였고 지배인은 내게 그들과 상관없이 식사를 즐기라며 레스토랑 안에 있는 자리로 안내해 주며 식사를 제공 하겠다며 말을 했다. 이태리 요리의 정찬 코스는 레스토랑에 앉기 이전에 담소를 즐기는 그들만의 만남과 화기애애한 분위기를 조장시키는 여유가 있었다.

멧돼지 프로쉬우또(Prosciutto)는 처음 본 맛으로 프로쉬우또와 구분하기가 어려웠고 지나치게 많이 제공되는 이유를 전혀 몰랐으며 노간주 나무 열매의 흔적은 더더욱 찾아볼 수 없었다. 그리고 다음 코스인 뇨끼는 쫄깃하고 말랑말랑한 질감은 있었으나 뿔닭 가슴살은 질겨서 부드러운 뇨끼와의 조화는 별로였다.

쇄기 풀은 지나칠 정도로 쓴맛을 함유하고 있었다. 소스는 독해서 한약을 먹는 듯했다.

쇄기 풀 뇨끼

다음은 메인 요리로 키안티 지역에서 생산되는 소고기 키아나나(Chianina) 품종은 정말 훌륭한 맛을 자랑할 정도로 맛도 부드러웠지만

레스토랑 주방장

고기 내부의 육즙도 충분히 풍부했다. 크레페는 겉이 딱딱하여 포크로 자르기에 민망할 정도였다. 오늘 만찬은 대체적으로 레스토랑 분위기에 걸맞지 않은 음식들이었다. 외곽의 동네 아줌마들의 주먹구구식이란 느낌이 들었지만 그중 그 지역에서 키운 재료를 이용해 음식을 만드는 훌륭한 부분들도 상당한 강점을 가지고 있었다. 리보르노의 대표적인 요리는 인접한 체치나(Cecina) 지역에서 만든 병아리콩가루를 사용해 만든 전병인 체치나가 있다. 이것은 제노바의 파리나타(Farinata)와 유사한 전병이며, 병아리 콩인 체치(Ceci)를 가루로 내어 올리브유, 물과 소금으로만 간을 하여 오븐 혹은 팬에 구워 먹는 전병 스타일의 케이크이다. 또한 루카지역의 특산품인 돼지고기와 피를 넣어 만든 살라미(Salami)인 말레가토(Mallegato)도 즐겨 먹는다.

## 내일 아침은 자갈밭으로 와인을 만나러 가자!

아침 일찍 구석진 유스호스텔에서 버스를 타고 시내로 나와 리보르노 역에 도착하여 지역 열차로 갈아탔고 한참을 가다서다를 반복하면서 갑자기 10분 정도 정차를 하고 말았다. 정차를 한 이유에 대해서는 아무런 안내 방송이 없었고 갑자기 급행열차처럼 달렸다. 다시 열차는 *볼게리(Bolgheri) 역으로 향했다. 지역 열차는 지나치게 소음이 발생했고 천천히 운행을 하고 있었고 드디어 볼게리 역에 도착하는 순간 뭔가 착오가 있구나 하는 나만이 느끼는 불길한 예감이 들었다. 이곳은 인적이 드문 한적한 시골의 간이역이었다.

역 밖으로 나왔을 때는 지나가는 버스도 정류장도 보이지 않는 인적이 드문 곳이었기에 나의 판단이 좋지 않음을 알았다. 아마 내가 이곳을 찾은 게 11월이라서 이미 포도 수확을 마무리하고 정보센터

볼게리

볼게리의 와인의 거리

도 더 이상 문을 열지 않는 것처럼 보였다. 이 일대는 평야지대로 올리브 나무, 목초지, 포도밭과 가끔 보이는 과수원이 내 눈앞에 펼쳐진 광경이 전부였다. 사씨카이아(Sasicaia)는 자갈밭이라는 의미의 와인이 생산되는 핵심 지역으로 체치나(Cecina), 산 구이도(San Guido), 도나르도(Donardo), 카스타네또 카르두치(Castagnetto Carducci) 등에서 이 유명한 와인이 생산되는 지역이다. 이들 지역들에서 와인의 거리가 조성이 되어 와인 상점들도 즐비하여 와인을 시음을 할 수도 있다. 이 정돈된 거리에서 사이클을 타는 선수들과 일반인들이 여가를 즐기는 모습도 보여 졌다.

이 지역은 도시라기보다는 소규모 마을과 마을로 이어졌다. 난 다시 버스를 타고 근처에 카스타네또 카르두치 마을에 들러 이런저런 마을의 생활상을 지켜보았다. 뜨거운 햇빛에 잠시 쉬며 커피를 마시기 위해 자그마한 바(Bar)에 들어 에스프레소 한잔을 마시며 휴식을 취했다. 지금은 3시가 넘었는데도 불구하고 바에 동네 사람들이 있어 이런저런 살아가는 얘기를 하는 듯 보였다. 그중 유독 동양인인 나에게 말을 거는 두 명의 중년의 이태리 여성이 나를 호기심에 찬 모습

볼게리(Bolgheri)
볼게리는 리보르노의 북서쪽에 위치한 카스타네또 카르두치(Castagneto Carducci)의 자그마한 꼬무네로 속해있는 마을로 슈퍼 토스카나 와인인 사씨카이아(Sassicaia), 오르넬라이아(Ornellaia) 등의 고급와인들이 생산되는 곳이다.

으로 지켜보며 수줍어했다.

　나는 한참을 그들과 수다를 떨었지만 낯선 외국인이 이탈리아 언어를 하는 것에 대해 신기해했고 여기에 왜 왔는지 고개를 저으며 갸우뚱거렸다. 나는 그녀들의 말을 듣고 와인 산지를 돌겠다는 나의 생각이 짧았다는 생각이 들었다. 그리고 와인 산지를 돌기 위해서는 차가 필요하다는 것도 알았다. 그녀들은 나의 모습을 보고 안쓰러운 듯 금세 해결책을 내놓았다. 그녀들은 자신의 차를 가지고 나를 와인 산지를 돌며 드라이브를 해주겠다고 자청을 했다. 나는 그녀들과 산 구이도의 와인상과 정보센터에 들러 간단한 정보를 듣고 그녀들과 다시 바에 들러 차를 대접하며 나는 아쉬운 와인 산지를 뒤로하고 피렌체로 이동을 했다.


## 집시들은 알폰소를 좋아해

　피렌체에서 볼로냐 행 레지오날레(Regionale)를 타고 기차칸에 외국인 3명과 합승하여 수다를 떨며 갔다. 두 명의 이탈리아인과 이라크인 한 명 그리고 나를 포함 네 명이 여행 일정에 관해 얘기를 시작했다. 우리는 유럽의 비싼 기차요금에 관한 이야기를 하면서 한 명은 인테리어 회사에 근무하고 이라크 인은 관공서에 일하는데 휴가 차 이태리 여행을 왔고 그는 전직 교사 일을 했다는 것 등등 이태리어를 사용하다가 의사소통이 원활하지 않을 경우 영어를 사용하면서 1시간 정도의 시간이 쏜살같이 지나갔다. 그들은 동양에서 온 내게 호기심을 보였다. 자그마한 체구를 한 동양인이 이탈리아 요리를 배우러 온 것에 관해서도 신기해했지만 파스타를 어떻게 하면 손쉽고 맛있게 만들 수 있는지 그들은 관심을 가지고 있었다. 그들이 어느 정도에 요리 상식을 가지고 있는지도 모르는 상황이어서 기초적인 얘기를 시작했다. 건면은 삶을 땐 소금 양이 중요하다는 것, 가령 100그람 정도 스파게티 면을 삶으려면 소금을 10그람을 넣어야 하고, 물은 1리터가 필요하며 알 덴테(Al Dente) 상태로 왜 면을 익혀야 하는지 등을 설명했다. 파스타를 덜 삶아서 소스 안에 면을 넣어 천천히 볶아지면서 전분이 소스와 잘 엉기도록 하는 방식으로 오일 파스타를 하는 것들이 *에멀젼(Emulsion)의 특징이며 먹을 때 목 넘김이 부드럽고 진한 맛을 느낄 수 있고, 우리는 파스타가 맛있다라는 표현을 쓴다고 진지하게 설명을 붙였다. 자칫하면 요리 강습을 하는 분위기로 흐를 뻔 했지만 그들은 이런 나의 모습을 보고 뿌듯해 했고 신기한 듯 좋은 직업을 가지고 있다는 식의 부러움의 표현을 지었다. 어느덧 레지오날레는 교통의 중심지 볼로냐에 도착을 했다.

★ 볼로냐의 먹거리

볼로냐는 미식의 도시인만큼 이탈리아 요리에 사용되는 양념류가 생산되어 집결되는 곳이 이곳이다. 파마산 치즈와 파르마 햄인 프로쉬우또가 파르마(Parma)와 레지아(Reggia) 지방에서 그리고 발삼식초가 모데나(Modena)에서 생산된다. 에밀리아 로마냐(Emiglia-Romagna) 주에서 생산된 양념류 및 야채 등 식재료는 대도시인 볼로냐에 모이면 음식의 빛을 더한다. 이러한 재료를 바탕으로 만들어지는 라비올리도 빠질 수 없는 먹거리 중 하나다. 특히 고기 소스인 라구 알라 보로네제(Ragú alla bolognese)에 딸리아뗄레(Tagliatelle) 파스타가 만나면 정통성 있는 요리가 탄생이 된다. 이 지방을 여행을 한다면 꼭 먹어봐야 할 정도로 유명한 음식이 되어있다. 라드(Lard)를 넣은 밀가루 반죽을 발효하여 기름에 튀겨 먹는 *뇨꼬 프리토(Gnocco Fritto), 피스타치오 등의 견과류를 넣어 만든 주황빛을 띤 소시지인 모르타델라 디 볼로냐(Mortadella di Bologna)도 맛볼 만하다.

역 주변은 늘 바쁜 사람들과 한가한 사람들이 교차를 하는 공간인 듯하다. 볼로냐에 중심거리는 비아 레푸블리카(Via Repubblica)를 기점으로 노점 상인들이 즐비하여 호객행위를 하는 사람들이 많았다. 유학 시절 자주 찾았던 피아자 마지오레(Piazza Maggiore)에서는 관광객들이 추억을 남기기 위해 사진을 찍는 모습이 흔하게 비쳐졌다. 광장

에멀젼(Emulsion)
혼탁액을 의미하며 파스타에는 기름과 물 그리고 전분이 하나가 되어 파스타 면 사이에 껄쭉한 액체가 감싸는 조리 기법을 말한다.

뇨꼬 프리토(Gnocco Fritto)
밀가루, 돼지기름, 이스트, 물, 버터를 넣어 만든 반죽을 튀긴 음식이다.

주변의 이곳저곳의 골목은 시장과 연결이 되어있고 시장 뒤편의 자그마한 공원과 라비올리와 생면 등을 주로 판매하는 상점들과 치즈, 야채와 과일 등이 있는 시장이 모두 한 곳에 모여 있었다. 나는 그 중심 거리를 무거운 배낭을 메고 양쪽 손으로 배낭의 끈을 잡고 무거운 느낌을 덜 받기 위해 노력을 하면서 걸어가고 있는 도중 앞에는 집시 남녀가 나를 주시하며 앞으로 다가오는 걸 느꼈다.

순간적으로 그들은 나의 양쪽 손을 붙잡고 돈을 구걸하기 시작했다. 갑작스럽게 일어난 일이라 당황스러워 몸부림을 쳐보았지만 그들은 막무가내로 나의 손을 붙들었다. 한참을 실랑이를 하는 도중에 근처에 있던 카라비니에리(Carabinieri: 이태리 경찰)가 와서 그들을 몰아냈고 그 덕에 난 안도의 숨을 쉴 수가 있었다. 집시 덕분에 여행에 지친 몸은 파김치가 되어 볼로냐를 뒤로 한 채 기차는 토리노로 달리고 있었다.


**아오스타(Aosta)에서는 퐁듀(Fondue)를 찾지 마!**

토리노에서 아오스타를 가는 데는 레지오날레 기차를 타고 키바소(Chivasso)와 이브레라(Ivrea)를 거쳐 2시간 10분 정도 걸렸다. 이브레아부터 추운 북부 지방이 가까이 오는 걸 알 수 있듯 주위의 산이 눈으로 뒤덮여 있고 철로 주변의 강은 이미 두꺼운 얼음으로 변해 있었고 철로를 따라 기차는 한참을 달려 중간 중간 긴 터널 속으로 들어가고 나오고를 반복했다. 여러 번의 터널들을 지나자마자 주위의 산들이 눈으로 덮인 곳들이 상당히 많아졌고 마치 동북부인 우디네(Udine)와 트리에스테(Trieste) 지역을 보는 듯했다. 기차 안에서 밖으로 보는 풍경은 지나는 곳곳마다 포도 잎이 붉게 물이 들어 마치 한국 가을의 단풍을 보는 듯했다. 먼 산위에는 방목하여 소를 키우는 농장들도 보이며 시간이 지날수록 산이 험했으며 설원으로 주위는 가득 찼다. 아오스타는 스위스를 접경하고 있기 때문에 이태리어와 불어를 공통으로 사용을 하며 관공서의 표지판도 두 개 언어로 표시가 되어 있었다. 기차에 내려 걸어가는 느낌은 시내 주위가 높은 산과 눈 덮인 산들로 인하여 더욱 찬 기운을 느낄 수 있었다. 오늘이 11월 9일인데 이들의 옷차림은 두꺼운 옷차림으로 점퍼와 외투를 입은 사람이 대다수였다. 모든 사람들이 장갑과 두터운 스카프를 착용하고 있었다.

★ 아오스타(Aosta)의 먹거리

스위스와 인접한 발레다오스타(Valle d'Aosta) 주의 도시로 추운 지방이다. 이곳의 대표적인 빵인 빠네 발도스타나(Pane Valdostano)는 발효 종을 사용하여 호밀가루, 큐민 씨나 휀넬 씨 등을 넣어 더욱 향기롭고 며칠 동안 보관이 가능하다. 파스타는 뇨끼 알라 바바(Gnocchi alla Bava)가 유명하며 밀가루와 메밀가루로 만든 뇨끼에 폰티나 치즈로 더욱 진한 맛을 낸 요리다. 산간지방에서 재배된 라즈베리나 블루베리 등의 야생과일 등도 풍부하여 과일을 이용한 잼들도 특산품으로 유명하며 작은 배가 우수하여 시럽에 절임하거나 와인에 절여 먹기도 한다. 이 지방에서만 생산되는 베우로 데 브로싸(Beuro de Brossa)는 질이 우수하여 폴랜타 요리(Polenta), 소프리토(Soffritto)나 리조또의 마지막 요리 순서인 만테까레(Manteccare)를 할 때 사용하면 버터로 훌륭한 맛을 낼 수 있다. 이 지방을 여행하다보면 노천 벼룩시장에서 볼 수 있는 커피를 끓이는 기구인 *코파 델라 아미치지아(Coppa Della Amicizia)를 볼 수 있어 카페를 즐겨 마시는 것을 알 수가 있다. 특히, 산간지방에서 쉽게 볼 수 있는 산양과 염소 등이 눈에 들어오며 양과 소고기 등을 이용한 요리도 다양하며 서양대파, 감자, 양파, 밤과 배 등도 많이 재배되는 야채와 과일이다.

발레다오스타의 대표적인 살루미인 모츠세따(Motsetta)는 소고기와 근육 혹은 염소 고기 등으로도 만들어진다. 와인은 발포성와인으로 프리에 블랑(Prié Blanc)과 모스카토(Moscato) 품종으로 만든 드라이한 와인인 무스캍 데 참바베(Muscat de Chambave) 등이 유명하다. 그 외에 추운 날 뜨겁게 달군 와인인 *빈 블룰레(Vin Brule)을 자주 마시며 올리브가 맛이 없을 때 다시 한 번 양념을 하여 먹는데 올리브에 드라이 오리가노, 이태리 고추 페페로치니 다진 것을 넣어 올리브유를 넣어 양념한 올리베 콘디멘티(Olive Condimenti)들도 상점 안에 종종 쉽게 눈에 띤다. 시내는 로마시대 극장의 흔적과 대성당과 교회 등으로 큰 건물들이 쉽게 눈에 들어왔다. 시내 뒤편은 가파른 산이 펼쳐져 있고 알록달록한 포도 잎들이 장엄한 경치를 만들고 있었으며 레저산업이

나 카지노 산업 그리고 관광산업 등이 발달하여 스키를 타는 사람들이 곳곳에 눈에 띈다. 시내 외곽에는 시장이 열리는데 우리의 오래 전 무당집 앞에 걸려있는 형용색색의 옷가지들처럼 시장 곳곳에 걸

**코파 델라 아미치지아**

### 코파 델라 아미치지아(Coppa della amicizia) 이야기

카페 알라 발도스타나(Caffe alla Valdostana= 아오스타식 커피)는 커피의 한 종류로 이태리 북부인 스위스 접경 지역 발레 다오스타 주의 도시 아오스타에서 유래된 것으로 이곳에서는 독특한 커피를 마신다. 진한 에스프레소에 그라파. 레드 와인 그리고 레몬 껍질을 섞어서 아오스타식 커피를 만들어 먹는다. 커피를 만들기 위해 전통적으로 사용했던 코파 델 아미치지아 (Coppa della Amicizia) 용기에 데워서 즐겼다고 한다. 우리가 알고 있는 카페 나폴레타노(Caffe Napoletano)의 용기처럼 말이다. 커피를 만들기 위해 전통적으로 사용해온 것으로 전해지고 있으며 현재에도 실용화되고 판매가 되고 있다.

### 빈 블룰레(Vin Brule)이야기

유럽 등지에서 주로 마시는데 특히, 이태리에서는 추운 겨울철에 또는 크리스마스, 사순절 기간에 주로 마시며 지역에 따라 넣는 와인이나 향신료도 다양하다. 빈 블룰레는 레드 와인 혹은 화이트 와인으로 만드는데 기호에 따라 와인에 넣는 향초는 다양하며 설탕, 감초, 정향, 레몬껍질, 스타 아니스(Star Anise) 그리고 만다린(Mandarin) 등을 넣어서 끓여 만들 수 있다. 이태리 중부 지방인 로마뇰라(Romagnola)에서는 빈 블룰레를 '비소'(Bisò)라고 불리며 레드 와인인 산조베제와 향초를 넣어 만들어 먹기도 한다.

### 폰티나(Fontina)치즈 이야기

알프스 산맥과 인접한 발레 아오스타(Valle Aosta) 지역의 우유로 만든 치즈로 유지방 45% 함유하고 있으며 저온 살균을 하지 않은 우유로 만들어지며 흙냄새, 버섯과 나무 향이 나는 것이 특징이으며, 로스팅한 육류나 송로버섯과 같이 먹으면 너무나 잘 어울린다. 덜 숙성된 치즈는 치즈 풍듀인 폰듀타(Fonduta)에 잘 어울리며 특히 계란과 크림을 넣어 더욱 부드럽게 만든다.

려있어 천을 파는 상점임을 암시를 하고 있었다. 아오스타는 치즈 중에 *폰티나(Fontina) 치즈가 유명하다. 스위스 하면 전 세계적으로 치즈 요리인 퐁듀가 유명하다는 걸 누구나 다 아는 사실이지만 퐁듀는 그뤼에르 치즈를 이용하여 빵 조각을 찍어 먹을 때 늘어나는 질감을 낼 수 있다. 하지만 이탈리아 식 퐁듀는 폰듀타(Fonduta)라고 말하며 늘어나지 않는 반 경질의 치즈인 폰티나 치즈를 사용한다. 하루 전날 우유에 작은 알갱이로 자른 치즈를 담가 놓고 다음날 불에 서서히 가열하면 치즈가 쉽게 녹는다. 물론 폰티나만 그렇게 하는 것은 아니다. 단단한 후레쉬 파마산 치즈도 같은 스타일로 만들 수가 있다.

시내를 걷다가 상점에 들러 폰티나 치즈를 구입하여 시식을 했다. 치즈도 두 가지 타입으로 나눠지는데 돌체(Dolce: 부드러운 맛) 맛와 포르테(Forte: 강한 맛)한 두 가지 맛이 있고 시식 후 강한 맛의 한 겹을 구입하여 시내를 구경하면서 조금씩 떼어 먹고 다녔다. 부드러우면서도 짠맛과 톡 쏘는 맛을 볼 수가 있으며 폰티나 치즈를 가지고 간편하게 만들어진 소스도 마트에서도 판매가 된다.


### 키바소(Chiavasso) 공무원을 본받아라!

11월 9일 점심시간까지 아오스타에서 구경을 한 후 토리노로 돌아오는 길목에 있는 키바소에 들렸다. 이 지역은 평야지대로 옥수수 재배를 하고 난 옥수수 대와 나무숲과 밭작물들이 잘 자라는 곳으로 보였다. 옥수수 대를 돌돌 말아 놓은 더미가 군데 군데 자주 보였다.

　기차에 내려 시내 쪽으로 걸어갔다. 자그마한 소도시로 깨끗하고 걸어가는 내내 신선한 공기로 발걸음이 가벼웠고 여행으로 지친 몸이 힐링(Healing)이 되는 듯했다. 도시는 유명한 관광지는 아니었지만 시내 곳곳의 정보센터가 눈에 띄지 않았다. 주민들에게 여러 번을 물어서 우리식으로 한다면 구청에 관광과 정도에 정보 센터의 역할을 하는 부서가 있으니 원하는 정보를 찾을 수 있다는 말을 들었다.

　구청 앞에 많은 사람들이 대기하고 있었다. 다름 아닌 제3국의 이주민들이 체류허가증을 갱신하거나 만들기 위한 절차를 원하는 사람들로 북적거렸고 그들 중 몇 사람은 기다림에 짜증이 나있는지 투덜거렸다. 관내 이정표에 관광 사무소라고 쓰인 이정표를 찾아 3층에 올라가 담당 공무원을 만났다. 나를 편하고 상냥하게 맞아준 로베르타(Roberta)의 업무는 말 그대로 관광 촉진을 위한 업무를 시행하는 일을 맡아 했다. 나처럼 정보를 얻으려는 사람에게 안내를 해주는 일을 하는 사람은 아니었다. 하지만 외국인으로서 자신의 고장을 알겠다는 취지 하나만으로 그녀를 찾아온 이방인에게 많은 관심과 배려 그리고 친절함을 베풀어 주었다. 그녀와 대화를 나누면서 그동안 이탈리아의 관공서와 정보센터를 통틀어 제일 친절하고 백일 우월주의를 표출하지 않았다는 것이 난 너무 기분이 좋았다. 심지어 키바소의 유명한 요리가 소개된 책자와 인터넷에서 자신의 고장이 소개된 부분을 출력하여 보기좋게 파일처리하여 내게 건네주었다. 그리고 키바소의 포스터 몇 장을 얻어 친절함에 반했다는 말과 매우 고맙다는 얘기를 하며 헤어졌다. 속으로 '한국의 동사무소 공무원들만 봐도 얼마나 불친절한가? 물론 불친절한 사람은 일부겠지만'이라고 생각했다.

키바소는 자그마한 꼬무네(Comune)이지만 피에몬테에서 유명한 디저트인 개암나무 열매인 헤이즐넛과 흰자, 설탕으로 만든 노치올리니(Nocciolini)가 있고 2년에 한 번씩 토리노에서 열리는 살롱 델 구스토 디 토리노(Salon del Gusto di Torino)에서 맛에 대한 인정을 받고 있다.

피에몬테 여정은 토리노에서 마감을 한 후 다시 토스카나로 건너가는 길목에 있는 알렉산드리아(Alesandria)로 향했다. 이곳은 국내 '일 꾸오꼬 이탈리아 요리학원'에서 전임강사로 근무를 하던 시절 외국인 셰프 특강을 했던 '살바토레 셰프'가 근처에 호텔을 가지고 있는 곳이기도 했다. 난 반신반의하며 기대를 했지만 그와는 연락이 되지 않았다. 한국에서 떠나오기 전에 연락이 되었다면 좋았겠지만 말이다. 그가 건넨 핸드폰 번호와 호텔로 전화해도 직접적인 통화가 어려워 끝내 만나지 못했다. 하지만 알렉산드리아 시내를 구경해야겠다고 다짐을 하며 반나절을 걸으면서 혼자만의 시간을 보냈다.

알렉산드리아 역을 빠져나오면 넓은 공원이 나오며 공원을 가로질러 가다보면 누군지 모를 큰 동상이 한복판에 자리하고 있다. 공원을 빠져나오면 군데군데 교회와 성당이 자리하고 있으며 도시 입구엔 큰 강이 흐르고 주위는 평야와 공장지대가 펼쳐지는 것이 이 도시만의 매력이다.

## 다음 여정은 그로세또(Grosseto)

알렉산드라에서 그로세또까지는 인터시티(Intercity) 열차를 타고 북부에서 중부로 이동하는 데는 4시간이 걸렸다. 여행에 지치고 피곤함과 무기력함이 같이 몰려왔다. 주위는 다른 토스카나 주와 마찬가지로 언덕과 구릉지에 펼쳐진 장관을 볼 수가 있다. 그로세또 시내는 작은 도시로 특히 큰 종탑들을 많이 가지고 있는 성당이 보였고 시내 한 복판에 위치해 있는 현대식 아파트가 보여 현대화 물결에 휩싸인 듯했다. 정보센터를 찾는 것은 정말 힘들었다. 걷고 묻고 찾아간 곳은 무려 역에서 걸어 30여 분이 지난 후에 도착할 수 있었으며 매우 친절한 직원들에게 그로세또의 지역이 담긴 예쁜 포스터를 몇 장을 얻을 수 있었다.

★ 그로세또(Grosseto)의 먹거리

그로세또의 먹거리는 *아쿠아코따(Acquacotta), 산토끼 고기를 이용하여 만든 라구소스를 딸리아뗄레 면에 버무려 먹는 요리가 유명하다. 비트와 리코타 치즈로 소를 채운 토르텔리(Tortelli)가 있으며 산토끼, 멧돼지 그리고 꿩 등을 기초로 한 요리들이 많다. 마렘마(Maremma)의 디.오.치(D.O.C) 와인들과 같이 곁들이면 최고의 맛을 느낄 수 있다. 특히 카프리노(Caprino) 치즈도 맛을 볼 만하다.

## 중국인이 많은 곳 피스토이아(Pistoia)

★ 피스토이아(Pistoia)의 먹거리

피랜체에서 레지오날레를 이용하여 30분 걸려 피스토이아에 도착하는 순간 역과 플랫폼에 전부 동양인인 중국 사람들이 많이 보였다. 마치 근처에 차이나타운이 형성이 되어있는 것처럼 보였다.

대표적인 살라미는 돼지피를 기초로 만든 부리스토(Buristo), 시에나의 친타(Cinta), 야생 휀넬 향이 가미된 돼지고기로 만든 살라미 피노키오나(Finochiona) 등도 있다. 디저트로는 판 포르테(Pan forte) 디 피스토이아(Panforte di Pistoia)가 있으며 꿀과 콘페티(Confetti)도 빼놓을 수 없다. 그리고 디저트 과자류인 찰다(Cialda) 종류인 브리기디니 디 람포

아쿠아코따(Acquacotta)
토스카나주의 전통적인 야채 수프 중에 하나다.

그로세또의 파스타 스트로짜프레티 축제
자! 이제 떠나볼까요! 토스카나 주 그로세또의 자그마한 꼬무네인 로카스트라다(Rocastrada)로 go go.
매년 6월이면 이 지역에서 파스타 축제가 있다. 그건 '스트로 짜프레띠' 라고 하는 생 파스타가 있다. 물론 간단한 라구 소스와 토마토소스만으로 곁들여도 좋다.
축제에서는 즉석에서 면을 삶고 소스를 끼얹어 손님에게 제공을 하기도 하고 생생한 오케스트라의 음악을 들을 수 있으며 요리도 즐길 수 있는 축제다. Strozzapreti는 '신부의 교살자'라는 의미를 가진 말로 손으로 만든 생면이다. 이면은 에밀리아 로마냐, 토스카나, 움부리아 주 등지에서 먹는 파스타이다.

사탕가게 입구

레키오(Brigidini dI Lamporecchio)와 몬테카티니(Montecatini)의 찰다(Cialda)
도 유명하다.

　이곳저곳을 헤매다가 관광용품을 파는 가게에 유독 눈에 띄는 과자
인 사탕류들이 많아 보였다. 정보센터는 시내 중앙에 위치해 있었고
그곳에서 피스토이아의 요리와 미식 관련하여 정보를 얻고 그중 이
지방에 아주 오래된 특산품이 콘페티(Confetti)라는 사탕이라는 것과
오래된 공장이 있다는 사실을 알 수가 있어 위치와 상호 명을 적어
책자에 적힌 거리를 찾았다. 시내 골목에 위치한 가게는 자그마했고
입구로 들어가 사탕 맛을 본 후 주인 할머니에게 만드는 공장을 보고
싶다고 하니 그녀는 흔쾌히 나를 그녀의 비밀스런 주방으로 안내해

주었다. 그녀의 말해 의하면 거의 100년이 되어가는 가게라고 했고 기계 내부에는 설탕입자들이 굳어 있고 동의로 된 재질임을 알 수가 있었다.

제조에서 포장과 판매까지 그녀 혼자가 모두 맡아서 하고 있었다. 할머니는 결혼도 하지 않아서 자식이 없고 혼자서 늘 일을 해왔다고 내게 털어놓았다. 그녀가 아쉬워하는 건 일가친척들이 일을 배우려 하지 않는다는 것이 두렵다고 한다. 앞으로 가업이 끊어질까 걱정을 하고 있었다. 잠시 후에 나 말고 외국인이 애를 데리고 여러 가지 사탕을 사러 들어왔다. 여러 종류의 콘페티와 알록달록한 색상의 사탕과 견과류 등에 설탕을 입힌 것들이 진열되어 있는 사탕을 보며 대부분 아이들이 더 사달라고 부모들에게 떼를 쓰는 모습들이 종종 보였다. 나는 자그마한 사탕 한 봉지를 구매하여 할머니와 인사를 하며 다른 행선지로 이동을 했다.

사탕과 사탕기계

# 피노키오의 여행은 콜로디(Collodi)에서

★ 모테카티니(Motecatini)의 먹거리

피스토리아 역에서 다시 레지오날레 열차를 타고 15분 정도 가니 모테카티니(Motecatini) 중앙역에 도착을 했다. 이곳은 삼림욕이나 휴양지로 유명한 곳인데 주변의 많은 숙박시설과 영화관과 상점 등이 즐비하게 늘어서 있다. 중앙역에 거리를 따라 올라가다보면 공원과 조깅코스가 잘 조성이 되어 있으며 상점들 앞에는 이상하게도 모두 목각으로 만들어진 피노키오 인형이 걸려있었다. 뭔가 피노키와 관련된 것이 있을 것 같아 정보 센터를 찾기로 했다. 여기저기 책자에 피노키오가 그려져 있었고 안내원에게 이런저런 질문을 하고 그 이유를 알아냈다. 20분 거리에 있는 콜로디라는 지역에 피노키오 공원이 있다는 것이다.

1883년 카를로 콜로디(Carlo Collodi)에 의해 탄생한 피노키오의 모험(Le Avventure di Pinocchio)은 이탈리아의 유명한 동화다. 바로 작가가 여기 지역 이름을 필명으로 지어 사용하였다. 이 공원에는 피노키오 모험 안에 나오는 등장인물들이 전시되어있고 전 세계에서 그들의 언어로 출판 된 피노키오 책들이 전시되어 있다. 단연 한글로 출판된 책이 눈에 쉽게 띄었다. 해외에서 보는 한글은 애국자가 된 듯 가슴이 뭉클했고 소름이 돋는 듯 정말 기뻤다. 한국어 판은 오래전 한국인 기자가 방문한 후 각 나라로 번역된 책은 많은데 한글판이 없어서 그가 한국으로 돌아간 후 여기로 보내주었다는 얘기도 들었다. 그 말

을 듣고 가슴이 뭉클했고 바로 이
것이 국위 선양이 아닐까 싶었다.

나는 모테카티니 중앙역 부근의
바에서 점심 나절이 길긴 했지만
오랫동안 머물렀고 공원으로 나와
좋은 공기도 마시며 삼림욕을 했
고 뭔지 모를 허전함을 찾아 다시
바에 들러 마실 것을 찾다가 몬테
카를로라고 쓰인 와인레이블을 보
고 주문 후 한 잔 두 잔을 마시며
취해 버렸다. 그 외에 레드 와인

피노키오 책

으로 말바시아, 카베르네 프랑, 산조베제 등의 품종을 섞어서 만든
와인인 몬테카를로도(Montecarlo) 맛을 볼 만하다.


## 루카(Luca)라는 말은 너무 흔해!

★ 루카의 먹거리

물론 루카라는 사람 이름은 정말 많다. 사람 이름과 도시 이름을
종종 혼동할 때가 있다. 루카는 피렌체 주변에 위치한 도시로 불과
1시간 정도면 열차로 쉽게 도착할 수 있는 곳이다. 도시는 마치 대
형 원형극장의 축소판으로 어느 외곽에서 들어가더라도 시내 중앙

에 들어설 수 있다. 외곽에서는 오래전에 쌓아서 무너진 성곽의 흔적도 보인다. 루카는 올리브오일로 유명한 지방으로 특히 라 그로타(La Grotta)라고 하는 회사가 유명하다. 지금이야 한국에도 수많은 올리브유가 이탈리아, 스페인, 그리스 그리고 지중해 국가에서 수입된 것들이 많지만 15년 전만에도 몇 안되고 좋지 않은 이태리 제품들이 들어왔다. 필리포로 시작하는 브랜드는 그 오래전에 한국 내에 수입이 된 제품 중에 하나로 루카 근교에서 만들어진 올리브유 제품이다.

이 지역에서 생산되는 보리인 파로 델라 가르파냐나(Farro della Garfagnana)는 수프나 * 키쉬(Quiche) 그리고 루카 지역의 콩과 야채류 등과 섞어서 전통요리에 많이 사용된다. 또한 루카의 평지인 베르실리아(Versilia)에서 생산된 노란 빛을 띤 향이 좋은 올리브유가 생산된다. 루카 근처 가르파냐나(Garfagnana) 지역에서 만든 돼지 피를 넣은 살라미인 비롤도(Biroldo)가 있다. 이 살라미는 돼지고기, 머리, 심장, 피, 혀와 휀넬, 계피, 고수 등의 스파이스(Spice)를 넣어 만든다.

대표적인 파스타로는 스트란고찌(Strangozzi)와 가르가넬리(Garganelli) 파스타와 유사한 겉부분의 홈집이 안으로 말려있는 면인 마케론첼로(Maccheroncello)가 있으며 고기와 감자를 넣어 계란과 빵가루를 입혀

키쉬(Quiche)
키쉬는 페스츄리 반죽에 야채, 해산물, 고기등을 넣어 조리한 파이 류를 말한다.

튀긴 완자 모양의 음식인 폴페띠 알라 루케세(Polpetti alla Luchese)가 있다. 페코리노 치즈는 숙성 정도에 따라 존재하는데 세미 스트라지오나또(Semi Stragionato: 반 숙성)와 몬탈치노의 인근지역인 피엔자(Pienza)에서 생산되며 스트라베키오(Stravecchio: 오랜 숙성) 정도도 있으며 또한 향초나 페페론치노(Peperoncino)를 넣어 만들기도 한다. 디저트로는 크라페 디 봄보니에라(Kraper di Bomboniera)가 있는데 원형의 튀긴 빵 안에 슈크림(Crema Pasticceria)을 넣어 도너츠 모양으로 튀겨 분설탕을 뿌린 디저트다. 식사 빵과 같이 제공되는 토스카나 지역의 전통음식으로 마치 바삭한 콘칲 형태인 브리기디니(Brigidini)도 이 지역을 대표하는 음식들이다. 상점에서는 소또 오일(Sotto Oil)의 한 종류로 파프리카에 앤초비와 케이퍼를 넣어 올리브에 저장한 음식도 눈에 쉽게 띈다.

★ 프라토(Prato)의 먹거리

이 지역은 밤이 풍부하여 가루를 내어 파스타에 사용되고 감자를 넣은 또르뗄리(Tortelli)가 유명하며 수프 종류로는 빵을 넣은 미네스트라(Minestra)와 레볼리타(Rebollita)가 있으며 간을 갈아 만든 파테(Pat'e)를 구운 빵 위에 올려먹는 크로스티니 콘 페가티니(Crostini con Fecatini)도 즐겨 먹는다. 디저트로는 비스코티(Biscotti)와 칸투치(Cantucci)를 들 수 있다. 와인 산지인 카르미냐노(Carmignano)에서는 레드 와인, 로제와인 그리고 빈산토(Vin Santo)까지도 생산이 된다.

## 메디치(Medici)가(家)의 피가 흐르는 곳 피렌체

★ 피랜체의 먹거리

중앙역을 기점으로 걸어서 불과 10분 정도면 피렌체 가죽 시장이 자리하고 있다. 이곳 주변은 늘 관광객들과 전 세계 상인들이 모여 상품을 사고팔고 하며 늘 와자지껄하다. 피렌체의 대성당 주변과 우피치(Ufici) 박물관 그리고 폰테 베키아(Ponte vecchia)를 건너 피티(Pitti) 궁전까지 모든 관광객들은 이러한 노선으로 줄지어 다닌다. 늘 이곳을 피해 다녔고 가끔 폰테 베키아에서 흐르는 강물을 보며 휴식을 취하기도 했다. 내가 찾았던 피렌체의 중앙시장은 2층 건물로 되어있었고 지인들의 선물을 사기 위해 가죽 시장에서 상인들과 물건 값을 흥정을 한 후 허기진 배를 채우기 위한 것도 있지만 식재료를 보며 공부를 했다. 이곳은 정말 살인적인 물가다. 그 유명하다는 피렌체 성당 주변의 아이스크림 가게나 핏제리아(Pizzeria)에서 파는 것들은 외곽에서 파는 값의 두 배 정도였다. 가급적이면 이 주변에서는 좋아하는 콜라도 구입하지 않았다.

피랜체(Firenze) 하면 세계의 육식 마니아들의 침을 흘리게 하는 티본 스테이크가 유명한 도시다. 키아니나(Chianina) 소 품종을 이용한 스테이크로 두툼하게 자른 뼈가 달린 고기를 숯불에 직접 구워 가벼운 소스와 아니면 간단한 소금과 후추로만 간을 하여 맛을 낸 스테이크가 유명하다. 이태리 내에서 재배되는 샤프란인 자페라노(Zafferano)는 최고의 질을 자랑하며 피랜체와 시에나를 걸친 여러 꼬무네(Comune)

에서 생산되는 키안티 와인은 전 세계적으로 이탈리아 와인을 알리는 데 중요한 역할을 한 와인들이다.

파스타는 스파게티보다 두꺼운 면으로 손으로 직접 밀어서 만든 길고 두툼한 생 파스타인 피치(Pici)가 있다. 라비올리 종류로 중국식 만두인 딤섬 모양을 하고 있고 내용물을 채워 보자기를 싼 모양을 하고 있는 파고띠니(Fagottini)도 눈에 띈다. 그리고 에밀리아-로마냐(Emiglia-Romagna) 주의 페라라(Ferrara) 지역의 전통과자로 빵 반죽을 7cmx7cm 크기를 잘라 오븐에 구운 얇은 과자 류인 뇨고 푸리또(Gnocco Fritto)처럼 유사한 레 쉬아체 디 훼라라(Le Schiacce di Ferrara)가 있다. 스틱과자로 식사 전에 먹는 그리시니(Grissini)는 원래 피에몬테(Piemonte)의 전통적인 식사 빵인데 피랜체 시내에서는 그린 올리브를 넣은 그리시니가 판매가 되는 것을 볼 수 있었다. 튀김 종류를 파는 로스티체리아(Rosticeria)에는 카르도(Cardo:아티쵸크와 유사한 엉겅퀴과의 식물) 튀김도 보였다. 프리토 디 카르도(Fritto di Cardo)는 야채 겉의 가시를 제거하고 다듬어서 밀가루와 계란 옷을 입혀 만들었고 내 눈에 쉽게 띄었지만 식욕을 당기는 식감이 아니어서 망설였다. 카페 한쪽에는 우리식으로 보면 피클에 해당 되겠지만 이들에게

생 파스타 피치(Pici)

는 피클이 없다. 여러 가지 야채를 와인식초에 절여 전채 요리로 즐겨 먹는 음식인 '자르디니에라 알라 아체토 디 비노'(Giardiniera alla Aceto di Vino)라는 전채 요리가 투명한 유리 용기에 담겨 판매가 된다. 또한 구워진 빵 위에 내장 등을 조리하여 만든 파테(Paté)를 딥(Dip)으로 올려 제공하는 요리인 토스카나의 크로스티니(Crostini)가 있는데 특히 비장과 간을 빠테(Paté)로 만들어 위에 올려서 먹는데 비위가 약한 나에겐 늘 혐오 대상이었다.

살라미(Salami)로는 소 혀를 소금물에 산을 넣고 삶아서 만든 것으로 링구아 살미스트라따(Lingua Salmistrata)가 있으며 돼지 피, 지방과 향신료를 넣어 만들었고 토스카나 지역의 전통 살루미인 부리스토 디 시에나(Buristo di Siena)도 간간히 눈에 띈다.

내가 좋아하는 디저트 종류도 많은데 원형의 쿠키로 버터, 밀가루, 설탕, 아몬드, 계란과 베이킹 파우다를 넣어 만든 쿠키인 라 델리지에 디 메리(La Delizie di Meri)는 바치 디 다마(Baci di Dama)와 유사한 쿠키로 서로 같은 모양의 크기를 붙여 겉에는 초콜렛을 뿌려 만든 쿠키다. 헤이즐넛, 계란, 설탕, 오렌지 잼과 초콜릿을 넣어 만든 소르프레사 디 루이사(Sorpresa di Luisa), 링 모양의 쿠키로 '황소의 눈'이라는 의미를 가진 쿠키로 옥수수 전분, 바닐라, 계란, 밀가루, 버터와 잼을 넣어 만든 쿠키인 오끼 디 부에(Occhi di Bue)와 토스카나에서 유명한 쿠키로 호박색의 데운 빈산토(Vin Santo)와인에 적셔서 먹는 것이 최상의 궁합을 가진 칸투치니(Cantuccini)가 있다. 나는 그중 칸투치니를 구입해 먹기 시작했지만 지나치게 딱딱해서 한 개 이상 먹지 못하고 하루 종일 배낭 속에 담고 있다가 민박집에서 다른 한국인 여행객들에게 주곤했다.


## 선희의 단독 무대 쿠네오(Cuneo)

토리노에서 쿠네오까지는 기차를 타고 1시간 30분 정도면 도착을 한다. 쿠네오는 세계대전 당시 국경과 인접한 이유만으로도 도시는 많은 피해를 본 지역으로 도시 전체를 보더라도 오래된 고성이나 유적지를 찾아보기 힘들다.

시내 중심에 있는 공원 내 많은 조형물이 있는데 유독 눈에 띄는 건 폭발물을 형상화한 조형물이다. 도시는 지나치지 않을 정도로 현대화가 되어 보였으며 이 도시를 찾은 건 10월 초 정도였고 밤 축제가 이곳저곳에서 열렸다. 선희 누나와는 이미 연락이 되어 몇 시차를 타고 간다고 전화까지 하고 기차역에 내렸다. 역 주변에 나 외에 동양인은 한 명도 보이지 않았다. 그녀는 없었고 전화 통화를 한 후 일을 하고 있다는 것을 알았다. 그녀는 호텔 이름과 위치를 설명해 주며 찾아오라며 전화를 끊었다. 길거리의 여러 이탈리아 사람들에게 여러 번을 물어서 호텔 로비에 도착을 하게 되었다. 그녀는 주방이 아닌 호텔 로비에서 연장과 철사를 자유자제로 조였다가 풀기를 반복하고 그것도 능숙하게 크리스마스 트리를 만드는 작업을 하고 있었다. 이것이 어떻게 된 것인지 궁금하기도 했다. 그녀는 요리학교 동기로 취업을 했다면 주방에서 칼로 씨름을 해야 할 시간인데 그녀는 취업이 되지 않아 파트타임으로 이런저런 일을 하다가 손재주가 있는 그녀에게 호텔 여사장은 로비에 사용할 트리를 그녀에게 직접 맡겼다는 것이었다. 그녀는 하던 작업을 정리를 하고 나와 집으로 향했다. 집에 들어서는 순간 반가운 손님이 있었다.

학교 동기인 진아 누나가 얼마 전에 피자 스쿨을 듣기 위해 이태리에 왔는데 놀러왔다는 것이다. 이태리에서 그녀와는 두 번째 만나는 것이어서 감회가 새로웠다. 그날 밤 선희 누나는 우리를 위해서 그동안 이태리에서 갈고닦은 요리를 하여 한상 차려 놓았다. 그중 제일 손이 간 것은 쥬키니호박으로 만든 토르타 살라타(Torta Salata: 쥬키니 호박 파이류)였다. 적당하게 익히고 구워서 부드러웠고 간 또한 우리 입맛에 맞아 부드러움과 담백한 맛이 조화로워 저녁을 맛있게 먹었다. 저녁 식사가 끝난 후 호텔로 나를 데리고 갔고 내일부터 호텔 주방에서 스테이지 생활을 할 수 있는지, 그리고 일하는 동안 호텔 객실에서 묵을 수 있는지 등에 관해 호텔 여 사장에게 확답을 받았고 우린 다시 누나의 자그마한 방에서 수다를 떨기 시작했다.

그녀가 첫 스테이지 근무를 했던 곳이 이곳의 호텔 레스토랑이었다. 그녀는 아직까지 여기 이태리에 머물고 있어 여러 가지 일을 해왔다. 요리사로서 호텔 내 코디네이터로 일을 하고 있었다. 한국 내에서는 간호사로 오랜 경력을 가지고 있었고 힘든 간호사 생활을 하면서 패밀리레스토랑 주방업무를 오랫동안 해왔다. 난 그녀를 보면 대단한 슈퍼우먼이라 생각을 했다. 또한 요리에 대한 열정 또한 대단했고 내가 그녀를 쿠네오까지 찾아 간 건 10월 초 정도인데 종이로 꽃을 접는 일로도 생계를 이어가고 있었다. 뒤늦게 들은 이야기지만 만든 꽃이 상점에 진열을 해놓아도 잘 팔리지가 않아 이치이프(ICIF) 요리학교의 발디 선생님이 손수 이것을 팔아 주기도 했다는 소식도 들었다. 그는 예순 살이 가까이 된 총각이며 한국 여성들에게 매력을 느끼는 것 같았다. 선희 누나 집에는 진아 누나와 발디 선생이 나를 맞아 주었다. 진아 누나는 한국에서 떠나기 전 잠깐 만났는데 나와 같은 일정으로 이태리를 여행할 생각으로 이태리에 먼저 들어와 있었다. 이렇게 저녁은 네 명이서 선생과 제자들이 모여서 저녁 파티를 열었다. 발디의 이런저런 요리 인생 얘기와 선희 누나의 쿠네오 삶과 진아 누나와 나의 한국 내의 이탈리안 요리사의 적응기 등을 이야기하면서 시간 가는 줄을 몰랐다. 저녁 식사 후 선희 누나는 나를 호텔 사람들에게 소개를 시켜주었다. 여사장, 주방장과 주방 스텝 등과 인사를 나누고 내일부터 주방에서 일을 할 수 있다고 하며 숙소인 호텔 객실을 빌려주었고 내게 객실 키를 건네주었고 문단속을 철저히 하라는 식의 주의사항까지 들었다. 다시 선희 누나 집으로 돌아와 우린 시간 가는 줄도 모르게 밤새 술과 음료 그리고 과자를 먹으면서 수다를 떨었다.

## 쿠네오 별급 레스토랑 로베라 팔라쪼(Lovera Palazzo)

다음날부터 호텔에서 짧은 기간이지만 스테이지 생활을 시작했다. 이곳 호텔 주방 인원은 고작 5명이다. 주방장을 포함하여 프리모(Primo: 파스타 요리), 세콘도(Secondo: 메인요리), 전채와 디저트 담당 그리고 보조와 설거지 아줌마를 포함하여 적은 인원으로 운영을 하는 곳이다. 능숙하지 못한 나의 이탈리아어 실력이지만 유독 셰프가 하는 말은 두세 번을 반복하여 들어야만이 이해가 가능했다. 그는 프랑스인으로 발음이 불어 발음이 섞여 있고 어미가 연음현상이 강해 발음을 알아들을 수 없었다. 단어 단어들을 주의 깊게 듣지 못하면 이해가 어려웠다. 그가 내게 매일 하는 말은 조심 조심이라는 말밖에 하지 않았다. 실습을 하고 있기에 안전사고가 발생하면 나에게는 큰일이기 때문이다. 다치면 너만 힘들다. 여행자에게 보험도 없고 하는 식의 말을 한다. 나는 각 포지션을 돌아다니면서 보조 역할을 하면서 일을 배웠다. 하루는 프리모(Primo) 다른 하루는 세콘도(Secondo) 그리고 안티파스토(Antipasto: 전채 요리)와 돌체(Dolce: 디저트) 등을 배우면서 주방 보조 역할을 했다.

Lovera 장난 꾸러기 직원들

로비에서 트리 작업을 하던 선희 누나는 호텔 직원들에게 내가 얼마나 잘하는지 어떤지에 대해서

Lovera 레스토랑

Lovera 주방 직원들

모르게 묻고 다녔다. 한참 지난 후에 같이 선희 누나 집에 있었던 진아 누나로부터 들은 얘기지만 내가 일을 잘한다는 얘기를 듣고 시샘을 하는 눈치였다고 진아 누나는 말을 건넸다.

로베라 팔라쪼 주방의 메뉴 중 전채 요리는 전형적인 베네치아에서 먹었던 염장대구 요리로 염기를 제거하여 삶은 감자와 넉넉한 올리브유와 파마산 치즈로 맛을 내서 튀긴 감자와 같이 제공되었다. 삶은 소 혀는 얇게 슬라이스하여 여러 가지 야생 샐러드와 두 가지 소스와 같이 곁들여서 제공되던 샐러드였다. 메인 요리는 양 안심을 삼겹살로 말아서 허브와 소금을 뿌린 후에 스테인리스 팬에 올리브유를 넉넉하게 두른 후 로즈마리와 으깬 마늘 그리고 월계수 잎과 같이 진한 갈색이 나도록 구웠고 오븐에 익힌 후 팬에 나온 육즙에 레드 와인을 넣어 조린 후 약간의 농후제라 불리는 리예종(Liaison)을 넣어 농도를 잡아 고기에 뿌려 손님들에게 제공을 했다. 나는 선희 누나 덕분에 2주 동안 호텔에서 먹고 자며 편하게 스테이지를 마감했다. 주방 스텝들은 모두 친절했고 자상하게도 알려줬고 농담과 진담을 번갈아 가면서 나의 요리 실력에 문제를 삼았던 적도 있었고 나름대로 배운 것도 많았고 미식 기행에 좋은 추억으로 남을 것 같았다.

★ 쿠네오의 먹거리

쿠네오하면 우리에게 익숙한 치즈 등이 생산되는 곳이다. 인근 지역에서 만든 브라(Bra), 숙성정도에 따라서 붙여진 이름으로 조바네(Giovane)와 베키오(Vechio)두 종류가 있는 카스텔마뇨(Castelmagno), 무라자노(Murazzano), 무카(Mucca: 황소 유)로 만든 연질 치즈인 투민(Tumin) 그리고 연질치즈로 매운 맛을 가진 라스케라(Raschera) 등이 주로 생산되는 지역이다. 이태리 전 지역에서 최고의 품질로 인정받는 쌀인 *리소 아케렐로(Riso Acqerello)가 생산되는 공장이 있으며 피에몬테 주의 대표적인 레드 와인인 바롤로(Barolo)가 이곳의 근처에서 생산되며 또한 와인 산지로 유명한 랑게(Langhe)와 로에로(Roero) 지역이 근접해 있어 질 좋은 와인을 값싼 가격에 맛볼 수 있다. 이 지역에서 사육되는 카루(Carrú)라는 송아지 품종을 거세하여 품질이 좋은 육질을 만들어 내며 발레 스투라(Valle Stura) 지역에서 키운 우수한 양고기를 이용한 육류 요리를 시식하는 것도 좋을 듯하다.

리소 아케렐로 평야

디저트로는 야채 기름과 옥수수 전분으로 만든 식용종이로 코페타 (Cöpeta)가 있어 디저트 요리에 사용된다. 특히 성당에서 신도들에게 제공하는 것인 오스티아(Ostia)가 쉽게 눈에 띄며 피에몬테의 전통 디저트로 헤이즐 넛, 깐나 꿀(Miele di Canna), 레몬 껍질 등을 섞고 굳혀 층층이 쌓아 올리는데 층별로 차이를 두는 건 오스티아 종이다. 이 디저트는 요즘에는 일 년 동안 먹지만 오래 전에는 한 성자를 추모하기 위해 정해진 날에만 먹었다고 한다.

### 리소 아케렐로 이야기

이탈리아 베르미첼리(Vermicelli)라고 하는 평야에서 재배되는 이쌀은 "아꿰렐로"(Riso Acquerello)라고 한다. 이 지역은 쌀 재배에 적합한 조건을 갖추고 있는데 비옥한 대지와 풍부한 물을 가지고 있어 질 좋은 쌀을 생산을 하고 있다. 리조또 쌀인 카르나롤리(Carnaroli) 품종으로 기존 쌀보다 더 맛이 풍부하고 섬세하다라는 평가를 받고 있다. 세계적인 셰프들 헤스턴 블루멘탈, 올도니등 스타셰프들도 부터 그 품질을 인정 받고 있다.

쌀은 론돌리노 가족들 (Famiglia Rondolino)에게서 전통이 이어져 콜롬바라(Tenuta Colombara)라는 회사를 차려 세계적인 상품을 만들어 내고 있다. 그들은 말한다. "누구나 이 쌀로는 리조또 요리를 쉽게 할 수 있다."고 그 외에 차가운 샐러드 요리에 아란치니, 스페인의 파에야 요리 등 세계적인 쌀 요리에 활용이 가능하다고 말한다.

# 단호박 소스 펜네

## Penne con Panna di Zucca e Taleggio

**TIP**

고소하고 달콤한 맛의 팬네 파스타로 특히 여성들이 좋아하며
독특한 딸레지오 치즈 냄새가 식욕을 자극한다.

재료
단호박 100g, 다진 양파 20g, 생크림 200㎖
버터 10g, 볶은 잣 10g, 파마산 치즈 10g
펜네 80g 다진 이태리 파슬리 3g, 딸레지오(Taleggio) 치즈 20g


이렇게 만드세요

**1** 단호박은 스팀으로 쪄서 1/3은 주사위 모양으로 자르고 나머지는 체에 내린다.

**2** 팬에 버터와 다진 양파를 볶고 생크림과 단호박 퓨레를 넣고 끓인다.

**3** 삶은 펜네 면을 넣고 딸레지오 치즈, 파마산 치즈와 소금 후추로 간을 한 후 접시에 담아낸다.

**4** 마지막에 다진 잣을 뿌린다.

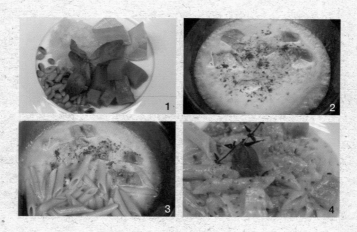

# 알폰소 와인의
# 향에 취하다

로베라 팔라쪼의 스테이지를 마감한 후 미친 듯이
며칠 동안 외지고 험한 와인 산지를 찾아 미식 기행
을 떠났다. 쿠네오에서 버스를 타고 알바(Alba)로 여
정을 옮겼다. 이 도시는 요리를 하는 사람이라면 아
니 음식에 관심을 갖는 분이라면 도시 이름은 한 번
쯤 들었을 법한 이름이다. 서양 요리의 3대 재료에
속하는 송로버섯인데 그중 흰색의 송로버섯이 이곳
에서 채취되어 가장 월등하게 품질이 우수할 뿐만
아니라 다른 지역에 비해 생산량도 많다.

## 땅속의 다이아몬드가 쏟아지는 알바(Alba)

★ 알바(Alba)의 먹거리

로베라 팔라쪼의 스테이지를 마감한 후 미친 듯이 며칠 동안 외지고 험한 와인 산지를 찾아 미식 기행을 떠났다. 쿠네오에서 버스를 타고 알바(Alba)로 여정을 옮겼다. 이 도시는 요리를 하는 사람이라면 아니 음식에 관심을 갖는 분이라면 도시 이름은 한 번쯤 들었을 법한 이름이다. 서양 요리의 3대 재료에 속하는 송로버섯인데 그중 흰색의 송로버섯이 이곳에서 채취되어 가장 월등하게 품질이 우수할 뿐만 아니라 다른 지역에 비해 생산량도 많다. 매년 9월과 10월 사이에 전 세계 레스토랑 관계자들이 모인 자리에서 그해 채취한 송로버섯이 경매가 붙여지는데 엄청난 가격에 판매가 되어 세계적으로 매년 이슈화되곤 했다.

몇 년 전 알바 지역의 카스텔로 디 그린자네(Castello di Gringiane) 지역에서 진행된 자선 경매 중 900g 크기의 커다란 송로버섯이 홍콩에 살고 있는 한국인 이모 씨에게 10만5천유로(약 1억6천 만원)에 팔렸다는 뉴스 보도로 국내 미식가들에게 많이 알려진 지역의 버섯이다.

알바 시내에 도착했을 때는 이미 어두워지기 시작하여 저렴한 호텔을 찾기 시작했다. 하지만 하루 숙박하기에 적합한 금액과 타협하기가 쉽지 않아 발품을 많이 팔아야 했다. 알바 시내는 내 고향 김제시

처럼 30분만에 다 돌아다닐 정도다. 시내 중심가의 호텔들은 깨끗하고 맘에 들었지만 내가 투숙하기엔 하룻밤의 비용이 매우 비쌌다. 이곳저곳의 저렴한 가격의 호텔을 구하다 보니 시내와는 동떨어질 수밖에 없었다. 외곽의 호텔 중 허름한 레오네 오로(Leone d'Oro)라 황금사자라고 쓰인 호텔은 저렴한 가격이 마음에 들었다. 가격이 저렴했지만 불편함이 많았고 화장실은 있지만 샤워실은 없고 우리 식의 자그마한 여인숙 개념이었다. 다음날 아침 피에몬테의 유명한 와인 중 하나인 바르바레스코 와인을 만나기 위해 한적한 바르베라스코 마을까지 여정을 잡았다. 오전일 찍 시내에 있는 관광 안내소를 들러 가는 차편과 위치를 확인한 후 한참을 생각에 잠겼다. 아침과 저녁 두

번 버스가 운행하는 곳이어서 아침 편은 이미 떠났기에 망설였다. 안내 직원에게 알바 시내에서 그곳까지 거리를 물었다. 무려 15km 정도가 된다고 한다. 나로서는 산책과 걷기를 좋아했기에 걸어가기로 일단 마음먹었다. 시외로 빠져 나가는 곳에 큰 마트가 있었고 약간의 물과 청포도 그리고 딱딱한 빵 하나를 사서 배낭에 넣어 움직이기 시작했다. 한참을 걷고 있는 내 모습이 처량해 보였다. 인적도 드문 곳에 배낭을 메고 도로 모퉁이를 이용해 걸어가고 있으니 차를 타고 가는 사람들에게 이상한 눈초리의 대상이 된 것 같았다. 가끔 친절한 사람을 만나면 차창을 열고 '어디 가냐? 차에 타라' 하는 식의 호의를 받은 적도 있지만 젊었고 마냥 걷는 것을 좋아했던 나였다. 도로 양쪽의 구릉지나 언덕이 모두 포도밭이라고 하면 믿을 수 있겠는가! 가는 길목마다 새로운 느낌의 포도밭이 펼쳐졌다. 이 거리 이름이 스트라다 모스카토 다스타(Strada Moscato d'Asti)로 거리가 붙여진 모양이다. 특히 포도가 익어가는 계절에 도로를 지나간다면 익어가는 모습과 향에 이미 취해 버릴 정도다. 포도밭과 나무의 간격이 일정하고 잘 정돈이 되어 보기 좋아 보였다. 마치 바둑판의 일정한 간격처럼 거리와 포도밭의 간격이 일정했다. 푯말도 쉽게 눈에 띈다. 바르베라스코(Barbaresco)가 다가올 쯤 포도밭이 많아지고 구릉지도 많지만 시끄러운 개소리도 자주 들린다. 난 정말 싫어한다. 적막을 깨는 것도 있지만 겁 많은 내가 한적한 시골 마을을 거닐 때는 그들은 늘 앙숙이다. 지금은 10월 중순이었기에 이미 벤데미아(Vendemia: 포도수확)는 종료가 되었고 포도 잎이 알록달록 해져 가을임을 알 수가 있었다. 바르베라스코 마을은 정말 작은 곳인데 여기에 와이너리, 몇 개의 상점 그리고 와인박물관, 오래된 성곽과 연결된 시계탑 등이 이곳을 대표하는 건물들이다. 시계탑으로 올라가다 보면 성곽 뒤편으로 먼 곳의 강이 보이는데 그곳이 피에몬테의 포도밭의 생명의 젓줄인 포(Po)강의 하구가 아닌가 싶다. 이곳은 자그마한 마을이지만 '안젤로 가야'(Angelo Gaja)라는 유명 와이너리도 영업을 하고 있고 독일어를 쓰는 관광객들이 시음을 하며 시끌벅적했다. 와인 박물관에 들러 바르베라스꼬의 역사를 보고 약간의 와인 시음을 했다. 박물관 밖에 부착된 버스 이정표에 위치한 버스 시간표를 보고 알바 시내로 가는 마지막

와인의 거리(바르바레스코)

버스가 얼마 남지 않았음을 알 수가 있었다. 버스는 시골 마을을 모두 들러서 가는 듯했고 중간에는 초등학생들이 무더기로 탔다가 다시 내리기를 반복하여 1시간 정도 걸려 알바 터미널에 도착을 했다. 시내를 구경하다가 식료품점을 보면 이 지역의 어떤 것들이 유명한지를 알 수 있다. 유독 송로버섯으로 가공된 제품들이 상점마다 단골로 진열되어 있다. 물론 검정 송로버섯이다.

그리고 노치올레(Nocciole: 헤이즐넛) 등이 많이 생산되어 가공하여 만든 토로네(Torrone: 누가「nougat」)가 유명하고 케이크도 만들어 판매가 된다. 지금 있는 알바 인근 지역은 와인으로도 유명한 곳들이 많다. 알바 위쪽으로는 아스티(Asti), 몽페라토(Monferato) 가 있어 발포성 와인인 아스티 스푸만테(Asti Spumante), 모스카토 아스티(Moscato Asti)가 유명하고 아래로는 랑게(Langhe) 지역과 전 세계적으로 명성을 떨치고 있는 바롤로(Barolo) 와인이 묵직하게 자리를 잡고 있어 와인 애호가들의 발길이 끊이질 않는 곳이기도 하다.

버섯이 풍부한 도시인만큼 요리와 재료 등에 버섯 향을 가미한 제품들도 많은데 주사위 모양으로 자른 토모치즈를 검정색 송르버섯과 같이 병속에 넣어 만든 투부(Tubu)라는 제품도 있다. 그리고 살라미를 병속에 넣고 오일과 검정색 송로버섯을 넣어 마리네이드를 한 제품인 살라미니 알 타르투포 (Salamini al Tartufo)도 빼놓을 수 없다. 검정색 송로버섯을 넣은 아몬드, 블랙올리브 페이스트 (Crema di Oliva e Mandorle con Tartufi) 혹은 흰색 송로버섯을 넣은 포르치니 퓨레(Crema di

Funghi Porcini al Tartufi Bianca) 이런 퓨레는 파스타 소스나 빵에 딥(Dip)으로도 쉽게 먹을 수 있도록 만든 제품들이다. 폴리에 디 그라노 바롤로(Foglie di Grano Barolo)는 얇은 소 혀 모양의 빵이다. 그리시니(Grissini)와 유사한 형태의 빵으로 30cm 정도의 크기로 일명 *링구아 디 수오체라(Lingua di Suocera)로 불린다. 파프리카를 넣어 만든 링구아 알라 디아볼라(Lingua alla Diavola)도 있다.

튀김 종류로는 단맛의 세몰리나를 설탕과 우유를 넣어 서서히 익힌 후 계란과 빵가루를 입혀 튀긴 음식인 프리토 미스토 몬테제(Fritto Misto Montese)와 허브와 양파, 야채를 넣어 얇은 동그란 모양으로 전을 부쳐 판매가 되는 음식인 프리따떼 디 에르베떼(Frittate di Erbette)도 배고픈 여행자들의 허기진 배를 채워준다.

링구아 디 수오체라

링구아 디 수오체라(Lingua di Suocera)
시어머니의 혀를 의미하는 말로 고부간의 사이가 안 좋은 며느리가 이것을 먹으면서 시어머니와의 갈등을 해소시켰다는 유래를 가지고 있는 과자이며 파스타도 같은 모양으로 존재한다.

# 늘 친숙한 그곳 아스티(Asti)

★ 아스티의 먹거리

이곳은 나에게 너무나 친숙한 곳이다. 자그마한 시골 도시이기에 더 깊은 정이 든 곳이다. 요리학교를 다니던 중 3개월 동안 이곳에서 불과 40분 거리에 떨어져 있는 코스띨리오레 다스티(Costigliole d'Asti)에서 생활을 하면서 수업이 없는 날에는 주말 장터에 매번 와서 구경을 하곤 했다. 어린 친구들은 1주일 동안 굶주린 하이에나처럼 햄버거와 콜라를 먹기 위해 장터 공원의 패스트푸드점을 찾았고 난 매번 식재료를 보고 또 보며 현지의 훌륭한 식재료에 감탄을 했었던 기억이 떠올랐다. 상인들은 시골 곳곳에서 생산된 치즈, 올리브 열매, 야채류 등을 자판에 깔고 장사를 했다. 따뜻한 10월의 햇빛을 막기 위해 상인들과 천막을 치고 장사를 하는 골동품 가게 아저씨 그리고 삼류 비디오물이나 음란 서적을 파는 아저씨들도 하나같이 여행자인 내가 보기에는 각자의 삶 속에서 여유로움을 즐기는 모습이었다. 이런 분들도 한가한 자신의 삶을 즐기는 모습을 보았고 나의 서울 현실 생활과는 참 다르다는 생각밖에 들지 않았다. 한 시간 가량 옛 추억을 생각하며 시장을 헤매다가 올리브오일에 저장한 식품을 보았다. 보통 야채를 절여 올리브오일에 저장을 하지만 시장에서 본 것은 절인 그린 올리브와 주꾸미를 같이 절임하여 병속에 담아 판매하는 것이었다. 이런 가공품은 처음 본 듯하여 신기하기도 했고 양파를 통째로 때운 것도 시장 한 구석을 차지하고 있었다.

아스티는 피에몬테주의 맛의 근원이자 뿌리라고 해도 손색이 없을 정도로 미식의 풍부한 재료를 간직한 도시다. 와인, 살루미 류, 쌀요리, 디저트, 흰색 송르 버섯, 파스타 그리고 육류 요리 등 다양한 요리의 전통을 가지고 있다. 특히 풍부한 포도가 재배되어 포도즙을 이용해 과일을 절여 만든 모스타르다 디 아스티(Mostarda di Asti)가 유명하다. 디저트로는 아스티 와인, 노른자와 설탕을 이용한 자바이오네(Zabaione)도 빼놓을 수 없다. 풍부하게 재배되는 쌀로 인해 오리 가슴살을 이용한 리조또와 고기 소를 넣어 만든 아뇰로티(Agnolotti)라고 하는 라비올리도 이 지방만의 독특한 맛을 가지고 있으며 앤초비, 올리브오일, 마늘을 기초로해서 만든 바냐 카우다(Bagna Cauda) 소스를 이용한 요리도 맛을 볼 만하다. 요리만큼이나 아스티 와인은 세계적인 것들이 많은데 돌체또(Dolcetto), 그리뇰리노 다스티(Grignolino d'Asti), 코르테제 델 몽페라또(Cortese del Monferrato) 등 다양하다.


## 내온의 도시 토리노(Torino)

★ 토리노의 먹거리

토리노는 친숙한데 비해 잘 아는 곳이 드문 장소이다. 토리노의 중앙역 근처의 맛있는 초콜릿을 파는 상점이나 대형 서점 정도만이 친숙하게 느껴질 뿐이었다. 역에 내리자마자 정보센터에서 토리노 시내에 마파(Mappa:지도)를 얻고 유스호스텔의 위치가 정확히 지도상에 어디에 위치해 있는지 확인을 부탁했다. 또한 역 주변에서 유스호스텔까지 가려면 버스 노선이 어떻게 되고 몇 번을 타야 하는지를 물었다. 이제는 이 질문들만은 쉽고 마치 암기를 하며 던지는 말처럼 이태리어가 술술 잘 나왔다. 이번에도 다른 곳과 마찬가지로 버스로 30분 타고 10분 정도 걸어서 유스호스텔에 도착을 할 수 있었다. 간단한 투숙 절차를 마치고 침대에 짐을 정리하고 로비에 커피 자판기가 있어 1유로 하는 카푸치노 버튼을 누르니 와우라는 감탄사가 절로 나왔다. 원두를 바로 갈아서 뜨거운 우유와 같이 내려오면서 진한 커피 향과 함께 액체가 쏟아졌다. 마치 전문 커피 기계에서 뽑아내는 것과 다름이 없어 보였다. 이곳은 신식 건물이어서 자는 동안 찬바람이 들어오지 않을 거라 생각하여 난 신이 났다. 그동안 곳곳의 유스호스텔은 오래된 건물을 사용하고 있어 늘 춥다는 생각밖에 들지 않았다. 이태리의 유스호스텔의 반 이상이 오래된 건물을 보수하지 않고 바로 방을 만들어 손님을 맞기 때문에 관리도 허술하고 건물이 오래되어 매우 추웠다. 이곳은 깨끗하고 따뜻해서 정말 좋았다. 커피 한 잔으로 여행의 피로를 풀고 잠을 청했다. 다음날 아침 오스텔(Ostello: 유스호스텔)로 투숙비에 포함된 아침 식사인 빵과 간단한 음료를 먹고 토리노 시내를 구경하기 시작했다.

토리노는 오래전부터 초콜릿이 유명한 도시 중에 한 곳이며 중앙역 주변의 큰 상점들은 그들에 맞게 독창적이고 다양한 형태의 과자와 초콜릿을 판매하고 있다. 피에몬테의 주의 각각의 소도시의 특산품은 토리노 시에서는 좀 더 세련미 있게 포장하여 대도시 인들과 관광객들의 입맛을 사로잡고 있다. 내가 찾은 시점은 큰 축제를 맞이하는 모양이었다. 도시의 중앙 거리에는 다양한 네온 불빛의 레일이 있어 밤하늘을 수놓은 듯 볼거리를 선사하며 마치 라스베이거스의 환락의 거리를 연상할 만했다. 상점에는 조각 피자를 파는 곳들과 직접 주문과 포장이 동시에 진행되어 판매하는 테이크아웃 피자집도 등장하여 잠시 동안 나의 시선을 집중시켰다. 원래 이태리는 배달문화와 테이크아웃 문화가 형성이 잘 되지 않았던 곳인데 이곳은 대도시인지라 배달이라는 형태가 성업을 하는 것 같다.

토리노는 초콜릿이 유명하다. 크레마 잔두이야(Crema Gianduja), 바롤로 와인, 커피와 우유 그리고 초콜릿이 층층이 들어가 만들어진 따뜻한 음료인 비체린(Bicerin), 파스타인 소채운 피에몬테의 라비올리인 아뇰로티(Agnolotti)와 직접 생 반죽으로 만든 딸리아텔레면보다 얇은 타야린(Tajarin) 등도 쉽게 눈에 띈다. 또한 앤초비를 이용한 따뜻한 소스인 바냐 카우다(Bagna Cauda)를 먹길 권한다. 2년마다 토리노에서 슬로푸드 협회에서 개최되는 살롱 델 구스토(Salon del Gusto)가 있고 여행하는 관광객들에게 훌륭한 먹거리와 볼거리가 제공되어 시간 내서 찾아 볼 만한 미식의 도시임을 알 수가 있다.

토리노에도 다양한 치즈와 가공품들이 있는데 연질 치즈를 크림화시켜 연어를 넣어 만든 치즈 제품인 트론케또 알 살모네(Tronchetto al Salmone)가 있다. 또한, 연질 크림치즈 류에 여러 가지 말린 향초와 올리브 열매를 넣어 만든 전채도 있다. 연질 치즈가 아니더라도 리코타 치즈를 방금 만들어 여러 가지 향초를 섞어 만든 치즈 가공품들도 쉽게 찾아볼 수 있다. 버터가 들어갔다는 의미를 가진 말로 모짜렐라 치즈 안에 버터를 넣거나 모짜렐라와 생크림으로 만든 혼합물을 안에 넣어 만든 후레쉬 치즈인 브라따(Burrata)가 있다. 훈제한 물소 젖 모짜렐라 치즈도 보인다. 또한 랑게(Langhe) 지역에서 유래된 치즈로 소, 양 또는 염소유로 만든 반 연질 치즈로 스트라키노(Stracchino)류의 치즈는 견과류와 야생과일 등을 넣어 맛을 내 판매가 되는 로비올라 (Robiola) 치즈도 있다. 특히 제노바 지역에서 보이는 고기 껍질 안에 계란, 콩, 라드(Lard), 간, 살코기 등을 넣어 만들어 굳힌 요리인 치마 알라 제노베제(Cima alla Genovese)도 눈에 들어왔다. 이탈리아는 지역 색이 강하여 다른 지방의 것을 선호하지 않는데 요즘은 그렇지도 않은 듯 보였다.

이태리식 라타투이로 튀긴 야채에 토마토소스를 넣어 끓여 만든 야채스튜인 카포나타(Caponata)도 선호하며 여러 가지 빵들이 보였지만 눈에 띈 것은 빵 표면에 분설탕이 가득 뿌려진 마르지판 스톨렌 (Marzipan Stollen)이었다. 그것 외에 내 눈을 사로잡은 재료들이 있었다. 다떼리(Datteri)라고 하는 것이 있는데 대추야자로 원산지는 아랍 지역에서 주로 생산되는 과일이다. 설익은 것은 자주색을 띠며 떫은맛이 있고 씨가 크며 주위에 얇은 섬유질들로 감싸져 있다. 익으면 검정색을 띠고 단맛이 난다. 주로 디저트 요리에 많이 사용된다. 그리고 알

케리(Alcheri) 라고 하는 꽈리 모양을 한 과일로 표면이 건조된 잎 속에 노란 열매가 달려있고 새콤달콤하며 씨가 씹혀서 맛이 독특했다. 베네토(Veneto) 주의 독특한 파스타인 비골리(Bigoli)는 기계에서 압축하여 만든 생 파스타로 부카티니(Bucatini)처럼 두꺼운 파스타이며 전통적으로 메밀가루와 오리 알을 넣어 만든 전통 파스타로 토스카나 주의 피치(Pici) 면과 유사한 면으로 피에몬테(Piemonte)에서도 종종 보인다.

## 아레나(Arena)에서 로미오와 줄리엣이 춤을 춘다

★ 베로나의 먹거리

베네토(Veneto) 주는 이태리를 여행한 여러 주에서도 마음에 드는 곳 중에 한 곳이다.

베노나(Verona) 시에는 오래된 오페라극장인 아레나(Arena)가 있다. 이 곳은 로미오와 줄리엣의 전설이 살아있는 곳이며 도시는 편안한 느낌과 도시 전체의 온화한 색조의 건물들을 가지고 있어 시내 중앙을 지나다 보면 나 또한 차분해지는 것 같다. 또한 깨끗해 보이는 고성의 이미지가 아주 잘 드러나고 우아한 자태를 뽐내고 있었다. 시내 외곽에서 다리를 통해 강물을 건너 산 밑까지 갈 수가 있고 폰테 폴트라(Ponte Poltra)에서 바라보는 야경은 숨을 잠시 멈추게 만든다. 시내 외곽으로 강물이 쭉 흐르며 마치 피렌체에 폰테 베키아(Ponte Vecchia)와 유사한 모습을 하고 있다. 내가 머물렀던 유스호스텔은 산

베로나 유스호스텔

밑의 오래된 성을 개조하여 만든 곳인데 굉장히 많은 인원을 수용할
수 있는 시설을 갖추고 있었다. 난 오래간만에 만난 동양인들에게 말
을 건네지 못했다. 난 수줍음을 많이 타는 총각이었다. 로비에서 한
국인 서너 명이서 한국말을 쓰는 모습에 너무 부러웠다. 우연히 보게
된 방명록에서 '사랑해요 한국'이라는 그들의 자취를 보고 가슴이 뭉
클해짐을 나도 모르게 느꼈다. 베네토 주의 북쪽에 있는 도시를 여행
할 때면 이곳 유스호스텔을 많이 이용했는데 베로나 역에서는 기차
로 가는 노선들이 많기 때문이었다. 여행에서 돌아와 베로나 시내를
거닐 때면 유독 비를 많이 맞게 되는데 베로나 시는 관광지를 빼고는
조용한 편이어서 오래된 성곽에서 강물을 바라보는 여유를 즐겼으며

배고픔과 리소(Riso: 쌀)가 그리울 때면 시내에 있는 값싸고 조미료 맛이 많이 나는 중식당으로 달려 가곤했다. 그건 다름 아닌 리소 칸토네제(Riso Cantonese)이다. 우리식으로 보면 중국식 볶음밥이다. 이것만으로 나의 점심 식사는 너무나 훌륭했다. 점심을 매번 바게트와 생수 한 병으로 해결하는 것 보다 호사한 만찬이라 생각을 했기 때문이다.

베로나의 대표적인 음식은 칠면조, 닭고기와 화이트 와인을 넣어 만든 주파 스칼이게라(Zuppa Scaligera)가 있으며, 버터소스로 맛을 낸 뇨끼 알 부로(Gnocchi al Burro)도 있으며 생면인 비골리를 만들어 정어리로 맛을 낸 비골리 콘 레 사르디네(Bigoli con Le Sardine)와 말고기 스튜인 파스티나다 데 카발(Pastinada de caval), 여러 가지 고기를 삶은 수육에 후추 치즈 소스로 맛을 낸 볼리토 콘 라 페페라타(Bollito con La Peperata)도 맛보길 추천한다.

크리스마스 케이크인 판도로(Pandoro), 부활절에 주로 먹는 브레사델라(Bressadella)가 있고 와인은 바르돌리노(Bardolino), 소아베(Soave), 발폴리첼라(Valpolicella), 아마로네(Amarone) 등이 유명하다.


## 안락한 마을 소아베(Soave)

★ 소아베(Soave)의 먹거리

다음날 아침 나는 소아베 마을에 가기 위해 버스 노선을 알아냈다. 시내 정류장에는 너무나 많은 노선이 있어 어디가 어딘지 모를 정도

소아베

소아베 성

로 복잡했다. 소아베는 한국에서 매우 잘 알려진 베네토 주의 화이트 와인 생산지이며 와인 이름으로도 잘 알려져 있다. 버스를 타고 가는 내내 낯선 곳의 모습이면서도 와인 산지가 높지 않고 평지에 가까운 곳임을 알 수 있었다. 베로나 시내에서 한 시간 가량 가는 곳으로 무척 가까웠다. 소아베는 마을 이름이기도 한데 정말로 자그마한 마을이다. 차에서 내려 정류장에서 걸어 20분정도면 상가나 상점이 있는 중심에 도착할 수 있고 와인으로 유명한 피에몬테나 토스카나는 주의 와인의 테루와보다는 완만하고 평온한 지형이 이색적인 모습을 띠고 있다. 능선들로 많이 이어진 반면 이곳은 평지에 가까워 도로 옆에는 무수히 많은 포도나무들이 나를 반길 뿐이었다.

소아베 마을은 고성으로부터 내려 뻗은 벽으로 둘러싸여 있으며 성으로 오르는 길목에도 포도나무가 즐비하게 보이며 가는 길목마다 자갈밭이 많아 성벽을 오르는 사람들을 지치게 만든다. 고성과 작은 언덕들이 소아베 마을을 둘러쌓고 있어 아늑하고 포근한 느낌을 준다. 성 위에서 바라보는 마을은 이태리 특유의 주황 빛 건물과 지붕들이 내 마음을 한결 차분하게 만든다. 이태리는 전 세계적으로 유명한 레드 와인이 많은데 그중 유독 레드 와인의 명성에 뒤처지지 않을 화이트 와인인 바로 소아베이다. 토스카나 주의 칸투치와 유사한 쿠키인 기오띠니(Ghiottini)는 아몬드를 넣어 두 번 구운 쿠키다. 그리고 브리오쉬와 유사한 빵인 트레치아(Treccia)는 꽈배기 모양으로 성형하여 굽는다.

## 내 마음을 요동치게 하는 곳 바르돌리노(Bardolino)

★ 바르돌리노의 먹거리

베로나 시내에서 버스를 타고 한 시간 그리고 도보로 10분 정도 걸으면 자그마한 호수를 끼고 있는 바르돌리노라는 마을을 만날 수 있다. 이 호수는 라고 디 가르다(Lago di Garda)라는 호수의 연장선상에 접해있다. 호숫가에 인접한 상점들은 비바람과 거센 호수 바람 때문인지 10월 중순쯤인 오늘은 다들 일찍 문을 닫아 버렸고 거리를 걷거나 돌아다니는 사람들도 없어서 그런지 음산한 분위기마저 들었다. 하늘은 비구름이 몰려있고 호수 근처에 나무로 만들어져 있는 선착장에 서서 비바람을 맞고 출렁이는 물결과 먼 가르다 호수의 끊임없이 펼쳐진 호수의 저 너머를 멍하니 한참동안 바라만 보았다. 바르돌리노는 와인 생산지로도 유명하지만 질 좋은 올리브유가 생산되는 곳이기도 하다. 바르돌리노의 시내 옆 마을인 치카노(Cicano)는 올리브 나무가 무성하여 올리브오일이 풍부하게 생산되고 질도 유명한 곳이다. 만나는 현지인들의 올리브 사랑과 명성이 자자했고 그곳은 올리브오일 박물관도 있어 올리브와 와인에 대한 애착을 관광객들에게 고스란히 내비친다.

와인 바르돌리노(Bardolini) 클라시코(Classico)는 2001년 이태리 와인의 최상급인 디.오.치.지(D.O.C.G)를 얻었으며 로제와인인 바르돌리노 키아레또(Bardolini Chiaretto) 2002년 산은 주로 매장에서 쉽게 찾아볼 수 있었다.

바르돌리노

　질 좋은 와인과 올리브유를 생산하는 원천은 바로 가르다 호수가 아닐까 생각을 해본다. 바르돌리노(Bardolino) 와인은 우바 코르바나 베로네제(Uva Corvina Veronese) 60%, 론디넬라(Rondinella) 30%와 몰리나라(Molinara) 10%를 넣어서 만들어진다. 생산 지역은 가르다 호수를 기준으로 남동쪽 지역에서 생산이 되며 와인 특유의 과일 맛이 강하고 섬세하며 육류에 적합하나 파스타 요리에도 궁합이 맞다. 그 외에도 발포성와인인 비노 스푸만테 프로세꼬(Vino Spumante Prosecco)는 베네치아 인근 지역에서 생산되어지만 와인 숍에서 관광객들의 눈길을 끌고 있다. 허기진 배를 채우기 위해 자그마한 바(Bar)에 들러 글라스 와인 한 잔과 조각 피자를 먹으면서 밖으로 보이는 비바람이 치는 광경을 보며 비가 잠시 주춤하기만을 기다렸다. 바람이 거세지면서 더 이상은 돌아다니는 것은 무리인 듯하여 베로나 유스호스텔로 발길을 옮겼다.

베로나의 유스호스텔에서는 레스토랑이 제법 구색을 갖추고 있었다. 배낭 여행객에게는 저렴한 가격임에도 부담되는 경우도 있다. 물론 유스호스텔에서는 아침 식사는 숙박비에 포함되어 있다. 나는 유스호스텔이 산 위에 있기에 올라오는 골목에 자그마한 오스테리아 (Osteria)가 있어 오늘 저녁은 나를 위한 외식을 하기로 결정하고 초저녁에 다시 유스호스텔을 나섰다.

식사 빵은 바게트 조각이 나왔고 올리브에 발라서 허기진 배를 채웠다. 전채 요리인 정어리는 튀김옷을 입혀 기름에 튀겨 새콤하게 볶은 양파와 같이 넣어 볶아서 접시에 담고 옆에는 폴렌타(Polenta)를 올리고 더운 야채인 시금치, 당근, 작은 구슬 모양의 새끼 양배추인 브루셀 스프라우트(Brussel Spuraut)를 올려서 나왔다. 야채의 지나친 신맛을 폴렌타가 감해 주는 느낌이 들었고 정어리 특유의 비린 맛이 살아 있어 반 밖에 먹질 못했다.

더구나 신맛에 익숙하지 않은 나에게는 음식에 감동을 받지 못했다. 휘투치니 파스타는 대파의 고소함과 넉넉하게 넣은 파마산 치즈의 맛이 허기진 배를 채우기에는 문제가 없었지만 음식의 맛과 질 보다는 오픈 주방으로 보이는 일하는 요리사의 복장과 주방기물들이 세련되어 보이는 것에 관심이 더 갔다. 나는 느끼하고 비릿한 맛을 제거하기 위해 진한 에스프레소 커피를 마시며 베로나에서 마지막 저녁 식사를 마무리했다. 지친 몸과 마음을 이끌며 유스호스텔로 향했다.

베로나에서 자주 보이는 생선은 실치를 가지고 하는 가공품이 종종 보였다. 실치 모양인 비앙케띠(Bianchetti) 생선을 올리브오일에 저장한 식품인 인살라타 디 비앙께띠(Insalta di Bianchetti)와 실치, 오일, 소금, 식초, 양파, 이태리 고추 등을 넣어 만든 저장 식품인 비앙께띠 스피지오니(Bianchetti Sfizioni) 등이 있다.

파스타는 고기 소를 채워 만든 사탕 모양의 라비올리인 카라멜라

디 마그로(Caramella di Magro), 아브루쪼(Aburuzzo) 주의 전통 파스타로 라면 모양으로 돌돌 말려있는 파스타인 그라미냐 파스타 알라 우오바(Gramigna Pasta alla Uova), 펜네와 유사한 건 파스타 세다니(Sedani), 피아첸자(Piacenza)의 전통 파스타로 작은 조개 모양을 하고 있는 파스타 피사레이(Pisarei) 등이 종종 눈에 띈다.

그리고 반달 모양의 칼조제(Calzone) 모양을 하고 있는 피자로 토마토, 모짜렐라 치즈 등을 넣어 오븐에 굽거나 튀겨 만든 음식인 피쪼띠 알 포르노(Pizzotti al Forno)와 모짜렐라 치즈, 프로쉬우또, 리코타 치즈를 넣은 반달 모양의 튀긴 피자인 판제로띠 알라 소이아(Panzerotti alla Soia) 등이 대표적이다.


## 쌉싸름한 트레비소 리조또가 그리운 곳 파도바(Padova)

★ 파도바(Padova)의 먹거리

파도바는 베로나에서 인테르레지오네(Interregione)를 타고 50분 정도면 도착하는 곳이다.

파도바 역에 내려 역을 빠져나와 시내 방향으로 걸어가면서 시내는 강이 주위를 둘러쌓고 있어 전체적으로 봐서는 다리가 많은 편이다. 역사적인 건물이 많은 것은 아니나 신구의 조화가 잘 이뤄지는 곳처럼 보였다. 역에서 시내를 진입하는 다리를 건너면 좌측에 알록달록한 아름다운 낙엽으로 덮여 있는 오솔길이 있는 공원이 있어 좋다.

시내 중간에 물이 있는 다리를 건널 때면 마음이 한결 가벼워진 듯하다. 시내 곳곳의 바(Bar)에는 여러 가지 살라미(Salami)나 샌드위치 등과 간단한 음식들을 갖춰놓고 파는 곳이 많이 눈에 띄며 이웃나라인 오스트리아와 인접한 주여서 다른 나라의 음식인 크라우트(Kraut: 양배추 절임) 등도 쉽게 눈에 띄었다.

파도바의 대표적인 음식으로는 베네토 주의 속한 도시 이므로 염장대구를 이용한 음식이 유명하며 바칼라 만테가또(Baccala Mantecato)나 염장대구 샐러드 등이 쉽게 눈에 띄며 살루메(Salume: 염장 가공육의 통칭)로 말고기를 염장하여 오븐에 구워서 얇게 뜯어 북어 보푸라기를 만들듯이 하여 여기에 올리브유, 레몬즙을 뿌려서 먹는스필라치 디 카발로(Sfilacci di Cavallo)라고 하는 염장고기가 이색적이다. 스필라차 디 카발로(Sfilacci di Cavallo Affumicati: 말고기 보푸라기: 역자)는 파도바(Padova)의 특산물로 말고기를 15일 동안 염장하고 훈제하여 건조한 후 얇게 찍은 살루메의 한 종류다. 샐러드에 같이 곁들이거나 녹인 치즈와 같이 혹은 뇨끼나 폴랜타 요리에 잘 어울

아우리키오 치즈

리는 염장 육이다. 베로나 등지를 여행하다 보면 마트나 큰 시장에서 흔하게 우리의 북어 보푸라기를 연상시키 듯 자판에 벌려놓고 파는 음식들이다. 혐오스러워서 먹지 못했던 것이 아쉬움으로 남는다.

대표적인 치즈인 아우리키오(Aurichio)는 우유로 만들며 매운맛이 나는 것이 특징이다. 그 외 여러 가지 치즈가 보이는데 베쩨나(Vezzena), 바싸베제(Bassavese), 스트라베끼오(Stravecchio), 몬타지오(Montasio), 라떼리오(Latterio) 등이 대표적이다.


## 두문화가 공존하는 그곳 볼자노 보젠(Bolzano Bozen)

★ 볼자노(Bolzano)의 먹거리

볼자노는 베로나에서 인테르나지오날레(Interrnazionale)를 타고 2시간이 약간 걸리지 않는다. 트랜티노 알토 아디제 주의 도시로 볼자노는 트랜토(Trento)라는 도시를 경유하여 지나는데 베로나에서 북쪽으로 향하다 보면 철길 양쪽으로는 웅장한 괴암석들이 둘러싸고 있는데, 열차 안에서 보아도 위험할 정도의 자연경관을 만들어 내고 있다. 산 정상에는 10월말 임에도 불구하고 흰 눈으로 덮여있어 다시 한 번 이 지역이 고도가 높다는 걸 알 수 있었다. 시간이 지날수록 험한 산들이 보였고 열차 주변에는 평야지대가 없고 과일 나무 특히 포도나무가 즐비하게 재배되는 걸 볼 수가 있다. 트렌토(Trento)를 지나 북쪽으로 더 들어가 메쪼 코로나(Mezzo Corona)에 도착했을 때는 산과 산 사이의 풍경이 절정을 이룬다. 알라(Ala) 역과 보르게또(Borgetto) 지역 사이의 마을은 웅장한 주변의 풍경에 아랑곳하지 않고 소박한 마을로 남아있어 외부세계와 단절되어 살아가는 숲속의 마을처럼 보였다.

볼자노는 두 개의 언어가 통용되는 곳으로 공공장소의 표지판도 이태리어와 제2국어인 독일어가 같이 통용되는 곳이다. 이 도시는 오스트리아와 인접하여 독일어를 사용하고 두 나라의 식문화가 공존하는 곳이다.

허기진 배를 채우기 위해 광장의 자그마한 노천 바(Bar) 테이블에 앉아 카르보나라(Carbonara) 스파게티를 주문하고 기다리는 동안 다른 테이블을 보면서 다른 느낌의 문화를 볼 수가 있었다. 이탈리아의 다른 도시에서는 간단한 안주와 와인을 주로 선호하는 데 반해 이곳의 다른 테이블에서는 맥주와 햄버거가 놓여 이색적인 식문화가 펼쳐지고 있었다.

주문한 식사가 나오고 순간 깜짝 놀랐다. 보통 파스타는 노른자가 많이 들어가서 노른자를 크림화시켜 만든 파스타지만 여기에서는 달랐다. 한국에서 먹었던 스타일 그대로 생크림이 넉넉하게 들어간 음식이 나왔다. 문화의 다양성에 맞혀 식문화도 변하게 되는구나! 하며 콜라와 함께 먹었다. 볼자노(Bolzano)는 크지는 않지만 주위의 험한 산들에 감싸인 듯하며 산들은 눈으로 덮여있다. 유독 도시에서는 피자 토핑을 옥수수 홀을 올려 사용하는 경우가 많으며 오스트리아의 디저트인 스트루델(Strudel)이 눈에 자주 띄었다.

볼자노의 대표적인 빵은 파네 디 피에(Pane di Fiè) 혹은 스키아치아 따 파네 세갈레(Schiacciata di Pane di Segale)라고 하는 빵이 있고 호밀가루와 큐민(Cumin)이 들어가는 것이 이색적이다. 이 지역에서는 유명한 알토 아디제(Alto Adige)주의 햄인 스펙(Speck)이 있는데 염장 드라이 하고 훈제하여 만들며 특히 노간주 나무 열매의 향이 가미되어 다른 지역의 프로쉬우또와 차이점을 가진 햄으로 전채 요리와 빵 등에 자주 이용된다. 특히 독일식 빵인 슈텔 브롯(Schuttel Brot)이라는 빵 사이에 스펙(Speck)을 넣어 만들며 원형 빵은 얇고 바삭해 보인다. 그 외에도 길쭉한 빵을 갈라서 소시지를 채워 케첩이나 마요네즈 팁을 발라 먹는 형태의 핫도그인 우스텔 에 파네(Würste e Pane)도 유명하다.

스펙(speck)

## 따뜻한 폴랜타(Polenta)가 그리운 트렌티노(Trentino)

★ 트렌티노(Trentino) 먹거리

트랜티노는 볼자노와는 달리 문화적인 다양성은 미비해 보인다. 인접 지역인 베네토(Veneto) 주가 가까워서 그 문화와 독일어 표기를 하는 곳이 많다. 도시 외곽에는 추운 북부지방이라도 포도를 많이 재배 하고 있다. 대표적인 파스타로는 오랜지와 레몬으로 맛을 낸 착색 파스타 딸리올리니 리모네 에 아란치니(Tagliolini Limone e Arancini), 발삼식초를 넣어 만든 딸리엘리니 알라 아체토 발사미코(Taglierini alla Aceto Balsamico), 바질을 넣어 만든 스트란고찌(Strangozzi al Basilico)와 마늘, 고추를 넣어 만든 생 듀럼 밀 파스타인 피치 알라 알리오네(Pici alla Aglione) 등이 유명하다.

디저트로 밀가루, 건조 과일, 강력분, 버터, 계란, 우유와 바닐라 파우더를 넣어 만든 젤텐 트렌티노(Zelten Trentino) 파이가 있고 꽃 모양의 빵으로 분설탕이 뿌려져 있는 디저트 빵인 웃텔(Wuctel)도 있다.

추운 북부 지방으로 폴랜타(Polenta)를 주로 먹으며 빵가루와 고기를 섞어 만든 완자를 뜨거운 국물에 넣어 만든 뇨끼인 카네데를리(Canederli)가 유명하며 훈제한 고기를 이용해 만든 굴라쉬(Gulash)와 양배추 절임인 크라우트(Kraut)를 곁들여 먹는다. 라드와 후레쉬 소시지를 오븐에 조리한 스마카팜(Smacafam), 대표적인 디저트인 피아도니 알라 트랜티노(Fiadoni alla Trentino)는 반죽 안에 소를 채워 구운 보자기 모양의 부활절 디저트다. 와인은 카베르네 프랑, 쇼비뇽, 메로, 피노 네로, 샤르도네 등의 국제 품종을 이용한 와인들이 주를 이룬다.

## 내 친구 산 다니엘레(San Daliele)가 사는 곳 우디네(Udine)

★ 우디네(Udine)의 먹거리

베로나에서 인테르시티를 타고 1시간 가량을 기차로 달리다 보면 베네치아 메스트레(Mestre) 역에 도착하여 우디네 행인 레지오날레를 타고 다시 1시간 30분을 더 가야만 우디네에 도착한다. 나는 이태리 최악의 도시를 로마라고 생각한다. 수많은 관광객으로 인해 도시 전체가 몸살을 앓고 치안 상태도 매우 불안하고 환경적으로 오염된 곳이기 때문이다. 우디네에 도착하여 도시를 둘러보면 다른 도시에 비해 현대적인 건물이 많고 대체적으로 평범하면서 지저분했다. 인종도 다양하며 특히 중국인들도 눈에 많이 띄는 걸 볼 수 있었다. 중요한 건 이방인들에게는 불친절하고 좋아하지 않는다는 느낌이 들 정도로 호의적이지 않았다. 나로서는 식재료들을 파는 상점에 기웃거리는 건 늘 일상이다. 심지어 그들의 시장을 다니면서도 구입하지 않고 사진을 찍고 이런저런 말을 시켜 귀찮게 하는 나의 행동을 이곳 사람들은 좋아할 리 없다. 이 지역은 보수성이 강하고 북부 도시인 트랜티노 도시보다 상대적으로 도시 분위기가 차가웠다.

도시 또한 쌀과 폴랜타가 다양한 방법으로 요리에 많이 사용하고 살라미 알라 프리울리아나(Salami alla Friuliana)를 주로 먹는다. 최고의 품질을 자랑하는 산다니엘레 프로쉬우또(Prosciutto di Sandaliele)가 이 도시에서 만들어진다. 그때는 이 맛이 파르마 햄 보다 월등하다고 생각을 했다. 하지만 그건 내가 스페인 바르셀로나를 다녀오기 전의 일이

다. 프로쉬우또보다 덜 짜면서 쫄깃하며 기름기가 흐르고 냄새도 덜
나는 하몽 이베리코(Jamon Iberico)를 맛보면서 사실 나는 프로쉬우또를
선호하지 않게 되었다. 프로쉬우또야 종이처럼 얇게 잘라 먹지만 짠
것을 좋아했던 나는 나무젓가락 두께로 잘라서 유학 시절부터 먹고
다녔다. 이제는 하몽의 맛을 잊을 수가 없게 되었다. 새벽에 바르셀
로나의 보케리아 시장에서 방금 구워져 나온 바케트를 반으로 잘라
얇게 자른 하몽을 사이에 끼워서 먹는 것을 최고의 맛으로 간주할 정
도로 하몽 사랑이 남다르게 되었다.


## 뇨끼 맛이 일품인 비첸자(Vicenza)

베로나에 인근 도시로 인터시티(Interciry)를 타고 30분 정도 밖에 걸
리지 않는 전형적으로 조용하고 한적한 이탈리아의 도시이다. 조용
한 공원이 있고 한적한 도로, 울긋불긋한 나무들과 아담한 연못이 달
린 한적한 도시이다.

시내 중심에는 팜(Pam)이라는 전국적인 체인 슈퍼마켓이 있어 많은
식재료들을 갖추고 있었다. 지친 몸을 잠시 쉴 겸해서 이곳에서 여행
에 필요한 생필품을 사려고 했다. 치약과 칫솔 그리고 비누 등을 선
택한 후 식품 코너로 이동하여 식재료를 구경을 했다. 육류 코너 한
쪽에 머리가 붙어있는 토끼고기를 보며 깜짝 놀라지 않을 수 없었다.
물론 어린 시절 동네 할머니들이 허리가 아프다며 고양이로 약을 하

vicenza

Vicenza 공원

기 위해 고양이를 잡아 털을 뽑아내고 그럴 때는 죽은 고양이 머리를 본적이 있긴 했지만 이렇게 머리가 달려있는 채로 있는 재료는 그것도 슈퍼에서 본건 또 처음이었다. 물론 이태리 요리학교 시절 졸업시험을 볼 때도 토끼를 이용한 샐러드였지만 그때는 머리는 없었다. 머리도 같이 붙어있는 건 처음이었기에 곧바로 자리를 피해버렸다. 허기진 배를 채우기 위해 마트에서 원형의 스틱과자로 가운데 구멍이 있는 프리셀레(Friselle)를 먹으며 거리를 한참을 걸었다.

이 지역의 대표적인 음식으로는 폴랜타를 많이 이용을 하며 간, 파나다(Panada), 붉은 라디끼오(Radicchio)를 이용한 파테(Pate: 간 고기를 밀가루 반죽에 싸서 구운 음식)를 만들어 먹는다. 베네토주에서 생산되는 소

비첸자의 뇨끼 축제
페스타 디 뇨꼬 디 셀바 디 트리씨노
(Festa del Gnocco di Selva di Trissino)
매년 베네토주의 비첸자에서 열리는 뇨끼 축제가 있다. 이곳은 비첸자의 자그마한 꼬무네인 '셀바 트리씨노'(Selva di Trissino)에서 개최된다. 이쪽 지방은 질 좋은 감자가 생산이 되고 수분이 적고 전분이 많고 삶아지면 뽀송뽀송한 감자여서 뇨끼를 만들기에 안성맞춤이다. 장터에서는 엄청나게 많은 양의 뇨끼 반죽을 하여 판매를 하기도 하며 시식을 할 수도 있다. 오늘은 부드러운 감촉이 느껴지는 크림소스 뇨끼가 생각이 나지 않습니까? 매년 9월에 있을 자그마한 마을인 '셀바 트리시노'의 뇨끼(Gnocchi) 축제에 여러분을 초대합니다.

유로 만든 모를라꼬(Morlacco)라는 치즈도 유명하며 베리치(Berici)에서 질 좋은 프로쉬우또도 생산된다.


## 음악의 도시 크레모나(Cremona)

★ 크레모나(Cremona)먹거리

이곳의 주변 도시들은 평야지대로 산이라고는 찾아 볼 수가 없다. 다양한 도시 문화 속에서 열차로 지날 때마다 군대 군대 호수가 자리하고 있었다. 크레마는 음악의 도시이며 바이올린을 처음 만든 사람이 살았다고 해서 '음악의 도시'라는 칭호까지 받고 있는 도시다. 이 도시의 디저트 가게에는 이태리 전역에서 유명한 디저트 류를 많이 볼 수가 있다. 그중 원형 파이 형태의 안에서 아몬드, 견과류 등을 넣어 만든 돌체 크레모나(Dolce Cremona)라고 하는 디저트가 보이는데 마치 이것은 시에나의 판 포르테(Pan forte)와 유사하다. 크레모나 하면 전통적으로 유명한 디저트인 누가(Nourgat)인 토로네(Torrone)가 유명하다. 아몬드나 헤이즐넛, 꿀과 흰자가 주재료가 되어 만들어지며 크레모나의 유명한 빵으로는 판농(Panon)이 있으며 사각형 모양을 하고 있으며 빵이 딱딱해지면 얇게 잘라 비스코티로 만들어 카페나 전채 요리에 적합한 빵으로 변화를 주어 사용을 한다. 크레모나의 대표적인 라비올리는 마루비니(Marubini)다. 이것은 송아지 고기, 소고기와 돼지고기를 스튜로 장시간 끓여 만든 소에 치즈로 양념하고 소를 채워 만들어진다. 모양은 정해져 있지 않으며 원형, 사각 및 반달 모양 등으로 다양하게 만들어진다. 그 외에 설탕과 겨자로 당절임한 과일인 모스타르다 크레모나(Mostarda Cremona)가 있어 이곳을 여행을 한다면 빠트리지 말고 먹어볼 만하다.

크레모나를 찾게 된 건 미식 여행도 있었겠지만 국내 분당의 이탈리안 레스토랑에서 같이 일을 했던 태헌 형님의 지인이 이곳을 여행하다가 신기한 피자를 봤다면서 이것을 한국에 들여오면 대박이 날

만토바(Mantova)의 파스타 축제 "비골라다"(Bigolada)

Castel d'Ario (MN), 13 febbraio 2013

매년 2월에 이태리 롬바르디아 주 만토바(Mantova)의 자그마한 동네 카스텔 다리오(Castel d'Ario)에서 열린 파스타 행사이다. 이 지역은 전통적으로 '비골리'라는 파스타 생면을 먹는다. 비골리(Bigoli)를 먹는 축제를 '비골라다'라고 한다. 바로 이 생 파스타는 스파게티처럼 길지만 더 굵은 면이 비골리다. 행사에서는 장작을 이용해 물을 끓여 직접 그 자리에서 삶아 손님들에게 적당한 가격에 판매하고 시장에 벌린 국수집처럼 말이다. 간단한 토마토 소스나 고기소스를 곁들여 넉넉한 그라나 파다노 치즈를 뿌려서 먹거나 비릿한 생선살을 넣어 만든 소스를 곁들여 먹기도 한다.

아이템이라고 우리에게 사업을 하자는 권유를 해왔다. 그런데 가져온 사진을 봐서는 그것이 일반적인 피자 도우와 별 차이가 없었다. 난 이태리 여행 중이어서 그때 그 기억이 나서 태헌 형에게 위치를 알아봐서 크레모나 시내에 있는 피자집을 물어서 찾아갔다. 그런데 그곳은 이태리에서 쉽게 보지 못했던 테이크아웃(Take out) 점이었다. 밖에서는 피자에 토핑을 하고 오븐에 구워졌는데 화덕 피자가 아닌 테크 오픈에 넣었다가 뺐다. 다시 피자를 굽기 위해서 도우(Dough)를 꺼냈는데 도우는 얇게 밀어져 있었고 봉지에 담겨 있었다. 그건 다름아닌 로마냐(Romagna) 지역에서 자주 먹는 길거리 음식인 피아디나(Piadina)의 도우라는 걸 확신했다. 그리고 하나는 피자 도우를 미리 밀어 냉장고에 보관하여 쓰는 것을 보았다. 이것도 직접 만든 것이 아니라 구매를 한 것 같이 봉지 안에서 나오는 것 같았다. 이것은 요즘 한국에서도 소규모 업장에서 사용하는 형태라 볼 수 있다. 이렇게 해서 큰 대박 아이템이 아닌 걸 알고 난 실망을 한 후 발걸음을 다른 지역으로 옮겼다.

## 신 냄새가 진동하는 모데나

★ 모데나(Modena)의 먹거리

이탈리아 요리의 사용되는 식초인 발삼 식초와 오랜 시간 동안 여러 통 속을 옮겨가며 숙성시켜 만들어지는 최소량의 전통식초인 아체토 발사미코 트라디지오날레(Aceto Balsamico Tradizionale)가 생산되는 지역이다. 또한, 전통식초 외에 흔하게 만들어지는 발삼식초가 이곳에서 만들어진다. 모데나 지역에서는 르네상스 시대부터 발삼식초를 만들어 왔으며 미식가와 셰프들에게 큰 인기를 얻어오고 있다. 발삼식초는 포도 주스를 농축시켜서 만드는데 우바 트레비아노(Uva Trebbiano)라는 품종으로 과일 향이 많이 나고 산도가 높아 와인으로써 오래 숙성시켜 만들기가 어려운 품종이다. 아울러 이 품종으로 발삼식초를 만들려면 식초를 사용하지 않아도 포도 주스 자체만으로도 식초를 만들 수가 있다. 특히 모데나의 기온은 낮과 밤의 일교차가 커서 식초를 만들기에 아주 적합하다. 이런 주스에 캐러멜과 향을 내는 감초, 계피 등을 넣어 조린 후 숙성시켜 만들어지는 것이 발삼식초다. 유명한 특산품은 식초뿐만 아니라 살루메(Salume) 종류도 다양하며 삼각형 모양을 하고 있는   카펠로 델 프라테(Capello del Prate)가 있다. 신부의 모자라는 의미를 가지고 있으며 돼지고기로 만들어지는데 코테키노(Cotechino), 잠포네(Zampone)와 유사한 살루메 종류로 감자 메쉬나 퓨레와 같이 곁들이면 최고의 맛을 느낄 수 있다.

모데나의 대표적인 음식으로는 닭 벼슬과 토마토, 양파, 당근, 샐러리 등을 이용해 만든 스튜요리인 크리스탈로 디 쫄로(Cristallo di Gallo), 배꼽 모양을 하고 있는 소 채운 라비올리 종류인 토르텔리니(Tortellini), 국물 요리인 브로도 디 카포네 (Brodo di Cappone), 갈리네 에 만조(Galline e Manzo), 프로쉬우또를 넣은 가르가넬리 파스타인 가르가넬리 알 프로쉬우또(Garganelli al Prosciutto)가 있다. 다른 용도의 면을 만들고 남은 면을 형태에 제약이 없이 막 자른 모양의 생 파스타인 말딸리아띠(Maltalgliati), 고기와 버섯으로 만든 라구를 폴랜타 위에 올려 제공되는 요리도 즐겨 먹는다. 생선 요리로는 아귀의 뼈를 발라 튀겨서 방울토마토로 소스를 만들어 위에 뿌리고 반 자른 올리브와 방울토마토, 이태리 파슬리, 줄기 달린 케이퍼를 넣어서 만들어 제공하는 아귀 꼬리 요리(Coda di Rospo) 등이 있다.

## 모데나의 미식 축제

매년 열리는 모데나 미식 축제는 오랜 전통이 있다. 발삼식초에 관한 세미나가 개최되며 전통식초를 맛볼 기회도 주어진다. 모데나의 지역 음식뿐만 아니라 피자, 포카치아 등 토스카나와 로마냐 등지의 음식도 맛볼 수 있다.

매년 4월과 5월 사이 모데나의 먹거리로 구성된 축제가 열린다. 대부분 발삼식초와 전통식초로 구성된 상품에 대한 홍보와 판매 그리고 제조 과정에 관련된 정보를 공유하며 시식을 만끽할 수 있어 미식 기행으로 적합한 지역이 아닐까하는 생각을 해본다. 여러분! 진한 전통식초의 맛과 향이 그립지 않으십니까?

전통식초

모데나 축제

식초 세미나

빵은 거미 형태의 빵으로 포르마토 크로체따(Formato Crocetta)와 뇨꼬 푸리또(Gnocco Fritti)도 종종 보인다. 디저트 빵으로는 시루떡 모양으로 견과류와 초콜릿을 넣어 굳혀서 만든 파노네(Panone), 미니 도넛으로 속에 커스타드 크림 등을 채워 성 죠셉(Saint Joseph) 날에 먹기도 하는 디저트인 제폴레(Zeppole) 등이 대표적이다.

시장과 노천 혹은 상점에 초록색 올리브에 여러 스파이스(Spice)와 올리브유로 양념한 것 그리고 페페론치치(Pepperoncini)와 양념한 밤색 및 블랙 올리브 등이 통에 담겨 즐비하게 판매된다. 난 단백하고 짭조름한 올리브 맛을 알기에 여행 중간에 한 봉지에 1유로 정도로 하는 약 20여 알 정도를 구매하여 유적지나 관광지를 걸으면서 심심풀이로 먹었다. 먹고 난 씨는 퉤하고 길거리에 버리기 일수였다. 유학 시절 학교 통역을 맡았던 소피아 선생님이 한 얘기가 늘 떠오르는 데 길거리에 휴지나 쓰레기가 있어야 청소부 아저씨들이 일을 할 수 있다고 했다. 길거리가 깨끗하면 그들의 일이 줄어든다는 것이다. 하지만 난 버리는 이유가 한 가지 더 있다. 그건 스트레스 해소가 되는 것 같아 좋아서 예전이나 지금 늘 이탈리아의  길거리에서  만큼은 거리낌 없이 버리곤 했다.


**몬테팔코(Montefalco)에도 메밀꽃이 있다**

몬테팔코는 페루자(Perugia)에서 폴리뇨(Fogligno)까지 기차를 타고 40

몬테팔코(Montefalco)

분 정도면 도착한다. 다시 역에 내려 풀만(Pullman)을 타고 30분 정도
가면 목적지에 도착한다. 몬테팔코(Montefalco)는 다른 산지에 비해 시
간과 거리 면으로 볼 때 가까운 역에 위치하여 한 번의 버스만을 의
존하여 도착할 수 있었다. 창밖으로 보이는 메밀꽃처럼 하얀 꽃들이
도로 주변에 펼쳐져 마치 평창의 메밀이 생각날 정도로 익숙한 장소
라는 착각을 일으켰다. 버스 정류장은 시내에 가기 전 한적한 외곽
에 있어 20분가량 포장된 도로 길을 따라 올라서야만 시내가 보였다.
시내라 보기엔 자그마한 산골이었다. 골목마다 자그마한 꽃들로 덮
여 있고 정상 뒤편에는 좁은 포장도로가 준비되어 이미 들러서 온 버
스 정류장과 연결되어 있다. 도시 정상에서 내려다보이는 풍경은 정

말 아름다운 하얀 안개꽃 다발로 보였다. 그건 이태리어로 젤소미노 (Gelsomino)라 불리는 것으로 주위를 하얀 안개로 파묻히는 상상을 하게 만들었으며 그 중간 중간에 오래된 고목이 되어버린 올리브 나무 등도 눈요기 중에 하나 인 듯싶다. 포도잎은 이미 오래 전에 노란색과 빨간색으로 변하여 마치 단풍나무인 듯 자태를 뽐내고 있었다.

이런 흰색과 올리브 잎, 여러 색으로 변해버린 포도 잎들로 색의 조화를 이뤄 이곳이 흔히 말하는 꿈의 동산이 아닐까 싶었다. 시내 구석에 자그마한 정원을 가진 레스토랑을 발견하고 나는 점심을 먹기로 결정했다. 지금은 가을이라 버섯이 제철이었다. 특히 포르치니 (Porcini: 산세버섯) 버섯을 이용한 리조또가 메뉴판 한쪽에 위치하여 레스토랑의 스페셜한 메뉴임을 강조하고 있었다. 접시에 담긴 쌀 반 버섯 반인 분간하기 힘든 포르치니 향이 온몸을 감싸는 듯했다. 알싸한 느낌의 버섯과 특유의 향과 쌀 하나하나에 싸인 파마산 치즈 맛이 부드러운 벨벳 감촉을 느끼게 하며 따끔거리는 리조또 특유의 딱딱함이 리조또의 진가를 발휘하는 것 같았다. 객지를 떠돌면 집밥이 그립다는 말이 있듯이 고향에서 부모님이 준비해 준 따뜻한 밥 한 그릇처럼 느껴졌다. 한 접시의 행복이란 말이 이런 거구

il cocorone 셰프

Ristorante il Coccorone

나 하는 착각을 불러일으켰다. 난 허겁지겁 한 접시를 비우고 웨이터에게 식사가 너무 맛있어 주방장과 사진을 찍고 싶다고 전하자 그는 알겠다며 5분이 지난 후에 한 나이든 할머니를 데리고 나왔다. 고향의 손맛을 간직한 누군가에게 간직된 유년시절의 할머니의 정이 이태리에서도 접시 안에 고스란히 담겨 있었던 요리였다. 이런 음식은 훌륭한 젊은 요리사가 아무리 현란한 꾀를 부려도 따라잡지 못할 만큼 훌륭했다. 오늘의 음식에 감사하며 깊은 감동을 마음속으로 간직하기 위해 사진 촬영을 하며 기록에 남겼다.

레스토랑에서 놀랜 건 그뿐이 아니었다. 식사 후 화장실을 다녀오면서 홀 한쪽에 오래된 피아노가 한 대 있었는데 우리나라에도 지금 없는 삼익 피아노 로고가 그려진 피아노 한 대가 놓여져 있었다. 웨이터와 대화를 나눈 후 뭔지 모르게 가슴이 뭉클해졌고 누구나 해외에 나오면 애국자가 된다는 말이 이것이 아닌가 싶었다. 식당 한구석에는 오래된 벽난로가 있었는데 타고 남은 장작에 미열이 남아 있어 주방 아줌마들은 벽난로에서 고기 굽는 석쇠를 올려가며 두툼하고 딱딱한 빵을 구워 부르스케타(Bruschetta)를 만들기 위해 굽는 듯 분주했다. 이곳은 올리브 나무도 유명하지만 검정색 송로버섯도 유명하여 버섯으로 가공한 상품들도 상점에 빼곡했다.

## 이태리 요리의 대가 '안토니오 심'(Antinio Shim), 올리브를 탐하다

페루자(Perugia)는 이탈리아에서 유학을 하려는 학생에게 친숙한 도시이다. 국립언어학교가 페루자에 위치하고 있어 저렴한 학비 때문에 이곳을 찾는 외국 학생들이 대부분이다. 피렌체에서 8시 09분에 출발하여 아레쪼(Arezzo)를 거쳐 디레또(Diretto)로 두 시간 정도면 도착할 수 있다. 토스카나 주의 수료한 경관을 관통하여 움부리아주(Umbria)로 여정을 옮겼다. 아레쪼를 지나 움부리아주를 들러서 큰 호수인 라고디 트라시메노(Lago di Trasimeno)를 만나는데 호숫가에 백사장도 보이며 호수 중간 중간에 자그마한 섬들도 보였다. 호수 주위에는 올리브 나무들이 주위를 감싸고 있어 올리브유 산지임을 증명하고 있는 듯했다. 역에 내려 시내 중심에 가기 위해서는 한 번의 버스를 타야만 했다. 시내 중심의 사설 유스 호스텔에 짐을 풀고 나는 안토니오 심 원장님이 부탁한 올리브 나무로 만들어진 장식품을 사려 시내 곳곳을 돌아다녔다. 그는 내가 이태리로 여행 올쯤 해서 학원 아래층에 이탈리안 레스토랑을 오픈 준비하고 있었다. 이름이 올리베토(Olivetto)로 말 그대로 올리브 밭이라는 의미를 가지고 있다. 레스토랑 홀에 올리브와 관련된 제품을 진열하기를 원한다며 닥치는 대로 구매를 요청해왔다. 하지만 내가 들고 가기에는 한정이 되어 있는 수량이었다. 시내 중심 성당 한 모퉁이 길에 올리브나무로 만든 상

---

### Degustagioni di vini(와인시음)

**Sagrantino di montelfalco(D.O.C.G) vino rosso**
알콜 도수 14.5% 세크(SEMI)
**Anata 2000**
**특징** 중간 정도에 탄닌 색은 루비색을 띰.
와이너리 Antonelli
+
**Assisi(D.O.C) vino rosso**
**VOL 13%**
**Annata 2002**
**특징** 짙은 루비 색과 중간 정도에 탄닌과 향과 풍미의 지속성이 약함.
그러나 몬테팔 보다는 농도가 짙고 더 숙성이 됨.
와이너리 Sportoletti
+
**Bianco dl Torgiano(D.O.C) vino bianco**
**VOL 13%**
**Annata 2002**
**특징** 연한 황금색이며 드라이하나 미세하게 단맛을 내뿜고 있으며
가벼운 오일 소스 파스타 요리에 적합함.

점이 눈에 띄었다. 그곳에서는 주방용품부터 시작하여 생활용품까지 오래된 죽은 올리브 고목으로 제품을 만든다며 사장은 내게 자랑을 해왔다. 나는 용도를 모르는 물건에 대해 질문을 했고 레스토랑에 쓸 만한 몇 가지를 골랐고 카탈로그와 명함을 챙겨 한국에서 인터넷으로 구매가 가능한지를 묻고 안토니오 심 원장에게 선택권을 넘기기로 해야겠다며 명함도 챙겨서 나왔다. 날이 어두워져 간단히 와인 바(Bar)에 들러 이지역의 와인을 시음하기 시작했다.

3가지의 와인을 테이스팅이 끝나고 나는 이미 취해있었다.

폴리뇨(Foligno)의 파스타 축제

I Primi d'Italia, Foligno 26-29 Settembre 2013

이탈리아 페루자(Perugia) 근교 폴리뇨에서 열리는 파스타 축제로 매년 8월과 9월 사이에 열린다. 오랜 역사와 전통을 가지고 있는 축제로 이태리 유명 스타 셰프들도 참여하여 축제를 빛내고 있으며 축제가 풍요롭게 진행 된다. 직접 파스타를 만드는 체험과 셰프들에게 강의도 들을 수 있다.

매년 9월 26~29일까지 열리는 축제로 이 기간에 근처를 지난다면 파스타를 만들 수 있는 기회와 시식할 수 있는 좋은 미식 관광이 될 수 있다.

이 지역은 검정색 송로버섯이 풍부하여 카치오타(Caciotta)에 송로버섯을 첨가하여 치즈를 만들기도 하며 폴리뇨(Foligno)라는 꼬무네(Comune)에서는 붉은 감자를 재배하며 트라시메노(Trasimeno)에서는 장어가 유명하다. 특히 빵으로는 브르스텡골로(Brustengolo)가 있으며 옥수수 가루, 건포도, 호두, 헤이즐넛과 꿀을 넣어 만든다. 노르치아(Norcia) 지역에서는 돼지 창자로 만든 부델라치오(Budellaccio)라고 하는 살라미가 있으며 파스타로는 길다란 실모양의 반죽을 꼬아서 만든 스트란고찌(Strangozzi)가 유명하다.

### 와인과 올리브 박물관이 있는 '토르지아노'(Torgiano)

이곳은 페루쟈 근교의 토르지아노라고 하는 마을이다. 로쏘디 토르지아노라고 하여 레드 와인이 유명한 산지이기도 하며 룽가로띠 와이너리에서 올리브와 와인 박물관을 운영하고 있어 이곳을 여행한다면 이두곳의 박물관은 꼭 필수 코스로 돌아보아야 한다. 매년 초가을에 생산된 비노 노벨로(Vino Novello: 햇 포도주) 행사와 햇 올리브유를 맛볼 수 있는 행사도 같이 진행된다고 하니 일정과 장소를 챙겨서 좋은 추억을 만들 수 있다. 특히 페루자 근교는 올리브 나무가 많아 올리브 열매, 올리브유도 유명하지만 오래된 고목을 이용한 예술 작품도 만들어 판매하는 곳이 있다. 페루자를 여행한다면 잠깐 토르지아노를 위해 하루 더 일정을 잡아도 좋을 듯하다.

토르지아노 탑

## 이태리 햇 포도주 비노 노벨로(Vino Novello)

나는 이태리를 여행할 때쯤이면 늘 햇 포도주를 마셨다. 매번 그 기간이 가을을 들어서는 길목에서 겨울까지 주로 여행을 하다 보니 늘 와인을 마신다. 한번은 나폴리 역 근처의 해산물 시장에서 노천에 파는 반투명 투박한 와인 병에 담겨 있고 코르크 마개가 아닌 두꺼운 철사와 마개가 달린 그리고 와인 라벨이 없는 가내 수공업으로 만들어진 포도주를 사서 나폴리 민박집에서도 마셨고 시에나 근처의 산지미냐노(Sangimignano)에서는 5유로에 두 병 하는 레드 와인과 화이트 와인 두 병의 햇 포도주를 사서 피렌체 민박집에서 야밤에 여행자들과 마셨다. 시끄럽다는 민박집 주인 아주머니의 잔소리를 피해가면서 마셨던 와인으로 주방에 불을 켜놓고 밤새 각자의 여행에서 얻

토르키오

은 경험과 추억의 보따리를 풀며 자랑삼아 마셨던 것들이 모두 그런 와인들이었다. 와인이라기보다는 삶의 보물이며 낯선 사람을 연결해 주는 매개체, 이태리인들에게는 문화 그 자체가 아닐까 싶다. 나는 매년 한국에서 보졸레 누보라고 하는 행사 기간에 판매하는 와인은 먹지 않는다. 우선 이태리에서 맛 본 햇 포도주에 매료되어서 입맛에 맞지 않았다. 국내에 매년 모 와인상이 수입하여 판매하고 있는 햇 포도주는 비노 노벨로 토스카노(Vino Novello Toscano)이다. 100% 산조베제(Sangiovese)를 사용하며 특히 풀리아(Puglia)주에서 생산된 것을 토스카나에 있는 와이너리에서 제조하여 만든 것으로 9월 4일 정도에 포도 수확을 한 것을 와인으로 만들고 11월 6일 정도해서 판매가 이뤄지는 와인이다.

## 천국의 땅 '친꿰떼레'(Cinque Terre)

난 피렌체를 기점으로 주위의 도시를 여행하는 걸 좋아했다. 피렌체 시내에 있는 민박을 이용하는데 민박집은 관광객들에게 유명 관광지를 소개를 한다. 그중 한 곳이 친꿰테레라는 토스카나와 리구리아에 접해있는 해변가 마을이었다. 절벽으로 이어져있는 다섯 개 마을을 의미하며 이곳은 유네스코가 지정한 세계 문화 유산이며 유명 관광지이기도 할 정도로 경관이 좋고 자연이 그대로 살아 숨 쉬는 곳이기도 하다. 피렌체에서 1시간 동안 레지오날레(Regionale)를 타고 피사에서 갈아타고 다시 라 스페지아(La Spezia)까지 인테르시티(Intercity)를 타고 50분 정도를 가면 도착을 하는 곳이다. 라 스페이지는 친꿰떼레를 들어가기 위한 입구이다. 다시 표를 구입하여 열차를 타고 두 번째 마을인 마라롤라(Mararola)에 내렸다. 여기는 국립공원으로 지정되어 체류를 원하는 날만큼 돈을 지불해야 한다. 하루에 5유로이며 사용할 패스도 같이 제공해 준다. 친꿰떼레는 바닷가 옆의 절벽 근처의 마을들로 깎아진 아찔한 절벽에 집을 짓고 절벽 사이로 테라스 형태로 일궈진 밭과 포도나무들이 계단식으로 잘 정돈된 대지에 포도들이 즐비하게 열려있고 바람에 포도 잎들이 너펄거리는 장면은 정말 장관이다. 포도 외에 주변을 여행하다보면 레몬, 오렌지 등도 쉽게 눈에 들어온다. 다섯 마을을 이동하기에는 걸어서 세 시간이면 충분하지만 다섯 마을을 관통하는 해안선 열차를 이용하면 불과 20분이면 충분하다. 마을마다 지형과 경치가 다양하여 등반을 하듯 절벽

친꿰떼레 유스호스텔

에 놓여진 밧줄을 잡고 산책을 하듯 여행을 해도 좋고 낭떠러지에 걸쳐 있는 포도송이를 보는 것도 삶의 풍요로움을 준다. 숙소는 두 번째 마을에서 내려 좁은 마을 입구를 지나고 돌길을 따라 언덕 위에 위치한 유스호스텔 입구에는 이 마을의 자랑거리인 낡고 오래된 토르키오(Torchio)가 자리하고 있었다. 먼저 도착한 관광객들은 프론트 앞에 서성이며 북새통을 이뤘다. 침대를 배정 받기에는 30분 정도 소요가 됐다. 체크인을 한 후 간단한 소지품을 챙겨 밖으로 나와 3번째 마을을 향하여 가는 마을 골목에 들어서는 순간 가정집에서 시끄러운 소리가 들려 날 잠시 머물게 했다. 가정집은 개울가를 지나 건너편 낮은 지대에 위치하고 있었고 조금 열린 창문 사이로 비치는 노부부와 청년이 큰 용기에 무언가를 신나게 밟고 있었다. 그건 자세히 보니 포도였다. 노인들이 장화를 신고 작업을 하고 있었고 아들은 이들을 지시하고 있었는데 뭔가 불만이 있는 듯 잔뜩 화를 냈다. 그 모습이 이태리 특유의 말씨와 화술 때문에 싸우는 것처럼 보였지만 열심히 일을 하고 있는 것이었다. 난 조심스럽게 말을 걸고 이태리 요리사로 미식 기행을 하고 있는 중이라고 말을 건넸고 거부감이 들지 않도록 조심스럽게 그들과 간단한 안부 인사를 시작하며 나의 우호적인 행동으로 다가서기 시작했다. 할머니는 그들이 장화로 신고 만든 포도 즙(Mosto)을 조그마한 종지에 떠서 테이스팅(Tasting)을 하라며 내게 건넸다. 난 인상을 찡그리며 이렇게 만든 걸 어떻게 마시냐는 표정을 지었고 그들은 나의 표정을 이상해했다. 할머니는 건넨 포도즙을 손수 먼저 시음하고 내게 건넸다. 나도 뒤따라 시음을 했는데 좀 전에 느낀 불신이 순식간에 사라졌다.

입안에 들어가는 순간 설탕물보다 진하여 천국으로 갈 정도의 달콤한 술을 머금은 듯했다. 알콜 도수는 느낄 순 없었지만 와인 향과 풍부한 과일 향이 입안을 가득 채워졌다. 그들은 이 포도주로 이 지방에서 판매되는 샤께트라(Sacchetra)라는 유명한 와인이라며 자랑을 했다. 바닷가 절벽으로 이어진 마을과 마을을 여행하다 보니 어느새 밤기운이 내려앉

샤께트라 와인

샤께트라 포도

았다. 유스호스텔 부근 마을에서 저녁을 먹기 위해 두리번거려 자그마한 파스타를 파는 트라토리아(Trattoria)급의 식당을 찾았다. 마침 식당은 오픈 준비를 하느라 분주해 보였고 아무도 없어 조용했다. 난 식사가 가능한지 묻고 자리에 앉았다. 식사를 주문하기 위해서 메뉴를 선택하는 데 고심하기 시작했다. 리구리아 지역의 전통 파스타를 선택했는데 그건 가르가넬리(Garganelli) 파스타였다.

이 파스타는 만들어진 유래가 너무 황당했다. 리구리아 지역의 아줌마가 동네 이웃들과 식사를 위해서 라비올리 반죽과 소를 준비해 놓았는데 주방에 있던 그녀의 이쁜 고양이가 라비올리 소를 다 먹어치워 아줌마를 당황스럽게 만들었다. 이미 손님들은 식사를 기다리고 있었고 당황한 그녀는 주변을 두리번거리더니 빗 모양의 도구와 막대 그리고 남은 라비올리 반죽으로 자그마한 정사각형으로 잘라 돌돌 말아 지금의 가르가넬리 파스타를 만들었다고 한다. 이렇게 하여 당황한 상황을 모면했다는 전설을 학교 수업시간에 들은 적이 있었다. 쫄깃한 가르가넬리 파스타는 고기, 생선 등의 라구(Ragu) 등에 잘 어울리고 그 이후로 이 지방에서는 가르가넬리 파스타가 유명해져 오늘날까지 생면뿐만 아니라 건면도 많이 판매가 되어 한국에서

garganelli

도 판매가 되는 파스타로 발전이 되었다. 이 식당에서는 오리 라구 (Ragú)에 버무려져 나왔는데 파마산 치즈가 듬뿍 들어가 맛이 정말 풍부했다. 드라이 면에 쫄깃함이 소스와 잘 어울렸다. 파스타 외에도 바닷가여서 그런지 싱싱한 해산물 요리와 특히 멸치 요리와 올리브 열매와 올리브유 등도 질이 우수했다.

　나는 이 훌륭한 분위기를 가진 바닷가에 있는 상황을 더 오래 지속하고 오래 간직하고 싶어 테이블 와인 한잔을 시켜 분위기를 잡으며 시간가는 줄 모르게 친꿰떼레의 밤기운에 취해 버렸다. 나는 취중에 능숙하지 못한 이태리어로 주인과 주방장에게 인사를 건네며 좋은 식사를 먹었다며 가벼운 인사를 나눴으며 주방에서 보

친꿰떼레 주방 직원

조라도 며칠 할 수 있는지를 묻고 그들의 호의를 기대했지만 그들은 완곡하게 거절했다. 친퀘떼레의 자랑인 파시또(Passito) 형태의 디저트 와인인 샤케트라 샤케트라 샤케트라(Schichettra Schichettra Schichettra)를 마시며 마지막 저녁을 보냈다.

## 제노바(Genova)의 자랑 콜롬버스

★ 제노바(Genova)의 먹거리

친퀘테레의 두 번째 마을에서 열차를 타고 세스티 레반테(Sesti Levante)까지 여러 개의 굴을 통과하고 기찻길 옆에는 따사로운 햇살을 내뿜는 지중해를 벗삼아 세스티에서 갈아타 제노바까지 갈 수 있었다. 제노바 중앙역에 도착하여 유스호스텔까지 가기 위해서는 버스를 타고 1시간 가량 더 가야했다. 유스호스텔은 시내를 벗어나 산속의 언덕에 자리하고 있었다. 그곳에서 하룻밤 묵고 아침 일찍 중앙역 부근으로 나와 항구 부근에 여행하면서 보니 수많은 포카차아를 파는 상점이 쉽게 눈에 띄었다. 포카치아 위에 *누텔라(Nutella), 치즈, 세이지, 바질 페스토 그리고 스트라치오(Straccio) 등을 올려 구운 포카치아 그리고 이색적인 포카치아로 초코 볼을 올려 만든 것들도 쉽게 볼 수 있다. 상점에 진열된 상품으로는 바질 페스토 그리고 제노바의 대표 파스타인 *코르제띠(Corzetti) 등도 쉽게 눈에 띄었다.

시장 한구석에는 우리의 시골 장터에서 검은 솥뚜껑에 돼지기름을 바르고 지짐을 부치던 그 모습인 것처럼 원형의 큰 철판에 반죽을 부어 전을 부치거나 오븐에 넣어 구워 만든 *파리나타(Farinata)를 만드는 모습을 보고 정겨워 한참 동안 멍하니 지켜보았다.

제노바의 대표적인 파스타는 공기 모양으로 0.5cm 정도 크기의 짧은 파스타로 제노바의 야채 수프나 여름에 즐겨 먹는 차가운 샐러드에 주로 사용되는 건 파스타 류인 스쿠꾸쭈(Scuccuzzù)가 있다. 생 파스타인 트로피에는 경질밀가루인 세몰라(Somola)와 물로 만을 넣어 만든 파스타로 계란을 넣지 않고 길쭉한 반죽을 양 손바닥으로 비벼서 모양을 만든 파스타로 제노바 지역의 대표적인 파스타이며 바질

누텔라(Nutella)이야기
초콜릿과 헤이즐넛 스프레드(Spread)로 피에트로 페레로(Pietro Ferrero)에 의해서 만들어진 것으로 피에몬테주의 랑게(Langhe)와 알바(Alba) 지역에 베이커리 사장으로 처음 만들어 판매한 것으로 알려져 있다. 누텔라의 주재료는 설탕, 야자 유, 우유, 헤이즐넛과 고형화된 코코아로 만든다. 현재는 전 세계인들의 입맛을 사로잡고 있다.

코르제티(Corzetti)이야기
리구리아 지역의 생 파스타로 리구리아 방언으로 쿠르제티(Curzetti)라고 하며 이 파스타는 두 가지 형태로 존재한다. 발 폴체베라 지역의 8자 모양을 한 것과 원형으로 몰드와 도장을 찍어 만든 쿠르제티 스탐파에(Curzetti Stampae) 두 종류가 있다.
대중적인 코르제티는 얇은 원형의 반죽을 도장으로 찍어 만들어 바질 페스토를 무쳐서 먹기도 하며 호두

나 버섯소스와도 잘 어울린다. 식료품점에서 건면으로 판매가 되고 생면으로 만들어 건조시켜 만든 파스타들이 대부분이다.

로 만든 향초 소스와 같이 즐겨 먹는 트로피에 알 페스토(Trofie al Pesto)라는 파스타 요리의 사용된다. 그리고 삼각형 모양의 라비올리로 근대, 리코타 치즈를 넣어 만든 제노바의 대표적인 라비올리인 판조띠(Panzotti)도 있다.

마름모 꼴로 잘라 만든 파스타 류로 밀가루와 물로만 반죽하여 묽게 한 후 크레페처럼 부쳐서 마름모꼴로 잘라 치즈, 바질 페스토, 토마토, 버섯소스 등을 넣어 먹는 파스타로 리구리아와 토스카나 일부 지역에서 즐겨 먹는 떼스타롤리(Testaroli)도 있으며, 링귀네, 훈제 연어, 이태리 파슬리, 그라파(Grappa) 그리고 생크림을 넣어 만든 링귀

파리나타(Farinata)이야기
제노바 도시의 병아리 콩으로 만든 전병 같은 요리이다. 병아리 콩가루를 물, 올리브유, 로즈마리, 후추 그리고 소금으로 간을 하여 테스토(Testo)라고 하는 구리로 된 원형 팬에 묽은 반죽을 부어 오븐에 넣어 구워낸 음식이다. 제노바의 항구를 여행하다 보면 시장에서 쉽게 볼 수 있으며 오래 전 우리나라의 어머님들이 솥뚜껑에 돼지 기름을 바르고 부침개를 부쳤던 모습이 떠오른다. 작은 크기로 잘라 포카치아에 끼워서 판매하기도 하며 작게 잘라 팀발(Timball) 요리의 사이에 넣어 만들기도 한다. 토스카나주의 리보르노 도시의 피자리아(Pizzeria)에서도 파리나타가 쉽게 눈에 띈다.

Trofie al Pesto

네 알 살모네(Linguine al Salmone) 파스타도 유명하다.

수프에 넣는 짧은 파스타로 듀럼밀과 물만으로 만들어진 드라이 면인 브리께띠(Bricchetti)가 있고 파파르델라(Pappardelle)와 유사한 파스타로 쇄기 풀을 넣어 만든 드라이 면으로 트리네 알 오르티카(Trine all'Ortica)가 있어 리구리아의 전통 파스타로도 유명하다.

대표적인 소스로는 제노바 스타일의 향초소스로 바질, 잣, 올리브 오일, 페코리노 치즈, 마늘 등을 갈아 만든 허브 소스인 *페스토 알라 제노베제(Pesto alla Genovese)와 호두, 잣, 땅콩 기름(Olio di Arachide), 넛맥, 마늘 등을 넣어 파스타의 양념으로 만든 살사 디 노치(Salsa di Noci)가 있다.

해산물 요리로는 시칠리아, 리구리아, 사르데냐 등지에서 만들어진 훈제 건조된 참치 살 모쉬아메 디 톤노(Mosciame di Tonno), 삶은 문어를 원형으로 굳혀서 얇게 썰어 절임한 카르파치오 디 폴포(Carpaccio di Polpo), 토스카나, 시칠리아, 사르데냐 그리고 칼라브리아 등지에서 생산되어 이 지역에서 만들어진 염장 건조된 알로 보통 숭어알로 만든 보따르가 디 무지네(Bottarga di Muggine)가 있으며 참치 알로 만든 보따르가도가 있다.

제노바식 바질 페스토와(Pesto alla Genovese) VS
트라파니 스타일의 페스토 소스(Pesto alla Trapanese) 이야기

페스토 알라 제노베제는 우리는 이미 바질 향초소스인 걸 알고 있다. 이탈리아 리구리아 주 제노바라고 하는 항구도시에서 처음 사용되었고 바질, 마늘, 앤초비, 페코리노 치즈 혹은 파마산 치즈와 잣 등을 넣어 만든 소스다. 제노바 뿐만아니라 리구리아주에 접해있는 일부 토스카나주에서도 찾아 볼 수 있고 인접한 나라 프랑스 프로방스 지역에서도 향초를 넣어 만든 바질 페스토와 비슷한 향초소스도 존재한다.

페스토 트라파니는 시칠리아 트라파니(Trapani)라고 하는 항구도시에서 유래한 소스로 이 지역은 소금의 질이 우수하다는 것은 다 알고 있는 사실이다. 이 도시에서 만들어진 소스로 토마토, 아몬드와 바질이 주로 들어간다. 토마토를 갈아서 돼직하게 만들기에 모든 요리에 잘 어울리는 차가운 소스다. 파스타 소스로 혹은 빵에 발라먹는 스프레드(Spread), 샐러드에 드레싱으로도 응용이 가능하다. 파스타에는 부드러운 식감을 주며 모든 파스타와 잘 어울린다. 기호에 따라 이태리 고추를 가감하여 매콤함의 강도를 줄 수도 있다.

페스토 알라 제노베제

페스토 알라 트라파네제

그 외에 우유, 세몰라, 설탕, 계란, 레몬, 바닐라로 반죽하여 튀긴 라테 돌체 푸리또(Latte Dolce Fritto), 초고버섯을 절임한 소토 오일(Muschio sotto oil), 바케트를 잘라 마늘 빵의 모양의 비스킷인 라카이오(Lacaio) 등도 있다.

제노바는 리구리아 주의 도시로 바닷바람을 맞고 자란 바질과 올리브가 그 진가를 발휘하는 곳이다. 풍부한 바질은 페스토 알라 제노제(Pesto alla Genovese)를 만드는 주 재료가 되며 올리브유뿐만 아니라 질 좋은 올리브 열매 또한 식사용으로 우수하다. 싱싱한 등 푸른 생선, 해산물 그리고 멸치 등이 풍부하여 앤초비로 만들어져 요리의 양념으로 사용된다. 제노바는 포카치아(Focaccia)가 탄생한 곳이기도 하며 특히 얇게 민 반죽을 펴서 속에 부드러운 연질 치즈를 듬뿍 넣어 반죽을 덮어 구운 포카치아 디 레꼬(Focaccia di Recco)를 먹어도 좋고 송아지 뱃살에 소를 채워 만든 메인 요리인 치마 알라 제노베제(Cima alla Genovese)도 맛을 볼 만하다.


## 이태리 최고의 올리브는 '따지아스케'(Tagiasche)

★ 임페리아(Imperia)의 먹거리

나는 임페리아(Imperia)로 가기 위해 제노바 피어짜 프린치팔레(Genova Piazza Principale)에소 8시 55분에 인테르시티(Intercity)로 출발하여 10시 26분에 임페리아 포르또 마우리지오(Imperia Porto Maurizio) 역에 내려 지중해의 눈부시고 따사로운 햇살을 만끽하며 역에서 내렸다. 바닷가로 향하면 이곳이 휴양 도시임을 알 수 있었고 항구에 긴 방파제가 있어 시원한 지중해의 바람과 생선의 비릿한 내음을 쉽게 느낄 수 있다. 이곳에서 조금만 들어가면 프랑스령인 니스(Nice)와 산레모(Sanremo)가 가까운 항구도시이다. 항구 주위로 요트들과 그리고 백사장이 있어 수영을 즐기는 모습도 쉽게 눈에 띈다. 나는 잠시 바쁜 일정을 접고 제노바 시장에서 구입한 우편엽서에 지인들에게 지중해의 향취가 듬뿍 담기도록 안부 글귀를 적고 근처 우체국에서 엽서를 부쳤다. 다시 바닷가로 내려와 낯선 곳을 거닐면서 가로수가 오렌지 나무인 것과 열매가 열려있는 모습에 너무나 이색적인 기분이 들었다. 항구 도시이면서도 바닷가도 깨끗하며 올리브가 너무나 유명한 곳이었다. 이탈리아의 미슐랭 가이드에 포함된 레스토랑들이 질이 좋고 가격이 비싼 이곳의 올리브 열매를 고집하는 이유도 그중의 하나인 듯했다. 깨끗한 자연환경에서 재배되는 것이기에 더더욱 그러할 것이다. 특히 해변에서 바닷가를 향해 큰 대포들이 설치되어 있는 것도 이색적인 광경들이었다.

최상의 올리브를 가지고 있는 지역으로 열매가 작고 갈색과 검정과 보랏빛을 띤 타지아스카(Taggiasca) 올리브가 있으며 또한 리비에라(Riviera) 지역에서 생산되는 올리브유를 최고로 뽑는다. 치즈로는 양유로 만든 페코리노 디 말가(Pecorino di Malga)가 있으며 대맥으로 만든 빵인 카르파시나(Carpasina)도 눈여겨 볼 만하다. 이 지역의 바닷가에서 잡히는 붉은 새우는 맛이 탁월하여 올리브유, 소금, 후추, 이태리 파슬리 그리고 약간의 레몬을 곁들여 조리 만해도 최고의 맛을 볼 수 있다.


## 메밀 파스타의 고향 '발텔리나'(Valtellina)

★ 발텔리나의(Valtellina)먹거리

밀라노 중앙역에서 북부인 손드리오(Sondrio)까지는 디레또(Diretto)를 타고 2시간 정도 걸린다. 한 시간 정도를 지나다 보면 레꼬(Lecco)를 지나면서부터 큰 호수와 주위에 큰 산으로 둘러 쌓여 있으며 장엄하고 웅장한 코모 호수가 눈앞에 펼쳐지고 아름다운 강 주위와 산 위와 기슭에 집들이 듬성듬성 있어 여유로운 자태를 뽐내고 있다. 강 주위에는 작은 요트들도 보여 부자들의 전유물처럼 보이는 고급 호화 빌라들이 즐비하게 놓여있었다. 호수 주위에는 자동차 도로와 기찻길 등이 있고 높은 산 위엔 눈 덮인 산 꼭대기가 보이며 눈앞에 시선도 안개에 뿌옇게 가려진 섬처럼 꼭대기 부분만이 형체가 똑똑히 보여졌다.

친꿰떼레(Cinque Terre)에서 보는 지중해와 다른 느낌을 호수에서 느낄 수가 있었다. 레꼬에서 다시 30분 거리를 기차로 달려 벨라노(Bellano)역까지 도착했지만 아직도 호수의 그림자를 벗어나지 못했다. 그만큼 코모호수가 크다는 것을 알 수가 있었다. 잔잔한 호수와

눈덮인 포도원

호수 주위의 집들 그리고 가을이라 느낄 수 있는 알록달록한 나뭇가지 잎들은 마치 내장산의 단풍을 보는 듯했다. 기차는 한참을 달려 콜리오(Colio)에 도착했고 여기부터는 더 이상 주변의 호수는 보이질 않고 산 아래의 평지에서는 사냥하는 사수와 사냥개 모습이 보여 평온하고 조용한 시골의 풍경이 펼쳐졌다. 더구나 농작물이 수확되어 들녘이 빈 공간으로 변해있었고 손드리아에 도착할쯤 국경이 멀지 않음을 표지판을 보고 알 수가 있었다.

역 표지판에는 이태리어와 낯선 독일어가 보였다. 주민들은 독일어를 사용하는 사람도 많고 노천에서 식사하는 사람들은 와인보다는 맥주를 마시는 풍경도 이태리에서는 보기 드문 모습이었다. 도시는 높은 산과 산 사이에 있는데 중앙이 아닌 가장자리에 마을을 따라 강이 흐르고 곳곳에 다리가 있고 도시를 벗어나 한적한 마을을 가기 위해서는 꼬불꼬불한 도로를 따라가다보면 시골의 파스텔 톤의 집들이 있는 촌락들을 볼 수 있고 마을 옆에는 계단식 포도밭들이 주위를 장엄하게 하며 마을을 뒤덮고 있다. 이곳은 자그마한 도시인 발텔리나(Valtellina)가 위치한 곳으로 와인인 디.오.치.지(D.O.C.G: 최상급의 이탈리아 와인 등급)를 1998년도에 얻었으며 악 조건의 포도밭을 가졌음에도 불구하고 우수한 와인이 생산되어지는 지역이다. 토스카나 주처럼 능선을 소유한 포도밭이 아닌 이곳은 주로 자갈밭으로 척박한 곳들이 많아 보이며 이곳에서 풍부하고 질 좋은 와인이 생산된다.

손드리아 시내에서 먼 산을 올려다보면 산 중턱에 기차 레일(Rail)이 깔려있는데 높은 산에서 수확한 포도를 운반에 쓰도록 운반차가 수시로 오르락 내리락 하는 모습이 보이며 높은 언덕에 포도를 일궈 사는 모습을 보면 이들은 와인 없으면 못사는 민족처럼 보인다.

발텔리나의 대표적인 음식으로는 메밀가루로 만든 생 파스타인 피쪼께리(Pizzoccheri)가 있으며 소고기로 만든 햄인 브레사올라(Bresaola)가 도시 사람들의 기본적인 맛을 책임지고 있으며 와인으로는 발텔리나 수페리오레(Valtellina Superiore)와 비또(Bitto) 치즈 등을 눈여겨 볼 만하다.

## 하얀 버블(Bubble)이 그리운 곳 브레쉬아(Brescia)

★ 브레쉬아의 먹거리

밀라노 중앙역에서 브레쉬아까지 디레또(Diretto)로 한 시간 정도 가면 닿을 수 있는 곳이라 롬바르디아 주의 풍습이 그대로 살아있는 도시이다. 루가나(Lugana) 지역과 프란치아 코르타(Franciacorta) 지역에서 유명한 와인이 생산되는 지역이다. 이 지역에서는 최고급 와인은 없지만 D.O.C 와인들만이 명성의 자리를 차지하고 있다. 이 지역은 또한 가르다(Garda) 호수와 인접한 지역으로 좋은 테루아를 가지고 있는 지역 중에 하나이다. 프란치아꼬르타 지역은 브레쉬아 도심을 포함하고 있어 포도를 재배하는 면적 또한 대단하다.

나는 저녁에 간단히 이 지역의 와인과 아페르티보(Apertivo)와 같은 음식으로 와인 테이스팅을 하며 외로운 밤을 보냈다.


첫 번재 테이스팅 와인

Terre di Franciacorta(레드와인이며 등급은D.O.C)

UVAGGIO: Cabernet Fran 50%, Cabernet sauvignon, 10%

Merlot 20%, Barbera10%, Nebbiolo 10%

회사명: Facchetti Erbusco


숙성이 덜 되었고 탄닌이 약하며 색은 무척 진했으며 과일 향이 났다.

두 번째 테이스팅 와인

Carpe Diem(레드와인이며 등급은 Vino da Tavola)

UVAGGIO: Merlot 20%, Cabernet sauvignon 80%

탄닌이 약하고 오랜 숙성이 이뤄지지 않아 파스타를 먹을 때도 적합할 듯하다. 테이블 용 와인으로 색다른 느낌을 받지 못했다.

회사명: Facchetti Erbusco

---

**와인과 잘 어울리는 스뚜찌키니(Stuzzichini)**

**Bruscetta di Pomodoro**
(브루스케타 꼰 포모도로)
토마토와 바질과 올리브유로 맛을 낸 브루스케타
+
**Crostini con Mascarpone e Gorgonzola**
(크로스티니 꼰 마스카르포네 에 고르곤졸라)
마스카르포네와 고르곤 졸라치즈를 올린 크로스티니
+
**Focaccia con Rosmarino**
(포카치아 꼰 로즈마리노)
로즈마리를 넣은 포카치아
+
**Sfoglia con Pomodoro, Spinaci e Prosciutto**
스폴리아 꼰 포모도로, 스피나치 에 프로쉬우또
토마토, 프로쉬우또와 시금치를 채워 구운 원형 보르방

지나친 와인 시음으로 혀가 마비가 오는 듯했고 특히 치즈를 올린 크로스티니는 치즈의 부드러운 질감과 고르곤졸라의 맛과 향이 나의 식욕을 점점 자극을 시켰다.

브레쉬아의 대표적인 요리는 큰 라비올리 일종인 칸소세이(Cansosei)가 있으며 리코타 치즈, 계란으로 소를 채우고 세이지 버터소스로 맛을 낸 요리가 유명하며 브레쉬아 스타일의 달팽이 요리와 보를로띠(Borlotti) 콩을 넣어 만든 소 내장 요리 등이 대표적인 요리들이다. 이 지역의 스푸만테 와인으로 유명한 최상급 프란치아코르타(Francicorta)가 있으며 루가나(Lugana)와 가르다(Garda) 호수와 인접한 브레쉬아 지역에서도 훌륭한 와인들이 생산된다. 나는 10월의 가을 밤이면 삼페인 잔에 따라 마시던 버블의 맛과 느낌을 잊을 수가 없다.

# 보따르가 크림소스 스파게티니

### Spaghettini con Crema di Bottarga

**TIP**

보따르카의 비릿한 맛과 짭조름한 맛이 크림과 잘 어울 린다:
염장 숭어 알은 와인 안주로도 매우 잘 어울린다.

재료 1인분

스파게티니 80g, 다진 양파 20g, 버터 10g

생크림 200㎖, 보따르가(염장 숭어알: Bottarga) 20g

파마산 치즈 5g, 이태리 파슬리 3줄기


이렇게 만드세요

**1** 팬에 버터와 다진 양파를 볶다가 생크림과 갈은 보따르가를
 넣어 조린다.

**2** 마지막에 삶은 스파게티니를 넣어 더 조린 후 파마산 치즈
 와 다진 파슬리를 넣어 향과 깊은 맛을 낸다.

**3** 접시에 담고 넉넉한 보따르가 가루를 뿌려준다.

 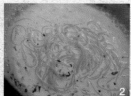 

# 04

# 남부 이탈리아는 마피아가 많다

파스타는 소랜토의 경계 지역인 자그마한 바닷가 마을인 그라냐노(Gragnano)에서 나폴리의 파스타 역사가 시작되었다. 피자뿐만 아니라 보자기 모양을 하고 있는 빵으로 삶은 감자, 밀가루, 라드를 이용해 만든 반죽에 앤초비, 토마토를 넣어 오븐에 구워낸 파뇨떼 산타 키아라(Pagnotte Santa Chiara)도 있으며 싱싱한 해산물을 이용한 메뉴들이 있는 것이 이곳의 장점이며 해산물과 잘 어울리는 화이트 와인인 파랑기니(Falanghini) 품종도 요리의 맛을 한층 더 높게 만든다.

## 알폰소 마피아를 만나러 가다

나는 피자스쿨 과정에 오기 전에 한국 내에 이탈리아 요리학원 일 꾸오꼬(Il Cuoco)에서 강사로서 일을 했다. 같은 시절에 선희 누나는 이태리에서 좋은 요리학교를 선택하여 학생들을 모집하여 연결해 주는 학원 사업에 종사하고 있었다. 한국 내 다른 요리학원과 조율을 하고 있었던 때에 나를 다른 학원에 스카우트를 하려는 걸 나는 마지막에 거절을 했고 서로의 좋지 않은 감정이 남아 있어 로마에서 피자 스쿨과 남부 이탈리아를 여행하기란 서로 관계가 좋지 않다는 것을 알았다. 서로의 여행 일정과 관심사는 다른 부분이었고 그러한 모든 것을 포기하고 내 일정에 맞추겠다는 의미는 여자의 몸으로 혼자 남부 이탈리아를 여행하기란 참으로 두려운 것 중에 하나인 것 같았다. 그녀는 유학을 마치고 5년이 지난 후에도 이탈리아에 머물고 있었는데도 불구하고 남부 이탈리아는 새롭다는 표현을 썼다.

우리는 로마의 한 민박집에 숙소를 잡고 1달 반 동안 같이 숙박을 하며 피자 과정을 듣기로 계획을 세웠다. 피자 과정을 시작하기에는 아직도 2주 정도 여유가 있어 나폴리를 시작으로 여행을 하기 시작했다. 그녀는 나폴리가 처음이었던지 하루 종일 시내와 지저분한 골목과 시장, 항구 등 그녀는 지칠 줄 모르는 체력으로 온종일 걸어 다녔고 나는 이미 나폴리부터 인내심에 바닥이 드러났다. 그녀는 모든 곳이 신기하다는 듯이 역 주변의 시장에서는 신선한 해산물과 조개류 등을 보며 한국 내에서의 해물과 비교를 해보면서 국내에 없는 해산물 얘기를 하며 재확인을 요구했다. 나폴리 시내는 내가 생각했던 것보다 지저분했으며 골목골목 사이에 빨래를 건조하는 천 조각들이 바람에 너덜거리는 모습이 이색적이었다. 우리는 식료품 가게에서 특산품을 구경을 하기 시작을 했고 유독 눈에 띄었던 와인은 *그레코 디 투포(Greco di Tufo)라는 화이트 와인이었다.

이 와인은 오래 전부터 디오치(D.O.C) 등급이었지만 이제는 이탈리아 와인의 최고 등급인 디오치지 (D.O.C.G)등급으로 상향이 되어 있었다. 이 와인은 아벨리노(Avellino) 전역에서 주로 생산되며 품종은 85%가 그레코(Greco), 코다 디 볼파 비앙카(Coda di Volpa Bianca)는 25%를 섞어 만든 화이트 와인이다. 병입하여 3년 정도 숙성시켜 발포성 와인을 만들어 유통한다.

나폴리는 파스타와 피자가 유명한 지역이다. 파스타는 소랜토의 경계 지역인 자그마한 바닷가 마을인 그라냐노(Gragnano)에서 나폴리

그레코(Greco) 와인 이야기
그리스 기원의 포도 품종으로 비안코(Bianco)와 네로(Nero) 두 종류가 있으며 캄파냐 주에서는 그레코 디 투포(Greco di Tufo) 라고 하는 최상급 화이트 와인이 그레코 비안코 품종으로 만들어진다. 오아시스 레스토랑을 떠나는 날 아침에 숙소 냉장고에 있는 자그마한 와인을 단번에 마셔버리고 차를 타고 힘들었던 그때 그 시절의 와인이 바로 이 와인 이었다.

의 파스타 역사가 시작되었다. 오래전부터 듀럼밀을 이용해 수많은 공장에 다양한 건조 파스타를 생산해 왔으며 수출을 했던 곳이기도 하다. 피자뿐만 아니라 보자기 모양을 하고 있는 빵으로 삶은 감자, 밀가루, 라드를 이용해 만든 반죽에 앤초비, 토마토를 넣어 오븐에 구워낸 파뇨떼 산타 키아라(Pagnotte Santa Chiara)도 있으며 싱싱한 해산물을 이용한 메뉴들이 있는 것이 이곳의 장점이며 해산물과 잘 어울리는 화이트 와인인 파랑기니(Falanghini) 품종도 요리의 맛을 한층 더 높게 만든다.

늦은 오후까지 나폴리를 구경하다보니 매우 피곤했다. 하룻밤 쉬고 내일 아침에 가고 싶었지만 그녀의 재촉으로 기차역으로 이미 이끌려 들어갔다. 야간열차로 시칠리아 행에 몸을 실었는데 그건 다름 아닌 침대칸이 들어있는 쿠쳇(Cuchet) 열차였다. 나폴리에서 시칠리아 섬까지 들어가기에는 무척 인내심을 요하는 여정인 듯했다. 육지의 땅끝자락인 레지오 칼라브리나(Reggio Calabria)를 지나고 나니 열차는 하역 작업을 심하게 하는 듯했다. 우리는 침대차 안에 우리 말고 다른 두 명의 일행이 있는 것에 긴장감을 놓을 수가 없었다. 물론 중년의 부부이긴 하지만 그래도 외국이라는 이유로 선잠을 잘 수밖에 없었다. 중간 중간 기차 량을 나누고 붙여서 큰 배 속으로 아니 큰 컨테이너 속으로 들어가는 듯 잠을 자고 있는 우리들은 소음 때문에 일어나야만 했다. 지겨운 하역 작업은 한참동안 계속 진행되면서 꽝꽝하는 소리며 수많은 소음이 발생하여 열차 안을 떠나고 싶을 정도였다.

알폰소의 파스타 이야기
파스타의 도시 그라냐노(Gragnano)를 아시나요?

비아로마(Via Roma)

이탈리아 남부 나폴리와 폼페이 근처에 있는 지그마한 도시 '그라냐노'는 전 세계적으로 파스타 만으로 명성이 높은 지역으로 오래전부터 파스타를 만들어 왔다. 멀리는 베수비오 화산이 보이며 나폴리에서 사철로 1시간 30분 정도 걸려 도착할 수 있다. 그곳은 500년 역사의 파스타 전통을 이어오고 있는 곳이다. 이곳은 계곡에서 내려오는 깨끗한 물과 밀가루를 이용해 1400년도부터 수작업으로 파스타를 만들기 시작했다는 것을 문헌에서 찾아볼 수 있고 바닷 바람으로 자연적으로 서서히 건조시켜 질 좋은 파스타를 만들었다. 성업을 했던 시기에는 파스타 제조사가 무려 100여 개가 있을 정도로 파스타 제조사와 일을 찾는 노동자들이 이곳으로 몰려들었다. 남부 지방 처음으로 그라냐노 역이 생기면서 질 좋고 대량 생산된 파스타를 이태리 내 다른 지역과 스페인 및 유럽 전역으로 수출하기 위해 그라냐노 역까지 생기게 되었다. 하지만 대량 생산 기계를 갖추지 못한 공장과 80년대 그라냐노의 대지진으로 인해 많은 파스타 공장들이 문을 닫고 위기를 맞게 된다. 그럼에도 불구하고 오늘날까지 그라냐노의 파스타 생산으로 질 좋은 파스타가 꾸준하게 만들어져 20여 개의 크고 작은 생산업체들이 아직까지 전통을 이어오고 있다.

시내 중신에 있는 비아 로마(Via Roma: 로마거리)는 오래전 이 거리에서 수작업으로 만들었던 파스타를 건조를 했던 곳이며 지금은 파스타 축제가 열리면 메인 행사가 치뤄지는 곳으로 역사적으로 유명한 거리이기도 하다. 그라냐노의 파스타의 성공의 비결은 자연적인 조건과 그들의 열정에서 나온다. 계곡에서 나오는 질 좋은 물과 만든 파스타를 건조시킬 바닷바람 물론 지금은 공장에서 만들어 진다. 그리고 대를 이어온 전통적인 방식으로 만든 파스타 그리고 유럽 전 지역에서 수입해 온 질 좋은 경질밀인 세몰라와 파스타 도시라는 브랜드 마케팅이 성공 요인이 아닐까 싶다.

어느덧 오랜 시간이 지나 눈을 뜨니 기차는 시칠리아 해안가 철길을 시원스럽게 달리고 있었다. 열차 안에서 보는 밖의 풍경 중 밭에는 유독 겉 잎이 시들어있는 양배추가 많이 심어져 있는 것을 보았다.

지중해의 따뜻한 햇볕이 열차 창가에 비쳐 우리에게 따뜻한 햇볕을 선사해 주었다. 어느덧 섬의 주 도시인 팔레르모에 우린 도착을 했다. 짐이 많은 관계로 역 안에 짐을 보관을 한 후 이곳저곳을 돌아다니기 시작했다. 밤새 기차 안에서 선잠을 잤기에 컨디션도 좋지 않았지만 아까운 시간 때문에 우린 휴식도 없이 이국적인 팔레르모(Palermo) 시내 곳곳을 헤매고 다녔다.

★ 시칠리아의 먹거리

카페 안에는 우리에게 친숙한 많은 디저트, 그리고 먹거리들이 즐비하게 놓여져 있다. 이것들 중 시칠리아를 대표하는 음식들인 *카싸타(Cassata), *마르자빠네(Marzapane), *아란치니(Arancini) 등이 놓여 있었으며 그리고 퀄리시말리(Qualisimali)도 있었으며, 이것은 토스카나주의 쿠키인 칸투치(Cantuci)와 유사해 보였고 또한 스푸마(Spuma) 등이 있고 이것은 마치 머랭 과자에 색소만 넣어 만든 것처럼 보였다.

그리고 카놀리(Cannoli)가 날 반갑게 맞아준 것 같아 이제 시칠리아에 왔구나 하는 느낌이 들었다. 도시는 전혀 다른 문화를 가지고 있는 듯했다. 이곳 섬 마을 사람들은 이방인에 대해 이상한 눈초리를 보내지 않아 좋았다.

남부 이탈리아에서는 늘 느낀 적이 있었지만 여기는 관광객이 많아서 인 듯하여 외지인들인 우리를 한참동안 주시하기도 했다. 또 신경을 쓰지 않아 교차하고 만나는 건물마다 여러 가지 건축 양식이 각각 다양하여 외세 침입을 많이 받았음을 알 수가 있었고 오래된 건물이나 돌산들이 처량한 모습을 유지하고 있었다. 여전히 그들은 건물 공사를 진행한다 해도 장시간 천천히 진행되어지기 때문에 더 초라해

### 카싸타(Cassata) 이야기

카싸타는 시칠리아 팔레르모의 전통적인 디저트의 하나로 아이스크림, 말린 과일, 견과류와 설탕 절임을 넣어 만든 디저트다. 둥근 스폰지 케이크 형태에 리큐르나 과일 주스로 스폰지를 촉촉이 적시고 사이사이에 리코타 치즈, 설탕절임 과일 등을 넣기도 하지만 간혹 바닐라 아이스크림이나 초콜릿 등을 채우기도 하고 겉은 아이싱(Icing)하여 마감을 하고 당절임과일을 올려 장식을 하기도 한다. 카사타 카타네제(Cassata Catanese)는 위 아래에 파이 도우를 깔고 리코타를 넣어 오븐에 굽는 형태도 있다.

### 아란치니(Arancini)이야기

리조또한 쌀을 굳혀 라구(Ragu)소스나 토마토소스를 넣고 모차렐라 치즈 또는 완두콩을 넣어 만든 완자를 빵가루를 입혀 튀겨 낸 시칠리아 메시나(Messina)의 전통적인 라이스 볼로 들어가는 소와 형태는 매우 다양하다. 아란치니는 이태리어로 오랜지를 의미하며 로마에서는 수플리(Suppli)로 알려져 있다. 특히 이태리 시칠리아를 여행하다보면 허기진 배를 채우기에 좋은 메뉴중 하나다. 방금 만든 아란치니를 구입하여 한입 베어 먹으면 뜨거운 치즈가 녹아내려 그 맛을 잊을 수 없게 만든 것이 아란치니였다.

### 카놀리(Cannoli)이야기

시칠리아의 디저트로 튜브 모양의 튀긴 페이스트리 반죽에 리코타 치즈, 건과일 등으로 채워 만든 디저트다. 시칠리아 팔레르모에서 유래되었으며 사순절 기간에 먹었던 것으로 유래가 되었다. 지금은 전 세계적으로 유명해진 이탈리안 디저트 중 하나다.

보이곤 했다. 고 건물 자체를 유지하며 리모델링하는 건물들도 많아 보인다. 미식 기행을 하기 위해서는 사전에 유명한 특산물을 숙지하는 것은 기본적인 상식인데 와인 숍에서 접하는 와인들은 이곳에서 네로 다볼라(Nero d'Avola) 품종이 많이 재배됨을 알 수가 있었다. 품종으로 만들어진 와인들이 많다는 것에 세삼 놀라는 나의 표정을 본 후 점원은 시칠리아의 시라쿠사(Siragusa)에서 네로 다볼라와 모스카토(Moscato) 품종이 많이 재배된다고 말을 건넸다. 그리고 시칠리아를 대표하는 디저트 와인인 마르살라(Marsala) 와인이 눈에 쉽게들어 왔다. 시간이 어두워지기 시작하여 역에 있는 관광 안내소를 찾아 인근 유스호스텔의 정보와 지도를 얻어 이동을 했다. 시내에서 멀리 떨어진 외곽에 있고 한 번에 가는 버스가 없고 갈아타서 외곽에 위치하고 있음을 알 수가 있었다. 안내소 직원은 친절하게도 지도 위에 버스를 갈아타는 지점과 번호까지 마킹을 해주었다. 선희 누나는 오랫동안 이탈리아에 있었는데도 불구하고 길을 물어보고 찾아가는데 신경을 쓰지 않아 모두 나의 몫이 되었다. 낯선 장소와 버스 안에서는 나의 소심한 성격이 나와 기사에게 물어보는 이태리어는 속으로 기어들어 갈 정도로 소곤소곤 얘기를 하면 발음도 완벽하지 않지만 작은 목소리에 뭐라고 내게 다시 되묻기 일수였다. 팔레르모 역에서 101번 버스를 타고 가스페리 광장(Piazza de Gasperi)에서 내려 다시 628번 버스로 갈아타고 40분 가량 시골길을 따라서 올라가기 시작하여 종착역인 페르마타 푼타 마테세(Fermata Punta Matese)에 도착을 했다. 이곳은 한적한 바닷가 어촌 마을이었고 한 시간 30분 버스를 타고 와서 그런지 어지럼증을 호소했다. 유스호스텔은 언덕 위에 위치해 있어 먼 곳의 바닷가 근처의 집들의 불빛이 유독 고요한 밤을 만들고 있었다. 유스호스텔 안에는 시즌이 종료되어 우리를 제외한 3명 정도가 로비에 앉

---

### 시칠리아 해산물 레스토랑 메뉴

**Antipasti misti - Gamberi frittati, Sardina grigliata, Calamaretti frittata, Scombro pangrattato, Tonno affumicato con Limone**
새우 튀김, 그릴한 정어리, 한치 튀김, 빵가루를 입혀 구운 고등어,
레몬 소스를 뿌린 훈제 참치
+
**Primi piatti - Maccheroni con Salsa Triglia**
숭어와 휀넬로 맛을 낸 단호박 마케로니
+
**Linquine alle Vongole**
조개로 맛을 낸 링귀네
+
**Risotto alla Polpa**
문어 살을 넣은 리조또
+
**Secondi piatti - Branzini al Forno**
오븐에 구운 농어
+
**Astice al Arrosto**
석쇠와 오븐에 구운 바닷가재
+
**Dolci - Sorbetti al Limone**
레몬 셔벗

---

아 있었다. 우린 간단히 짐을 풀고 해변 도시에 나가 저녁을 먹기로 하고 길을 나섰다. 많은 레스토랑들이 있지만 그중 이곳의 해산물을 주로 하는 메뉴를 찾아 한 레스토랑에 들어갔다. 하지만 웨이터는 이곳은 준비된 메뉴판이 없고 그날그날의 신선한 해산물을 가지고 코스로 구성하여 만들어 제공하는 요리로 메뉴나 조리 방법 또한 선택의 여지가 없다며 단 한가지의 코스 요리만 있다고 하여 우리도 억지로 코스 요리를 먹어야만 했다.

이 모든 메뉴의 가격이 24유로면 적당하다. 처음엔 싱싱한 해산물 모듬 전채를 먹을 때는 배가 너무 고파서 허겁지겁 맛있게 먹었지만 이 모든 요리를 먹었을 때는 이미 배가 너무 불러 소화제에 의존을 해야만 했다. 이 나라 사람들의 양이 대단함을 다시 한 번 느꼈다. 파스타와 리조또 그리고 농어를 먹으면서는 레스토랑의 음식이 훌륭하다는 것을 못 느꼈다.

해산물 레스토랑 사장과 함께

그런 와중에서도 선희 누나는 다이어트를 하고 있어서 식사 중간에 음식을 음미하고 나면 여러번 화장실에 다녀왔고 그런 행동에 이해를 못했지만 그녀는 맛에 대한 애착을 가지고 있었다. 음식이 훌륭하진 않았음에도 싱싱한 해산물 요리에 만족을 하다 보니 나

시칠리아 해산물 레스토랑

름 만족하며 식당에서 일어났고 여분의 서비스 비용을 테이블 위에 놓고 나왔다. 돌아오는 골목 골목에서 시칠리아의 바닷가의 네온 불빛과 바다 냄새를 맡으며 숙소에 돌아와 우린 시합이라도 하듯 먼저 곯아떨어졌다. 하지만 너무나 많이 먹은 탓에 밤새 잠을 이루지 못한 채 뒤척였다.

나는 새벽녘에 일어나 숙소 앞마당에서 나가 바닷가가 쉽게 눈에 들어왔다. 마침 희미한 불빛으로 어두운 바다를 밝히면서 떠나는 돛단배를 보았다. 이건 마치 도화지 위에 그려진 한 폭의 그림임을 강조하는 듯했다. 그만큼 이곳은 자연경관이 수려했다. 우리는 이른 아침 마르살라(Marsala)를 가기 위해 유스호스텔 앞 정류장에서 버스를 타고 팔레르모 역으로 향했다. 마르살라를 가기 위한 버스는 역 앞에 위치한 풀만으로 갈아타야 했고 더더욱 1시간 정도를 기다려야 했기에 팔레르모 시내에 위치한 시장을 둘러봤다. 역 주변의 시장은 생선, 육류, 야채 등 다양하게 볼 수가 있는데 유독 우리의 시선을 집중시킨 것은 염소고기인 카프레토(Capretto)였다. 정육점 앞에 털 하나도 없이 머리부터 꼬리까지

시칠리아 유스호스텔 주변 바닷가

시칠리아 바닷가

걸려있는 모습이 우린에겐 혐오스럽기까지 했지만 현지인들은 아무도 신경을 쓰지 않는 모습이었다. 가끔 이태리를 여행하다보면 마트(Mart)에 가면 토기 고기도 있는데 손질된 몸통과 머리까지 포장되어 있었고 프로쉬우또도 발톱이 달린 다리가 그대로 있고 심지어는 검정색인 털도 붙어있는 채로 눕혀져 있는 것을 보면 이쯤이야 아무런 일이 아닌 듯했다. 야채류 등은 원산지를 보면 인근 섬지역인 아프리카의 튀니지 산이 대부분이었다. 가깝기도 하겠지만 저렴해서 그런 듯했다. 우리의 시골장터와 유사했지만 복잡하고 시끌벅적하다는 사실만 조금 달랐다. 그리고 인살라타 디 네르베띠(Insalata di Nervetti)가 냉장고 안에 놓여 있어 마치 한식의 도가니탕이 생각이 났다. 우리처럼 이들도 연골을 음식에 사용하고 차갑게 먹는 것을 보니 사람 식성은 비슷하다는 걸 느꼈다.

우리는 마르살라를 가는 길목에 마자라(Mazara) 지역을 거쳐 가는데 완만한 구릉지로 포도나무가 즐비하게 심어져 있어 마르살라 지역이 가까워 옴을 알 수가 있었다. 마르살라는 자그마한 휴양지 항구임을 알 수가 있었는데 바닷가에 정박해 있는 많은 요트들이 한눈에 들어왔다. 이탈리아 요리사라고 하면 디저트 와인인 마르살라 와인을 모르면 요리사가 아니라고 할 정도로 디저트 소스에 자주 등장한다. 현지에 와서 보니 디저트 와인만이 있는 것은 아님을 알 수가 있다. 정찬 코스용 화이트, 레드 와인 등 다양하게 생산이 되고 있으며 스테인네스 와인 숙성 통이 있는 수많은 와인너리 등이 바닷가를 기점으로 자리하고 있었다.

  디저트 와인인 마르살라는 이탈리아인에 의해서 만들어진 것이 아
니다. 시칠리아는 오래전부터 수많은 외세 침입을 받아 다양한 문
화가 공존하는 곳이기도 하여 오래전 영국인들은 시칠리아에 훌륭
한 포도를 탐내 그들 나라의 본토에 가져가기를 원했다. 하지만 오
래전에는 교통수단이 배를 이용해야만 했기에 와인을 통에 담아 배
에 실어 오랜 기간 동안 항해를 하여 영국에 도착하면 이미 상해버리
고 말았다. 여러 번의 실패를 한 영국인들 중 '우드 브릿지'에 의해 와
인에 주정을 섞어서 폭풍우와 비바람을 맞고 항해를 했음에도 불구
하고 와인의 상태가 나빠지지 않았으며 훌륭한 맛을 냈다고 하여 그
의 노고를 기리기 위해 마르살라 항구 도시에 그의 이름을 딴 거리가
조성이 되어 있는 것을 보고 신기해하지 않을 수가 없었다. 우린 그
중 아담한 와이너리에 들어가 간단히 시음을 요청했다. 우리는 와인
유통업자도 아니고 호화스런 세단이나 자가용을 이용하는 중간 도매
상도 아니기에 우리를 대하는 주인들의 태도가 어색하지 않을까 하
는 걱정을 했지만 그건 우리만의 생각이었다. 여사장인 프란체스카
(Francesca)는 우리를 시음 장소로 안내해 주며 그들이 프로모션하고 있
는 와인을 꺼내 놓으며 우리에게 시음을 시켜 주었다. 그들의 와인이
며 마르살라 와인의 역사 등에 관해 들으면서 좋은 시간을 보냈다.
그 기분이란 정말 좋았다. 하지만 여기까지만 기분이 좋았다. 나를
당황스럽게 만드는 선희 누나의 이상한 행동이었다. 우린 이제 시칠

리아를 여행하기 시작한 지 고작 4일이 되었다. 아직도 10여일 가량의 남부 이탈리아의 여정이 남아 있음에도 불구하고 시읍한 와인을 모두 한 병씩 구매를 하겠다고 하는 것이었다. 모두 4병이나 되어 그녀의 절친한 친구를 위한 몫인 것이다. 도저히 내 짐과 그녀의 짐을 봤을 때는 상식적으로 이해가 가지 않는 부분이다. 우리의 이동 수단은 단지 버스와 도보이기 때문이기에 더더욱 상식 밖의 일이다. 우리는 다시 마르살라를 떠나 다시 팔레르모로 돌아왔다.

## 소금의 도시 트라파니(Trapani)

중학교 시절 김제 남포 근처에 염전을 보아왔던 그 모습을 떠올리며 시칠리아 여행을 했음에도 불구하고 가보지 못해 아쉬웠던 곳이 이곳의 염전이다. 수세기 동안 이탈리아 본토까지 제공하고 남아 외국에까지 우수한 품질을 인정받아 세계로 수출을 하고 있는 미네랄이 풍부한 트라파니의 백색 소금이다.

트라파니의 해수, 늘 작렬하는 태양, 따스한 바람 그리고 오래전부터 내려오는 선조들의 전통적인 방법으로 만들어 오는 제염 방법들이 세계적으로 유명한 소금으로 만들어 내고 있다.

이들의 소금은 일반 소금보다 미네랄과 마그네슘, 요오드, 칼륨 등이 풍부하며 화학적인 방법을 이용하지 않고 자연적으로 노동자들의 수 작업만으로 만들어 낸다. 이탈리안 셰프를 하고 있지만 원초적인

트라파니 염전

내 입맛에 맞지 않음을 여러 번 느꼈다. 트라파니 소금도 유명하지만 난 뿌리가 한국인임은 어쩔 수 없는 모양이다.

트라파니 소금보다 신한의 토판염이 내 입맛과 나의 요리에 잘 어울린다. 언제일지 모르겠지만 넓게 펼쳐진 염전 풍경과 소금 산 그리고 풍차 모습 그리고 소금 박물관에서 그들의 살아온 선조들의 발자취를 더듬어보고 싶다는 충동이 일어난다. 오늘도 트라파니 소금 산 너머로 비치는 낙조의 불빛을 볼 수 있는 그날을 기약한다.

★ 시칠리아에서 꼭 먹어 봐야 할 음식

**아란치니(Arancini)**

시칠리아의 쌀 튀김으로 미트소스, 모짜렐라, 완두콩들을 리조또 쌀 안에 내용물을 채워 빵가루를 입혀 기름에 튀긴 쌀요리로 로마 요리인 수플리(Suppli)와 나폴리의 팔리네 디 리소(Palline di Riso)와 유사한 음식이다.

카놀리 알라 시칠리아나(Canoli alla Siciliana)

튀긴 반죽에 리코타치즈와 사탕절임등을 채워 만든 시칠리아의 전통 디저트.

페코리노 치즈(Pecorino Siciliana)와 졸깃한 생과일 아이스크림인 젤라토(Gelato) 그리고 참치

페코리노 치즈는 양유로 만든 치즈로 트라파니, 팔레르모, 아그리젠토 등에서 주로 생산이 되며 페코리노 로마노와 유사하나 뒤늦게 알려진 치즈이다. 시칠리아의 질 좋은 참치를 이용해 만든 참치 보타르가(Bottarga)는 전 세계적으로 유명한 저장음식이다. 참치를 이용한 요리가 많고 특히 톤노 인 아그로돌체(Tonno in Agrodolce)요리는 참치와 양파를 넣어 새콤달콤하게 만든 음식으로 전통적으로 내려오고 있는 메뉴다. 또한 가장 서민적인 음식으로 양 내장을 서양대파에 돌돌말아 숯불 위에 구워 소금과 레몬즙을 곁들여 먹는 스티기올라(Stighiola)라는 길거리 음식이 있으며 팔레르모뿐만 아니라 섬 전체에서 쉽게 볼 수 있는 음식이다.

우리는 팔레르모로 다시 돌아와 카타니아(Catania)와 시라쿠사를 가기 위해 카타니아 행 버스를 타고 4시간 가량 버스 안에서 이색적인 풍경을 볼 수가 있었다. 이태리 본토와 다른 이질적인 모습을 간직하

고 있었고 같은 섬에서도 팔레르모에서 카타냐는 완전히 극과 극에 위치하고 있었다. 이동하는 데 시간도 많이 걸렸지만 다양한 풍경과 사막도 보이면서 다른 나라에 온 걸 느꼈다. 그 사막 위에 많은 선인 장들이 있고 그들의 자태를 우아하게 하는 빨간 빛깔의 열매인 피코 디 인디아 (Fico di India: 선인장 열매)가 시칠리아임을 다시 한 번 과시하고 있었다. 많은 군락이 이루어져 사람의 손이 닿지 않는 곳에는 더 더욱 무성하게 보였다.

　버스가 카타니아에 거의 도착할 쯤부터 지대는 평지에 가깝고 올리 브, 감귤 등이 자주 눈에 띄었고 카타니아 도시에 도착한 나는 도심 을 돌아다녔고 어둡고, 지저분한 거리를 거닐며 우울한 느낌을 받아 도시의 이미지는 좋진 않았다. 팔레르모는 생동감이 있다면 이곳은 침울한 느낌을 받고 있었다. 우리는 카타니아에서 해변 가 도로를 거 쳐 시라쿠사로 이동을 하며 바닷가 경치를 보며 시라쿠사에 도착했

말고기 구이

다. 이곳은 해변이 주요 관광지이며 시내에는 오래된 유적지가 많고 오 래된 건축 양식 때문에 관광객들이 온종일 분주했다. 시라쿠사의 시 내를 구경 후 한적한 외곽으로 빠 져나와 해변가를 끼고 여행하는 길에 조그마한 정육점을 발견했 다. 정육점 주인은 장갑을 끼고

말고기 굽는 주인아저씨

날카로운 뼈를 바르는 작업을 하고 있었고 본 라이프(Bone Knife)를 잡고 현란하게 고기에서 뼈를 발라내는 작업을 하고 있었다. 발라진 뼈는 동물의 뼈 중에서도 상당히 크고 두꺼운 형체를 하고 있는 뼈들이 많았다. 그건 다름 아닌 말고기였다. 우린 굵직한 뼈를 발라내는 작업을 한참동안 바라보았다. 신기하게 바라 보고 있는 장인 아저씨는 우리에게 말을 걸어왔다. 그 아저씨는 누나에게 호감이 있는 듯 질문을 퍼부었고 그의 음탕함을 눈치 챈 그녀는 요리와 음식에 관한 질문과 답을 이끌어갔다. 누나에게 호의적인 틈을 이용해서 말고기를 먹을 수 있는 기회가 생겼다.

주인장은 이미 만들어진 말고기로 만든 고기 완자인 폴페티(Polpetti)를 장작 위에 올려 구웠다. 숯불에 구운 완자를 건네며 시칠리아에서 유명한 음식 중 하나라며 우리에게 자랑삼아 시식하기를 권했고 난 호기심으로 난생 처음 말고기를 먹었다. 다른 육류의 고기와 맛이 이상하게 다르다는 느낌은 전혀 받지 못했다. 정육점 안에는 말 한 마리가 부위별로 손질되어서 방대한 고기 양이 진열되어 손님들을 기다리고 있었다.

우리는 카타니아(Catania)에서 17시27분에 출발하는 바리(Bari)행 밤 기차에 몸을 실었다. 우린 밤새 좁은 인테르시티(Intercity) 안에서 잠을 자기를 반복하면서 다음날 아침에 바리역에 도착했다.


### 오레끼에떼(Orechiette)를 제대로 배워야지!

★ 풀리아의 먹거리

풀리아 주는 올리브 나무가 전체를 뒤덮고 있다고 해도 과언이 아니다. 이탈리아에서 올리브유가 가장 많이 재배되는 지역이다. 기차를 타고 남부 이탈리아를 여행하다 보면 사방이 오래된 올리브 나무로 둘러쌓여 시선을 가리고 있는 경우가 많을 정도로 빼곡하다. 우리는 시칠리아를 건너와 먼저 바리 시내를 둘러보기로 했다.

바리는 카타니아에 비해 정말 깨끗한 항구 도시였다. 올리브오일, 프리미티보(Primitivo) 와인, 여러 가지 절임한 야채류 등 그리고 풀리아의 전통 파스타인 작은 귀 모양인 오레끼에떼, 푸질리(Fusili), 카바텔리(Cavatelli) 등의 생 파스타가 유명한 지역이며 오레끼에떼 같은 생면은 가내 수공업으로 가정에서 만들어 알리멘타리(Alimentali) 상점에

판매한다. 우리 같은 관광객들이
여행의 기념품으로 구매해서 가
는 경우와 특히 수제 생 파스타
라는 이름 하에 전 세계적으로
팔려 나간다. 풀리아(Puglia) 시
내를 벗어나 한적한 주택이 밀
집되어 있는 카스텔로(Castello)

오레끼에떼

라고 하는 골목에는 집집마다 아낙네들은 각자의
집의 입구에 작업 테이블과 의자를 꺼내 놓고 생 오레끼에떼를 만드
는데 현란한 손놀림으로 순식간에 파스타를 만들어 낸다. 신기한 나
머지 우리도 배워보고 싶어 선희 누나는 그녀들의 어깨를 직접 주물
러 주며 특유의 친화력을 발휘했다. 그녀는 전직 간호사였기에 어깨
가 많이 뭉쳤다며 오랜 시간 일을 하다가도 가끔 어깨를 풀어줘야 한

오레끼에떼(Orecchiette) 축제
이태리 남부의 대표적인 파스타하면 오레끼에떼를 손꼽는다.
동네 아낙네들은 집앞에 탁자와 의자를 꺼내 수다를 떨면서 하
루 종일 만들어 낸 세몰라(Semola)를 이용한 수제 전통 파스타
를 만들어 낸다. 전통적인 방법으로 만든 토마토소스나 무청과
브로콜리로 만든 소스를 곁들인 파스타가 대표적이며 남부 이
탈리아 바리(Bari)와 타란토(Taranto)의 중간 지점인 자그마한
꼬무네인 카란나 치스텔니노(Caranna Cisternino)에서 매년 8월
초에 약 3일 동안 축제가 열린다.

다며 그녀들을 걱정해 주었고 직접 안마와 마사지를 해주었으며 끝난 후 생 파스타를 만드는 방법을 직접 전수받기 시작했다. 처음에는 복잡하여 제대로 된 모양이 나오지 않았지만 여러 번 반복에 의해 비슷한 면이 손가락 사이로 수북이 쌓였다. 그녀들은 마치 1분에 누가 빨리 많은 양을 만드는지 시합을 하듯 양손을 분주하게 움직였다. 오지랖이 넓은 선희 누나는 아줌마들을 상대로 이런저런 말을 건네며 금세 오레끼에떼(Orecchiette)를 만드는 법을 배웠다. 그녀는 간단한 의학적인 상식을 동원해 가면서 그녀들과 금세 친해졌다. 아줌마들은 하나 같이 목통증을 호소했고 선희 누나는 또 다시 마사지를 하면

Ristorante 'il cielo'

시음와인: **Primotivo Rosso**(하우스 와인)

+

**Pane Cpmune**
식전 빵

+

**Cavatelli con Frutti Mare**
화이트 와인으로 맛을 낸 해산물 카바텔리

+

**Inpepata Cozze**
와인 홍합 찜

+

**Orecciette con Panna and Salsiccia**
살시타와 생크림으로 맛을 낸 오레끼에떼

서 동양적인 민간요법이란 걸 설명하는 듯했다. 온종일 앉아서 작업을 하기 때문에 대부분 아줌마들은 하체 비만이었다. 금세 친해진 누나는 주위에 맛있는 트라토리아(Trattoria)급의 식당을 소개받았고 우린 점심을 먹기 위해 자그마한 식당으로 행했다.

바리하면 머리에 떠오르는 작은 귀 모양을 하고 있는 오레끼에테(Orecchiette)다. 말고기를 이용하여 만든 라구 소스에 오레끼에떼를 버무려 만든 파스타며 또는 치메 디 라파(Cime di Rape: 무청)와 잠두콩 퓨레를 곁들여 오레끼에떼를 먹기도 한다. 홍합을 이용한 카바텔리 파스타며 쌀과 홍합, 감자 등을 넣어 오븐에서 조리한 리소 알라 바레제(Riso alla Barese)도 유명하다. 바리는 아드리아를 끼고 있는 도시로 해산물 요리가 다양한데 특히 올리브를 넣어 조리한 도미 요리인 덴티체 알레 올리베(Dentice alle Olive)도 맛볼 만하다. 말고기도 유명하여 후레쉬 소세지로는 잠피나 디 삼미켈레(Zampina di Sammichele)가 있어 바리 지역의 요리에 사용된다.


## 알폰소는 자유다

선희 누나는 갑작스러운 개인적인 일이 생겼다며 북쪽의 쿠네오(Cuneo)로 출발했고 피자스쿨 기간에 다시 보기로 하고 우린 헤어졌다. 난 혼자 바리에서 차편으로 살레르노(Salerno) 부근으로 여정을 옮겼다. 아드리아해에서 반대편인 지중해 부근까지 가기 위해서는 고속도로를 거쳐 4시간 이상이 소요됐다. 살레르노는 인접한 아말피 (Amalfi), 폼베이(Pompei), 소렌토(Sorento)를 잇는 관광지를 가지고 있다. 살레르노는 해변가 도로를 끼고 있어 관광객들이 즐비하게 모여 있었다. 이런 모습에 익숙지 않아 저녁의 숙식을 해결할 곳을 찾기 시작했다. 유스호스텔에 체크인을 한 후 간단하게 샤워를 했고 식사 대신 와인 바를 찾았다. 간단한 아페르티보(Apertivo)음식과 솔로파카 (Solopaca)라는 레드 와인을 주문하고 한 잔씩 마시기 시작했다. 이 와인은 D.O.C 등급의 와인으로 이 지방을 대표하는 와인이며 세미 세코(Semi secco) 정도와 미디엄 마디(Medium body)정도의 느낌을 받을 수 있었다.

옆 테이블에서는 사장과 손님 간 와인에 관한 언쟁이 시작되었는데 단 두 테이블 밖에 없었기에 이방인인 나에게도 이탈리아 와인의 우수성에 대해 자랑을 시작했으며 사장은 프랑스 와인이 저급 와인들이 많다며 말도 되지 않는 억지를 부리곤 했다. 하지만 나 또한 이태리 와인도 우수한 종류가 많다는 사실에 대해서는 공감을 했다. 시내에 있는 유스호스텔로 되돌아 왔을 때는 외국인들이 삼삼오오 모여 맥주 파티를 하고 있었다. 난 나만의 공간에 돌아와 잠을 청했다.

★ 살레르노의 먹거리

물소 젖으로 만든 후레쉬 모짜렐라와 플럼 토마토인 산마르자노 (San Marzano)가 생산이 되며 아말피 해안에서는 싱싱한 레몬이 주렁주렁 달려있고 치즈는 카치오리코타(Cacioricotta)와 카치오카발로 (Caciocavallo) 등이 이 도시를 대표하는 재료들이다. 물소가 많아 물소 고기를 이용한 살라미가 눈에 띄었다.

다음날 아침에 살레르모의 해변을 산책을 했고 살레르노 역에서 레지오날레(Regionale)열차를 타고 바실리카타(Basilicata)주의 포텐자 (Potenza)로 향했다.

★ 포텐자(Potenza)의 먹거리

이곳이 나의 남부 이탈리아의 마지막 미식기행의 행선지일 것이 다. 거리는 비교적 가까운 거리로 살레르노에서 지역 열차를 타고 두 시간 가량 걸렸고 포텐자(Potenza)는 내륙에 위치한 남부지역으로 철길 옆에 개울가도 흐르고 험한 산속으로 들어가는 철길이 대부분이었 다. 창밖으로 완만한 구릉지 지대에 양을 방목하여 기르는 모습과 포

살레르노 펠리또의 푸실로 축제
매 2년 마다 살레르노의 자그마한 펠리또라고 하는 꼬무네에서 생 파스타 축제가 열린다. 밀가루와 물, 소금, 올리브유만으로 만든 반죽을 스파게티 모양처럼 얇게 손바닥으로 밀어가며 직 접 굴려 길이는18~22cm 정도 만들어진다. 이렇게 만든 면인 푸실로를 가지고 축제를 연다. 펠리또 지역에서는 사그라 델 푸 실리오 디 펠리또(Sagra del Fusilio di Felito )라고 하는 공식 명 칭으로 캄파냐주의 미식 축제로 자리 매김을 하고 있다.

도 수확을 하는 모습도 가끔 보였다. 우리나라의 근대화 이전 한적하고 못살았던 농촌의 모습과 양을 방목하는 한가로운 여운으로 오선지에 그려져 있는 풍경으로 오래 간직될 것 같다. 포텐자 시내는 역에서 버스를 타고 15분정도 걸리는데 내려올 때는 승강기를 이용하여 내려오기도 했다. 이 지방은 미식으로 볼 때 유명한 요리와 특산품이 다양해 보이지 않으나 바실리카타주 자체가 남부의 산악지대의 지형적인 조건에서 재배된 재료들이 즐비하다. 치즈, 올리브, 생 파스타 종류 그리고 남부 지대 특유의 살라미(Salami) 종류들과 산간지방에서 재배되어 가공된 절임 야채류 등이 다양하게 생산이 되었다. 작은 보라색 양파의 절임, 절임멸치를 넣어 마리네이드한 파프리카와 같은 저장 음식, 올리브오일에 저장한 가지 등도 많이 판매가 된다. 산 중턱 위에 있는 시내 곳곳을 구경하며 그들의 소박한 생활상을 보기 위해 서서히 내려오는 과정에서 발코니에 걸어 둔 빨래가 바람에 날리는 조용하고 한적한 이태리 가정집의 모습들을 볼 수가 있었다. 나는 다시 지친 몸을 이끌고 열차에 올라 나폴리로 향했고 늦은 밤에 역에 내려 근처 나폴리 민박집에서 짐을 풀었다.

## 나폴리의 경쟁자 '베네벤토'(Beneventto)

★ 베네번토의(Beneventto) 먹거리

나폴리에서 지역 열차를 타고1시간 반 정도가 소요되는 베네벤토인데 시내가 아담하고 조용한 소도시였다. 이곳은 레드와인, 올리브유, 양념된 올리브 열매, 꿀로 만든 누가(Nougat)인 토로네 미엘레(Torrone Miele)등이 대표적인 음식이다.

이 지역에서는 아티초크, 양파, 파프리카 등이 주로 재배되며 특히 산속에서는 흰색 송로 버섯, 키오디니(Chiodini), 갈리나치(Gallinacci) 등 다양한 버섯들이 재배된다. 산니오(Sannio)와 베네벤토 지역에서는 고대부터 내려온 듀럼 밀 품종인 사라골라(Saragolla)가 재배되고 있으며 이 품종은 겉이 노란 빛을 띠며 매우 딱딱한 특징을 가지고 있다. 베네벤토의 요리에 기초는 산니오 지역에서 만들어진 후레쉬 소세지와 소프레싸타(Soppresata)라고 하는 살루메 등이 사용되어진다. 특히 아펜니노 산맥에서 키운 흰 송아지 고기가 유명하여 맛볼 것을 권하고 싶다. 누가(Nourgat)라고 하는 이태리식 *토로네는(Torrone) 이태리

토로네이야기
토로네(Torrone)는 꿀과 설탕을 녹여 구운 아몬드나 다른 견과류를 섞어 만든 누가(Nougat)다. 만드는 방법은 꿀을 가열하여 카라멜 색이 되면 구운 견과류를 넣고 직사각형 평판모양으로 된 용기에 넣고 굳혀 만들어 낸다. 이태리 전 지역과 스페인에서도 즐겨 먹으며 크리스마스 시즌에 주로 먹는 디저트 중 하나로 얇게 잘라서 혹은 가루를 내어 디저트 주재료로 사용한다. 특히 무스나 세미프레도와 같은 디저트 요리에 자주 등장한다. 이태리에서는 여러 가지 토로네가 존재하는데 그중 크레모네(Cremone)와 베네벤토(Benevento) 스타일이 유명하다. 크레모네 토로네는 부드럽고 끈적거리며 쉽게 부서지고 베네벤토는 단단하여 쉽게 부서지지않고 주로 개암나무 열매로 만들고 부드러운 것은 아몬드로 만든다. 혼합물은 비슷하여 지역에 따라 약간의 차이가 난다.

전 지역에서도 유명한 특산품으로 간주되어 많이 알려져 있으며 최상급 와인으로는 알리아니코 델 타부르노(Aglianico del Taburno) 와 솔로파카(Solopaca)DOC를 시음하는 걸 권하고 싶다.

세라믹(Ceramic), 고대 유적지 등이 많아 보여 관광객들이 즐비하다. 그중 가장 오래된 테아트로 디 로마(Teatro di Roma)가 시내 외곽에 자리하고 있어 사람들이 많이 붐볐다. 노천에는 내가 좋아하는 절임 올리브가 자판에 깔아놓고 장사를 하시는 분들의 밤색 올리브에 시선이 집중되었고 자그마한 봉지로 2유로를 주고 올리브유와 이태리 고추 그리고 말린 오리가노에 양념된 올리브를 받아들고 거리를 거닐면서 시식을 했다. 이 도시에서 파는 것은 다른 지방보다 매콤한 맛이 강했고 짠맛의 올리브는 과육 또한 단단했다. 아마 이곳은 산중에 있어 추위를 떨치기 위해 다른 지방에 비해 매콤하게 맛을 내어 변화를 준 듯하다. 또한, 도심 중간 중간에 깨끗한 공원들이 자리하고 있어 지역사람들이 휴식을 취하는 모습이 보였고 모든 거리를 따라 오르면 시내와 연결이 되어 있다. 사람이 모이는 공원입구에는 기타를 메고 노래를 부르는 무명가수들 때문에 정막이 깨어질 뿐 조용한 산골 마을 분위기를 간직한 도시다.

시내를 지나 한적한 부근에는 촌락이 산 중턱에 군데군데 형성되어 산간 지방임을 알 수 있었다. 지친 몸을 이끌고 아침에 왔던 길을 나폴리를 향해 갔고, 늦은 저녁 민박집에 도착을 했다.

나폴리에서는 늦은 저녁과 새벽 사이에 역 건너편 주위와 시내 곳곳에서 이상한 거래가 이뤄진다. 특히 역 주변에는 흑인들이 그들만의 행동과 액션으로 뭔가를 주고받는 것을 쉽게 볼 수 있다. 이런 광경은 갱단을 소재로 하는 영화 속 한 장면을 연상하는 모습으로 이들의 행동에 소름이 끼쳤다. 아침에는 저녁에 아무런 일이 없었던 것처럼 수많은 관광객들이 오고가고 만나고 떠나는 장소로 그렇게 오늘도 흘러갔다.

나폴리는 세계 3대 미항 이라 불리는 곳인 만큼 시장도 거대하다. 싱싱한 해산물, 알리멘타리(Alimentari), 고기류, 살루메리아(Salumeria: 염장 가공육을 파는 상점) 그리고 성탄절을 맞이하여 크리스마스 트리 장식에 필요한 갖가지 장식품들이 시장 곳곳에서 판매되고 있었다. 거리에는 나처럼 가난한 여행자에게 많은 시간과 돈이 없어도 푸짐하게 먹을 수 있는 조각 피자집이 많았다. 피자는 서민적인 음식이지만 허기를 해결하기에는 피자만 한 것도 없다. 조각 피자들이 관광객들을 끌어들이는 데 격식을 갖추고 먹는 레스토랑보다 간이 판매대에서 판매하는 조그마한 조각피자는 저렴하고 기다리지 않아도 된다는 장점이 있어 골목은 문전성시를 이룬다. 또한, 나폴리 피자는 두툼하고 담백하고 짜다. 그리고 이태리식 샌드위치 파니니(Panini)와 나폴리가 자랑하는 세계적인 마르게리타(Margherita) 피자와 크림소스를 바르고 구운 베이컨과 익은 감자를 올려구워 나온 진한 갈색의 피자의 식감과 향은 나의 오감을 마비시키는 것 같았다. 그리고 튀긴 피자인 판제로띠(Panzeritti) 반죽에 토마토소스와 생 모짜렐라 치즈와 바질을 얹은 것이 볼륨감이 있고 특이하게 생겼고 마치 도넛보다 자그마한 형태여서 뭔가 이름이 다른 것이 있을 법했다. 또한, 구석구석의 자그마한 상점에까지 관광객들이 빼곡했다. 동물의 내장들만을 내세워 파는 트리페리아(Tripperia)라고 불리는 이색적인 점포도 비좁은 나폴리 구석진 자리를 차지하고 있다. 그리고 오래된 그림과 사진 등을 모아 파는 곳과 장신구 등을 모아 파는 곳도 있다.

나는 미지에 쌓인 남부 지방의 식문화를 조금 더 살펴보기 위해 나폴리 인접한 카세르타(Caserta)로 발길을 돌렸다.

### 거대한 궁전의 나라 '카세르타'(Caserta)

★ 카세르타(Caserta)의 먹거리

카세르타는 나폴리 중앙역에서 레지오날레 열차로 40분 정도의 거리에 있는 조그마한 도시이다. 기차 안에서 창밖으로 보이는 이 지방 곳곳에 갖은 야채, 과일 등이 완만한 산과 평야에 즐비하다. 카세르타 역에 내려 지하도를 통해서 나가면 레지오 카세르타(Reggio Caserta)가 펼쳐진다. 그중 자랑할 만하고 웅장한 건물이 나오는데 다름 아닌 팔라쪼 디 카세르타(Palazzo di Caserta)이다. 큰 대지에 초록빛 잔디가 펼쳐져 잔디는 인도를 제외하고 양쪽으로 깔려있어 이곳을 통해 지나가면 궁전 안으로 들어갈 수가 있다. 궁전 안에는 정원과 오래된 건물과 많은 관광객들이 즐거운 휴일을 만끽하고 있었다. 궁전을 빠져 나와 중앙의 거리를 지나 시내를 관통할 수 있다. 곳곳에 있는 거리의 악사가 색소폰을 연주하는 모습이 보이며 고요하고 평온한 일요일 분위기를 연출하고 있었다. 시내에 인접한 대 성당인 카테드랄레(Cattedrale)에서 미사를 보는 모습이 힐끗 보였다. 허기진 배를 채우기 위해 바(Bar)에 들러 바바(Baba)를 구입하여 걸으면서 한입 넣는 순간 바바의 부드러운 스펀지의 살결은 달콤한 시럽으로 물들어 있었고 알코올은 입안을 가득 채워 지나치게 많은 알코올이 있었음에도 불구하고 나를 추위에서 보호하지 못했다. 그런 바바는 오랫동안 기억 속에서 맛있었다는 기억으로 남을 것 같다.

이 지역의 대표적인 식재료는 물소 젖으로 만든 후레쉬 모짜렐라 치즈와 물소 젖으로 만든 리코타 치즈인데, 둘 다 맛이 훌륭하다. 또한 올리브오일 맛이 훌륭한데 테레 아우룬케(Terre Aurunche), 테레 델 마테세(Terre del Matese) 그리고 콜리네 카이아티네(Colline Caiatine) 3지역에서 생산되는 것을 최고품으로 인정한다.

# 앤초비와 브로콜리로 맛을 낸 오레끼에떼

## Orecchiette con Broccoli e Acciughe

**TIP**

부드럽고 쫄깃한 세몰라로 만든 파스탸면으로 절인 멸치와
브로콜리가 잘 어우러진 풀리아(Puglia) 지역의 전통 파스타 요리다.

재료 1인분

*생 오레끼에떼(Orecchiette) 70g, 데친 브로콜리 60g
페페론치니(이태리 고추:Peperoncini) 3g, 통 마늘 10g
올리브유 30g, 파마산 치즈 20g, 앤초비(절인 멸치: Anchovy) 5g
소금, 후추 약간씩, 이태리 파슬리 3줄기


이렇게 만드세요

1 팬에 올리브유를 두르고 편 마늘을 넣어 색을 내고 앤초비
   와 고추 순을 볶는다.
2 면 물을 자작하게 넣고 삶은 면을 넣어 볶아준다.
3 마지막에 불을 끄고 파마산 치즈와 올리브유를 두르고 접시
   에 담아낸다.

생 오레끼에떼 만들기
세몰라(Semola) 100g, 미지근한 물 50g, 소금 2g, 올리브유 10g
만드는 방법
1 모든 재료를 섞어 글루텐이 형성되도록 10분 정도 치댄 후 30분 정도 휴직을 준
후 성형을 한다. 2 가래떡처럼 얇게 밀은 후 2㎝간격으로 잘라서 작은칼을 눕혀서
돌돌 말은 후 뒤집어 오레끼에떼를 만든다. 3 만든 오레끼에떼는 삶고 나서 모양을
유지하기 위해 최소 1시간 정도 실온에 말린 후 사용한다.

# 05

# 피자는 원형만 있는 것이 아니다

피자스쿨 과정은 5주로 구성이 되어 있는데 우리가 알고 있는 원형피자는 1주로 마감한다. 그 후에는 사각피자인 팔라(Pala)로 발효시킨 반죽을 나무판 위에 올려 미리 한번 굽고 다시 위에 토핑을 하여 구워내는 피자이다. 그리고 피자 뗄리아(Teglia)도 있다. 이 피자는 발효된 반죽을 사각형의 오븐 팬에 올려서 내용물을 굽고 원하는 크기로 잘라서 파는 형태의 피자이다.

■■

1달 반 동안 남부 이탈리아를 여행하면서 얻은 많은 추억들은 늘 가슴속에서 잊혀지지 않을 것 같다. 15일 동안의 선희 누나와 여행하면서 갈등과 의견 대립을 하면서 여행한 시칠리아, 수제 파스타를 배우겠다며 손수 마사지까지 했던 바리(Bari) 그리고 혼자 생활한 남부 이탈리아 기행들이 머리 한구석에 이미 자리 잡았다.


## 거만한 교장 선생과 오리엔테이션

이제는 로마 민박집에 돌아와 피자 수업에 필요한 서류를 준비해야했다. 북부 쿠네오(Cuneo)에 다녀온 선희 누나는 민박집에 이미 도착하여 나를 기다리고 있었다. 우린 아침에 일찍 일어나 피자 학교가 어디에 위치하고 있는지부터 찾아다녔다. 막상 학교 앞에 도착했을 때는 규모는 너무나 작았고 철문 밖에서 초인종을 눌러야만 들어갈 수 있는 우리 식의 자그마한 규모의 학원이었다. '아타볼라콘로쉐프'(Atavolaconlochef)라는 이름인데 띄어 쓰길 하지 않고 '셰프의 요리'라는 말을 가지고 있으며 안내 데스크를 찾아 입학에 필요한 등록금과 변 검사 및 혈액검사 확인서를 받았다. 우리 식으로 말한다면 이건 보건증 정도이다. 이태리에서의 병원은 처음이어서 두려움 반 그리고 막무가내 행동 반으로 병원에서 진료를 받았다. 물론 병원에서 사용되는 언어나 용어는 완전히 이해하지 못했지만 의학용어가 아니더라도 자주 쓰는 회화에 의존되었기에 이해 못하면 씨(SI: 네)와 고개를 끄덕끄덕을 반복했다.

피자스쿨 과정은 5주로 구성이 되어 있는데 우리가 알고 있는 원형피자는 1주로 마감한다. 그 후에는 사각피자인 팔라(Pala)로 발효시킨 반죽을 나무판 위에 올려 미리 한번 굽고 다시 위에 토핑을 하여 구워내는 피자이다. 그리고 피자 뗄리아(Teglia)도 있다. 이 피자는 발효된 반죽을 사각형의 오븐 팬에 올려서 내용물을 굽고 원하는 크기로 잘라서 파는 형태의 피자이다. 그 외에 디저트 피자, 쌀로 만든 아란치니(Arancini) 등과 같은 따볼라 칼다(Tavola Calda)에서 판매할 수 있는 작은 핏제따(Pizzetta) 등으로 구성이 되어있는 수업이었다. 보건증과 학교 커리큘럼을 확인한 후 민박집으로 돌아왔다.

민박집은 수많은 여행자들이 잠시 머물다 가는 곳이다. 이태리에 머무는 동안에 난 쭉 대도시의 민박집을 오가면서 여행을 했다. 대부분 민박집은 공간도 좁고 지저분하고 분실 사건도 종종 일어나기도 하여 열악한 환경 속에서 여행자들은 잠시 머물렀다가 떠난다. 우리는 피자를 매우는 동안에 '장기 투숙 학생'으로 불려졌다. 그러다 보니 불만이 있어도 함부로 말을 할 수도 없었다. 특히 숙박비도 할인을 받았고 남들에게 주지 않는 점심밥도 챙겨 먹기도 해서 말이다. 어느 날 아침 침대에서 일어나 보니 온몸에 붉은 반점들이 올라와 무척 가려웠다. 식사 전에 선희 누나에게 가렵다고 약 좀 있냐고 물었는데 전직 간호사인 누나는 단번에 빈대에 물린 거라며 당황해 했다. 환경이 좋지 않아서 그런 거며 빈대가 나오면 청결하게 소독하고 이불 등을 때워야 없앨 수 있다고 했다.

누나는 그 사실을 아침밥을 준비하고 있는 민박집 주인 아줌마에게 했지만 아줌마는 화를 내며 매일 같이 청소하며 관리를 하는데 그럴 일이 없다며 큰 소리로 대꾸를 했다. 하지만 그녀는 손님이 빠지면 늘 한국 드라마에 빠져서 시간 가는 줄 모르는 날이 많았다. 빈대에 물린 후부터 며칠 동안 힘든 시간을 보냈다. 몸이 가려워 피자 수업이 제대로 들어오지 않았고 신경질만 났다. 한국의 학생들이 방학을 하면서 많은 학생들이 민박집에 몰리면서 이층 침대가 모자라자 큰 룸의 바닥에 매트를 깔고 남학생들의 일행을 더 받았다. 매트는 여름에 쓰고 세탁도 하지 않고 밖의 창고에서 꺼냈는데 너무나 지저분해 보였다. 그런데도 시트만을 깔아서 학생들에게 사용을 강요했다. 다음날에는 배낭객들 중에 매트에서 잠을 잤던 남학생이 가려움증을 호소했다. 나는 그것이 뭔지를 알았고 말을 할 수가 없었다. 그들은 단 하루만을 묶고 떠났기에 민밥집 주인의 눈치를 봤다. 한 달 반 동안 민박집에 머물면서 처음에는 학교를 마친 후 민박집에 들어와 휴식을 취했지만 시간이 경과하면서 낮과 초저녁 사이에는 조용했지만 주인 아줌마의 지인들이 며칠 걸러 놀러오는 바람에 민박집이 시끄러웠고 우리는 그 시간에 로마 시내를 배회하거나 커피 숍에서 시간을 보내고 들어갔다. 그녀의 지인들은 모두 한국인 교민인데 이태리인과 결혼한 성악가와 로마에서도 꽤 유명한 건축가 그리고 영국에서 사업에 실패하고 로마로 건너온 장기 투숙자 등과 번갈아 가면서 파티를 열고 거한 저녁을 먹으면서 우리의 휴식시간을 방해하는 바람에 밖으로 돌아다닐 수밖에 없었다.

이탈리아에서는 피자 만드는 사람을 핏자이올로(Pizzaiolo)라고 부른다. 그들을 요리사라고 부르지 않으며 요리사든 핏자이올로든 서로에 대해 신뢰를 하질 않고 헐뜯는다. 또는 요리사에게 피자를 만들라고 하면 큰 실례이기도 하지만 만들려고 하지도 않을뿐더러 허접한 밀가루 음식이라고 이탈리아 요리사들은 피자를 무시하는 경우가 대부분이다.

나는 피자가 동그란 모양만이 있다고 생각을 했다. 하지만 이탈리아에 가면 포카치아(Focaccia) 형태로 유사한 피자 알 뗄리아(Pizza al Teglia)와 피자 팔라(Pizza Pala) 등 다양한 피자 등이 있는 걸 뒤늦게 알았다. 또한 원형 피자도 단맛이 나는 초콜릿 혹은 과일을 넣은 디저트 피자도 사랑을 받는다. 원형 피자이기도 하지만 한국 사람의 입맛에 맞는 장작 피자 시간도 있고 팔라나 뗄리아 피자도 있다. 이런 피자는 테크 오픈을 사용해서 굽는다. 피자가 얇고 파삭파삭하면 로마 스타일이고 도톰하여 말랑말랑한 피자는 나폴리 스타일이라며 선생들은 강조했다. 로마와 상벽을 이룰 나폴리 피자는 나폴리 길거리에서 조각피자를 데워 파는 곳들이 많고 만들어 놓고 오래된 피자임에도 불구하고 말랑하고 졸깃거리며 눌러서 손을 떼면 신기하게도 눌려진 도우가 스펀지처럼 부풀어 오른다. 지금 나는 피자를 배우지만 내 마음 속에는 리스토란테(Ristorante) 셰프로서 섬세한 손길과 맛을 늘 생각하는 요리사임을 잊지 않으려고 노력했다.

피자 학교는 바티칸 성당에서 가까웠고 등교를 지하철로 했기 때문에 역은 주로 관광객들이 붐벼 같은 시간 때에 관광객과 출근하는 회사원들 가운데 무척이나 복잡했다. 자그마한 학원식 학교로 학원은 피자 과정을 전문적으로 하지만 그 외에 이태리 요리와 디저트 단기과정들과 셰프 초청 단기 클라스(Class)가 진행되고 있었다. 우리는 첫 수업에 강의실에 들어갔을 때는 전 세계에서 온 다른 학생들이 이미 수업 시작을 기다리고 있었다. 다양한 인종과 피부색이 같은 일본인, 아프리카인도 있었으나 대다수는 이태리인들이었다. 국적은 달라도 모두들 이태리 안에 거주하거나 일을 가지고 있는 친구들이었다. 첫 수업은 실습이 이뤄지질 않았고 이론 수업 등 실습 시 주의사항 등을 거론하면서 강사를 소개하고 교장 선생님과 학교 관계자들을 소개를 하는 자리로 마무리지었다. 특히 이론 수업에는 위생 관련 수업을 진행했지만 난 도통 무슨 말을 하는 건지 알아듣지 못했다.

교장 선생은 자기들의 피자 수업의 우수성을 자랑하면서 강사진 또한 훌륭하다며 피자 톤다(Pizza Tonda: 원형 피자) 수업의 토니노(Tonino) 선생님을 소개했고 그는 케나다에서 피자 사업을 했고 지금은 로마에서 장작 가마를 이용해 핏제리아(Pizzeria)를 운영하고 있다고 했고 그는 영어를 잘 구사하여 이태리어가 서툰 친구들은 많은 도움을 받

피자 선생님 토니노

을 수 있다고 얘기하는 것 같았다. 그리고 또 다른 선생님  마우리쪼(Maurizo)는 이태리 피자 선수권 대회에서 우승을 한 실력자라며 그를 강사로 초빙한 것에 대해 자신의 학교가 다른 여타의 학교보다 질이 우수하다며 말을 덧붙이며 자랑을 했다. 그는 팔라, 뗄리아(Pala, Teglia)를 담당한다고 했다. 교장 선생은 자신들의 피자 스쿨은 먼 나라에서도 소문이 날 정도로 해외 각지에서 많이 온다고 했고 그중 많은 졸업생 중에 한국 사람도 많이 배출하여 자신의 나라에 돌아가 피자 가게를 오픈하여 장사를 하고 있다는 것이었다. 그는 마지막으로 자신들이 사용할 밀가루는 자기가 운영하는 공장에서 직접 조제하여 판매하는 것이고, 이것으로 실습을 하는 것을 자랑스러워했다. 우리

원형 피자를 배우는 알폰소

같이 초보자들이 피자를 배우기 위해서는 반죽법 외에 제빵에 대한 이론을 우선적으로 공부를 해야 한다고 말을 덧붙였다. 조제한 밀가루에는 밀가루 외에 다른 분말을 섞어서 사용하기에 실습할 때 주의 깊게 보라는 것이었고 또한 한국 사람은 바삭한 피자를 좋아한다며 자신의 밀가루에 콩가루를 섞어서 사용하면 더욱 파삭한 질감을 얻을 수 있다고 했다. 구입을 원하는 사람은 접수대에 문의를 하라는 장사 속을 내비쳤고 그러면서 그는 오리엔테이션을 마무리했다.


### 성형이 중요한 피자 톤다(Pizza Tonda)

나는 한국 내에서 피자를 제대로 배운 적이 없다. 단지 일 꾸오꼬 원장님인 안토니오 심(Antonio shim) 선생님이 수업을 할 때 어시스트와 피자 강의를 위해 급하게 배워서 가르친 것을 제외하고는 레스토랑에서 일을 할 때는 배운 적이 없었다.

나의 첫 피자 수업에서는 그전에 알고 있는 모든 것들이 하찮은 지식임을 깨달았다. 밀가루 종류, 반죽 온도 등의 중요성도 모른 채 무심코 지나쳤으며 그 요인들은 피자의 품질에 큰 영향을 미쳤다. 반죽을 할 때는 밀가루 온도, 물의 온도가 중요하고 반죽하면서 갈고리가 돌면서 열이 발생하기 때문에 반죽의 내부 온도 그리고 반죽의 최종 온도 등도 중요하다고 선생은 강조를 했다. 최종 반죽 온도가 20도를 넘지 않도록 반죽에 사용할 물에 얼음을 넣어 반죽 시 발생할 온도를 낮추도록 했다. 난 겨울이라 물은 이스트의 활성을 원활하게 하기 위해 미지근한 물이 좋다는 것이 일반적인 생각이었는데 나는 모든 빵에 이런 이론을 적용했지만 그들의 피자 수업은 달랐다. 이스트도 한국에서 사용되는 드라이 이스트와는 조금 달랐다. 색도 짙은 갈색이며 굵기도 크게 달랐다. 적당하게 2배 이상으로 부푼 반죽을 양손 바닥을 이용하여 성형하여 토핑하고 굽는 기본 마르게리타 피자가 완성되기까지는 여러 번의 실수를 반복하였다. 드디어 나의 첫 피자 톤다가 완성되었다. 우리 반 학생들 대부분은 한 번에 피자를 제대로 완성시키는 모습은 드물었다. 성형은 잘 했더라도 오븐에 들어가서 반죽이 균일하지 않아 터지고 찢겨지고 오븐 바닥은 수난을 겪었다.

우리는 원형 피자를 구울 때도 요령이 있다는 것과 피자 삽도 용도에 따라 2가지 정도가 있어 오븐에 피자를 넣을 때와 꺼낼 때는 큰 삽을 그리고 작은 철로 되어 구멍이 뚫어진 삽은 골고루 익도록 중간에 피자를 돌려주는 역할을 하면서 피자 밑에 넣어 삽을 기울여 돌려야만이 한 쪽 방향으로 잘 돈다는 것도 알게 되었다. 피자 삽도 구멍이 뚫어져 있었는데 반죽을 넣거나 돌릴 때 반죽이 삽에 달라붙지 말라는 이유에서 인 듯했다. 4시간의 피자 수업을 마치면서 우리 반 대부분 학생들은 밀가루로 범벅이 되었다. 다들 첫 피자 수업에 지쳐있었지만 그래도 뿌듯한 마음을 가졌는지 다들 밀가루가 묻은 볼에서는 환한 미소들이 맴돌았다. 이렇게 해서 3일 간의 원형 피자 수업이 마무리가 되었고 이제는 장작 가마 수업만이 남았는데 선생님 가게에서 수업이 진행된다고 들었다.


## 토니노(Tonino)의 피자 가게

여러 번의 원형 피자를 배우면서 우리는 어느 정도 성형과 굽기 등의 실습을 거듭하면서 자신의 피자 가게 오픈에 필요한 기술을 습득했다는 생각을 가졌으며 우리는 장작 가마를 이용한 피자 수업만을 남겨 놓았다. 학교에는 장작 가마가 없기에 피자 선생님의 가게에 방문을 하여 배우기로 예정이 되어 있었다. 토리노의 피자 가게는 테르미니역(Termini)에서 멀지 않은 시내 중심가에 있지만 역에 내려 한참을 걸어야만이 닿을 수 있는 곳이었다. 학교에서는 피자 수업이 테크 오븐으로 이뤄지지만 그의 가게에서는 너도밤나무를 연료로 하여 피자를 굽는 장작 가마를 가지고 있어 우리는 실습을 할 수 있었다. 나는 다른 학생들과 마찬가지로 홀의 주위를 돌면서 이것저것 신기한 장식과 인테리어 등을 보면서 수업 시간을 보냈지만 다른 데 관심이 많았다. 그의 식재료를 쌓아둔 창고에 눈독을 들였다. 장사에 쓰

토니노 가게

는 밀가루가 어떤 제품인지 그리고 토마토 홀과 재료와 관련하여 그
것들을 주의 깊게 보았다. 토니노는 우리를 가마 주위로 불렀고 이제
돌아가면서 마르게리타 피자를 만들 것이며 학교에서 만들었던 것을
생각하면서 성형, 토핑, 굽기 등에서 주의사항을 일러주었다. 그는
베테랑답게 서랍식 냉장고를 열면서 전날 발효를 시킨 부푼 반죽을
하나 꺼냈고 반죽이 매우 질었으며 반죽을 단 몇 초 만에 자유자재로
돌리면서 원형으로 만들어 피자소스를 발라 오븐에서 구워냈고 그야
말로 피자 가게 사장다웠다. 그의 첫 번째 피자는 오븐에서 이글거리
며 순식간에 구워져 나왔고 학생들은 그의 피자를 보면서 박수를 쳤
다. 우리는 한 조각씩 시식을 하면서 장작 가마와 일반 오븐에서 구

워진 피자의 질감과 풍미의 차이점에 대해서 토론을 했고, 그 차이점을 쉽게 느낄 수 있었다.

그리고 그가 만든 또 하나의 밤비노 피자(Bambino Pizza)는 우릴 놀라게 했다. 토니노는 마지막으로 자신이 만들 수 있는 피자를 만들고 오늘의 수업을 마무리할 거라며 다시 발효된 피자 도우를 밀기 시작했다. 그리고 재료 옆에는 피망, 삶은 계란과 올리브 몇 알이 있었는데 성형하여 올린 재료들을 보고 우린 깜짝 놀랐다. 만화 영화의 캐릭터가 피자로 둔갑하여 우리를 웃음 속으로 빠뜨렸다. 그의 배려와 익살스러움이 우리 반을 매료시켰던 것이다. 그의 피자 수업은 그래서 인기가 있지 않나 생각을 해봤다. 우리들은 본격적인 100% 장작 가마 앞에서 순서대로 선호하는 피자를 만들어 가면서 순번을 기다리기 시작했다. 학교에서 배웠던 일반 테크 오븐에서 구운 것만큼 쉽지는 않았다.

토니노 피자

밤비노 피자

지나치게 발효된 반죽을 사용하여 성형을 거쳐 토핑을 하고 가장 힘든 오븐 안에 넣어 순식간에 돌려서 구워야만, 또 피자 기술이 능숙해야만 성공할 수 있었으므로 우린 정말 피자 초보자임을 다시 한번 느낄 수 있었다. 나 또한 예외가 될 순 없었다. 일단 반죽이 매우 질어서 원하는 원형으로 성형이 되지 않았고 옆에서 지켜보던 선생님은 손가락을 흔들며 미디스 피아체(Mi dispiace: 유감스럽다.)만을 연발하고 있었다. 내가 성형한 도우는 원형을 그리지 못했고 타원형으로 완성되었다. 토핑을 하여 삽에 올려 오븐 안에는 잘 넣긴 했지만 문제는 오븐 안에서 이뤄졌다. 무사히 오븐 안에 넣었지만 굽는 과정에서 문제가 발생했다. 반죽이 채 구워져서 올라오기 전에 피자 도우를 건드리면서 반죽이 찢어져 피자 소스가 바닥에 흘러 치치하는 소리가 났다. 난 당황스런 상황을 모면하고 싶었지만 선생은 어이없다는 표정을 지으며 오늘 저녁에 장사하기 힘들겠다 하면서 핀잔을 주었다. 마지막 피자를 만든 나까지 모두 한 판씩 자기 이름을 걸고 만든 피자가 각자의 접시에 놓여있었지만 난 없었다. 우리 반의 우등생 아프리카인인 그가 내게 "알폰소 나눠먹자."라는 호의를 베풀었고 나는 아쉬움을 달래며 그가 만든 눈물의 마르게리타

피자 스쿨 동기생들과

(Margherita)를 먹고 장작 피자 수업
의 아쉬움을 달래면서 수업을 마
무리했다. 오늘로서 원형 수업은
마지막이라며 그는 말을 덧붙였
으며 우리는 강의에 대한 답례
로 폭풍 같은 박수갈채를 보냈
다. 우리는 이 시간을 아쉬워

토니노와 함께

하며 선생님과 그의 피자 가게에서 사진을 찍고 인사를
하며 그와 헤어졌다.


### 이것도 피자인가요? 피자 팔라(Pizza Pala)

  원형 피자를 마치고 우리는 새로운 선생님을 만났고 들어보지도 못
한 피자를 배우게 되었다. 그것은 팔라(Pala)라고 하는 피자 종류인데
피자 도우를 얇게 사각으로 만들어 40x80cm 하는 나무판 위에 올려
서 폭이 깊은 오븐에 구워 내는 피자였다. 팔라(Pala)는 나무판을 뜻한
다. 이 피자는 원형 피자와 다른 반죽 기법을 쓰고 있었다. 밀가루에
비해 수분량이 많아서 반죽을 운반하기가 어려울 정도로 질다. 일반
적인 반죽 법으로는 소금과 이스트를 넣는 순서를 달리하거나 그리
고 유지를 투여하는 시점과 반죽 온도만을 맞혀 반죽하면 정상적인
반죽이 잘 나온다. 하지만 이 반죽은 달랐다. 기본 반죽에 3분1정도

팔라 반죽

의 밀가루 양과 물 양과 소금을 남기고 반죽 기를 돌려 글루텐을 60%
정도를 잡고 남은 여분의 밀가루와 물 그리고 소금을 넣어 마지막으
로 글루텐을 잡는다. 이런 방법은 어디서도 본적이 없었다. 나는 요
리사이고 기본적인 빵만 배웠을 뿐 피자에 소금을 늦게 투여하는 후
염 법을 쓰는지 몰랐다. 소금을 늦게 넣는 이유는 빵의 글루텐이 더
강화시켜주며 겉껍질을 단단하게 만들어 주기 때문이다. 유럽식 빵
들은 대부분 딱딱한데 바로 이런 이유라는 것을 알았다. 이러한 반죽
을 거쳐 반죽기 내부에서 1시간 정도 발효를 시키고 다시 발효통으로
옮긴다. 그런데 우리들은 반죽기 내부에서 꺼내는 일부터 쉽지만은
않았다. 난 전에 그리시니(Grissini) 라고 불리는 스틱 과자의 반죽이나
치아바타(Ciabatta) 반죽이 질어서 취급하기 힘들 정도였지만 문제는
그보다 더 질었다. 이것은 고무주걱이나 기타 조리 기구를 사용을 하
지 못하게 만든다. 단지 양손을 교차하면서 부산하게 움직이는 선생
님의 모습을 다들 멍하니 쳐다볼 뿐 이었다. 반죽은 플라스틱 반죽통

으로 옮겨져 24시간 냉장고 온도에서 저온 발효를 거친다. 다음날 아침 발효통을 꺼내 뚜껑을 여는 순간 전날 반죽에 비해 많이 부풀었고 기공도 큰 반죽들이 보이며 반죽이 한결 부드럽고 매끄러워 보였다. 선생님은 반죽을 약 500g 정도로 잘라 공굴리기를 하는데 반죽이 질기 때문에 여분에 밀가루를 많이 사용하여 손에 달라붙는 것을 방지하여 작업을 했다.

봉합을 잘하고 발효판에 올려놓고 30도 하는 발효기에 넣어 2차 발효를 시작했다. 첫 2차 발효 전 반죽 양에 2배가 되도록 두고 반죽에 밀가루를 뿌려가며 나무판 크기에 맞게 양손 바닥으로 부풀어 오른 반죽을 눌러주어 성형을 했다. 나무판에 올리기 전에 부풀어 오른 공기 방울은 터뜨려야 한다. 나무판에 올려진 반죽은 직사각형이 되도록 반죽이 없는 부분까지 끌어당기면서 균일하게 핀다. 나무판이 크기 때문에 키 작은 학생들은 나무판에 올려진 반죽을 오븐 앞까지 옮기는 과정도 쉽지 않아 보였다. 그런 반죽을 오븐에 넣어 3분의 1정도 만 구워 꺼내야 한다. 반죽을 넣어 부풀어 오르면 그때 빠르게 꺼내야만 했다. 이것을 그들은 프레꼬토(Precotto)라고 불렀다. 이 구운 반죽 위에 여러 가지 야채와 피자치즈 토핑을 올려 다시 한 번 먹음직스럽게 구워내

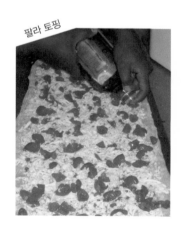

팔라 토핑

팔라를 굽는 스테파노

는 피자이다.

팔라피자는 반죽부터 관리하기가 정말 어렵다. 신경 써야 할 부분이 많다. 그리고 더욱 어려운 것이 얇고 사각으로 성형하여 나무판에 올려놓는 것과 이것을 오븐 안에 잘 넣는 방법 등이 최대 관건이었다. 그러나 보니 완성된 반죽을 오븐에 구워내는 것이 너무 어려웠다. 여러 번 선생님의 시범과 여러 번의 시행착오를 겪었지만 우리들은 핵심을 알지 못했다. 그들의 말을 이해하지만 이건 요령과 숙달이 필요하므로 손쉽게 모양이 만들어지지 않았다. 모양을 만든다고 해도 나무판에 올려 오븐 안에 넣어 굽기란 정말 어렵다. 1미터 가까이 되는 나무판 위에 올려진 반죽을 깊은 오븐 안에 넣어야하는데 30도

각도 정도를 들어서 밀어 넣고 반죽의 앞부분이 구석에 닿으면 판을 밑으로 내려서 서서히 츄츄(Chu Chu) 소리를 내고 박자를 맞춰서 긴 반죽을 구김 없이 내려야만 했다. 우리 반 학생은 반 이상이 이 작업을 실수했고 대부분이 긴 모양의 구운 도우가 아닌 한쪽이 뭉치거나 찢겨지기 일쑤였다. 그런 모습을 본 전년도 피자대회 챔피언인 마우리쪼 선생님은 백인들을 포함하여 비아냥거리기 시작했다. 특히 언어가 능숙하지 못한 학생들에게 더 심한 폭언을 했다. 그의 교육 방식이라고 보기에는 너무나 자질이 없어 보였다. 그는 항상 논 에 카피쉬(Non é capisci: 너 이해 못했니!)를 반복 하면서 화난 표정과 같이 양손가락이 모으는 손짓을 했다. 그의 말투는 누가 들어도 무시하는 억양이었다. 이 피자 수업은 반죽과 성형, 토핑하여 굽기 등 10일 정도가 지속되었다. 나는 그중에 구워진 도우에 피자소스와 모짜렐라 치즈를 올려 구워 나온 피자에 루콜라와 프로쉬우또를 올려서 먹는 피자가 제일 좋았다. 동료인 선희 누나는 열정적인 학생이었다. 그런 피자가 잘 안된다며 마우리쪼를 따라다니면서 피자 일을 배웠다. 그러던 그녀가 갑자기 민박집에서 이상한 얘기를 시작했는데 마우리쪼 선생은 일 년 전 자기를 따라다니며 일을 배웠던 한국 여자가 한 명 더 있었다며 얘기를 했다는 것이다. 그녀는 원형피자도 잘했고 빨라 피자 그리고 뗄리아 피자도 잘했다며 자기가 가르친 학생 중에 최고였으며 점수도 30점 만점을 받았다고 선생님은 한국 여학생에 대해서 얘기를 했다는 것이다. 선희 누나는 그녀를 부러워하며 한참을 생

팔라 피자들

각하며 이치이프(ICIF) 학교를 같이 졸업한 진아 누나가 아니냐고 추측하고 나섰다. 그렇다. 진아 누나는 일 년 전에 미식 기행을 하며 나와 같이 돌아다닐 때 민박집에 기거하면서 피자 수업을 들었다. 진아 누나는 지금 이태원의 피자집인 트레비아(Trevia)를 오픈하여 성공을 했다. 선희 누나는 진아 누나처럼 최선을 다하려고 노력을 할 모양이었다. 그러나 선희 누나의 집착은 달랐다. 선희 누나와 나는 같은 숙소에 있다는 건 우리 반은 다 알고 있는 사실이다. 하루는 금발에 이탈리아인인 로베르타는 내게 할 얘기가 있다며 조용한 곳으로 가자고 했다. 그녀의 말은 선희 때문에 다른 사람들이 수업에 방해를 받고 있다는 것이었다. 수업 중간 중간에 말도 안 되는 것에 질문을 하고 실습 진행을 지연시키고 한다는 것이다. 나도 그 점에 대해 일부 공감이 가는 문제였다.

선희 누나에게 조심성 있게 얘기를 해보겠다고 했지만 선뜻 말을 꺼내진 못했다. 누나는 실습을 하고 남은 팔라피자를 포장해서 민박집 주인뿐만 아니라 다른 투숙객에게도 내가 만든 피자라며 자랑하며 먹기를 권유했다. 그리고 전날 만든 피자는 식었기 때문에 전자렌지를 사용하지 말고 프라이팬에 넣고 약간의 물을 넣어 데워서 먹으면 방금 구운 맛과 부드러운 식감을 낼 수 있다고 자세하게 설명을 하며 우리의 피자 스쿨 얘기를 하며 자부심을 가졌다. 민박집에서는 아침 식사를 꼭 챙겨준다. 하지만 누나는 밥을 먹기 싫을 때는 팬에 데운 피자를 구워서 먹고 나갔다.

## 너무나 쉬운 피자 '뗄리아'(Pizza al Teglia)

지겨운 빨라 수업을 마치고 이제는 뗄리아 수업이 시작되었다. 반죽은 팔라와 같은 방법으로 하여 만드는데 단지 나무판이 아닌 오븐용 사각팬에 발효된 반죽을 펼치고 위에 여러 가지 토핑을 올려서 굽는 사각피자라고 볼 수 있다. 로마의 대부분 카페에서는 사각 피자를 판매하는 곳이 많아 쉽게 볼 수가 있었다. 냉장고에서 1차 발효를 한 진 반죽을 잘라 성형을 하여 다시 2차 발효를 거쳐 작업대에서 많은 밀가루를 뿌려 양손가락으로 눌러서 공기를 제거하고 얇게 펴서 양손을 이용하여 원하는 오븐 팬에 올려 약간에 올리브유를 뿌린 후 미리 구워내지 않고 원하는 토핑을 올려 오븐에 넣어 구워낸다. 그런 후 생 허브 야채나 파마산 치즈 등의 재료들은 마지막에 올려서 마무리했다.

팔라에 비해서 뗄리아는 완성된 반죽은 두껍고 반죽의 기공도 더 커 보였다. 더 말랑하고 졸깃거린 반면 팔라는 얇고 바삭한 느낌이 더 들었다. 구워진 뗄리아는 로마의 사각 피자집에서 고객이 원하는 크기를 말하면 가위로 잘라 무게를 달아 금액을 산정하여 판매가 이뤄진다. 요즘은 로마뿐만 아니라 중부 피렌체와 대도시 등지도 성업을 하고 있다.

떼릴리아 피자

## 피자 수업에 리조또(Risotto)를!

마우리조는 디저트 피자도 있다며 우리에게 마지막으로 디저트 피자를 설명하기 시작했다. 미리 구워 놓은 팔라 비앙카(Pala bianca)에 슬라이스 한 사과와 오렌지 그리고 모짜렐라 치즈 등을 뿌려 노릇하게 구운 후 분 설탕을 뿌려서 완성했다. 다른 피자와 색 다르게 단맛이 나서 입맛을 정리해 주는 듯했다. 이렇게 하여 사각피자, 팔라 피자 그리고 디저트 피자까지 수업이 끝났다. 그런데 오늘은 피자를 만든다는 것보다 마우리조는 피자가 아닌 요리를 하기 시작했다. 왠지모르게 어색함을 내비쳤다. 자신은 매번 핏자이올라(Pizzaiola)라고 말하면서 요리를 하는 과정마다 요리사가 보는 입장에서 봤을 때 너무나 어색함을 감추기 힘들었다. 그는 냄비에 쌀을 볶으면서 요리를 하기 시작했는데 뭔지 모를 리조또를 하는 듯했다. 선생은 요리를 하면서 자신은 요리사가 아닌 피자이올로(Pizzaiolo)라며 요리하는 자체를

수플리

싫어하는 듯 투덜대기 시작했다. 그는 육수를 부어 익혀가면서 쌀을 익혀 10여 분 넘게 익혔고 큰 쟁반에 부어 식힌 후 그는 위생 장갑을 낀 후 한 주먹에 익힌 쌀을 쥐어 가운데 구멍을 만든 후 모짜렐라 치즈와 완두콩 그리고 볼로냐 식 미트 소스를 넣어 다

시 여분의 익힌 쌀로 봉합을 한 후 밀가루, 계란 물 그리고 아주 고운 갈색의 빵가루를 입혀 완자 모양을 만들어 냈다. 난 오래 전 학교에서 배운 아란치니(Arancini)와 비슷하다는 생각이 들었다. 선생은 이것을 수플리(Suppli)라고 했으며, 혹 아란치니 아니라고 질문을 했다. 그의 대답은 시칠리아에서는 아란치니라고 불리나 로마에서는 수플리(Suppuli)라고 그는 말을 간단히 하고 말았다. 이렇게 정규 수업은 마무리 지어졌고 마지막 남은 건 다음 주에 있을 종합시험인 사지오 피날레(Saggio Finale)와 수료증을 받을 것만이 남았다.

## 졸업여행은 아씨시(Assisi)로

피자스쿨 수업은 모두 다 정리가 되고 다음 주에 수업이 마무리된다. 한 달여 동안 받은 스트레스며 꼼짝 않고 로마에 그것도 학교와 민박집만 왔다갔다하려니 답답했다. 처음 오는 관광객들이 로마에 오면 볼거리가 많겠지만 나로서는 여러 번 이탈리아에 왔기 때문에 구경할 곳도 없다. 그래서 주말에는 시외로 떠나는 것이 상책이었다. 이번 주말은 아씨시를 가기로 결정을 하고 로마에서 디레또(Diretto) 열차로 2시간 30분 정도 걸려서 도착했다. 아씨시는 페루자(Perugia)와 폴리뇨(Foligno)의 중간에 위치한 가톨릭 신자들의 성지 중에 하나이어서 늘 관광객들로 붐비는 곳이었다. 역에 내리면 시내로 올라가는 버스가 수시로 있으며 10여 분 남짓 올라가면 산에 조그마

아씨시 성당

한 마을과 성지가 나타난다. 성지라면 교회와 성당이 많고 골목골목 사이가 너무 아름다웠다. 로마의 늘 시끄러운 분위기에서 조용한 마을에 와서 그런지 편안함을 느낄 수 있었다. 도시를 걷다 시끄러운 소리가 들려 눈을 돌렸다. 교회 밖에서는 결혼식을 하는 신랑 신부에게 뭔가를 던지고 있었는데 생명과 순수함을 상징하는 쌀과 흰색의 가루였다. 그 후에 긴 칼을 가지고 있고 기병대처럼 옷을 입고 있는 사람들에게 둘려 쌓여 기념 촬영을 하고 있으며 지나가는 관광객들도 그들에게 박수와 함성을 퍼부었다.

아씨시 골목

산 정상에 위치한 성곽에서 바라보는 마을과 성지는 붉게 물든 나뭇잎과 마을을 둘러싼 올리브 나무가 아씨시를 더욱 화려가게 포장을 하고 있었고 풍경만으로도 감탄을 자아내게 만들었다. 성지 인들은 성당과 그 오래된 순례자들의 발자취를 밟아 좋았겠지만 나는 이곳의 자연이 너무 맘에 들었다. 유독 페루자나 아씨시 등의 올리브 나무가 많아서 그런지 매장에는 올리브 나무를 잘라 수공예로 만든 작품을 만들어 판매하는 곳도 많고 가톨릭 관련 종교적인 용품들도 즐비했다.

## 졸업식은 아수라장

드디어 한 달 남짓 걸렸던 수업이 끝났다. 내일은 그동안 자신있는 피자 중에 제일 좋았던 피자를 만들어 학교 관계자와 마지막 평가와 인사를 나누는 시간만이 남겨져 있다. 전체적인 수업에 책임을 지고 있는 마우리쪼 선생님은 우리에게 팔라 피자(Pala Pizza)를 만들라며 전날 미리 반죽을 만들어 발효를 준비하라고 지시했다. 서너 명이서 우리는 준비를 완료하고 다음날 마지막으로 배운 팔라 도우로 성형을 하고 미리 굽고 나서 다시 원하는 재료를 올려 굽는 작업을 반복하여 각양각색의 길쭉한 피자들이 완성되었다. 학교 관계자들과 학부모들이 참관한 가운데 만들어 놓은 피자를 잘라 테이블에 세팅을 했다. 우리 반 학생들 중에는 고등학교를 졸업하지 않고 수업을 듣는 학생

피자 스쿨 수료식

피자 스쿨 수료식때

이 몇 있는지 그들의 미래가 걱정된 부모들이 대부분 참석을 한 듯했다. 우리는 정리를 하고 나서 수료증을 준다는 말에 부푼 가슴을 진정시켜야만했다. 소문에 의하면 졸업장에 졸업 점수가 적혀있다는 것이다. 결석을 많이 하거나 수업태도 그리고 실력이 부족했다면 받지 못한다는 소문까지 돌았기에 학생들 사이에 긴장감이 맴돌았다.

드디어 학생 한 명씩 이름이 불리기 시작했고 각자 자신의 이름이 적힌 졸업장을 받고 다들 좋아했지만 한편으론 점수가 적게 적힌 어린학생들의 표정은 안 좋았다. 내 순서까지 왔고 내 증서를 받고 안도의 한숨을 쉬었다. 통역 없이 이태리 피자 과정을 들은 건 처음이었고 모험이었으며 언어 수준이 그리 훌륭한 상태가 아니었기에 더더욱 그랬다. 요리 경력만 있었지 전에는 피자에 대한 관심이 전혀 없었기 때문이다. 내 점수는 30점 만점에 27점이었다. 그러나 내 뒤에 호명되는 선희 누나는 달랐다. 유학 후 이태리에서 3년 이상 거주하며 요리도 하고 언어도 익혔지만 그녀의 점수는 높지 않았다. 27점이었다. 그녀는 이태리인들은 높은 점수를 주고 자신은 적게 받았다며 선생인 마우리쪼를 붙잡고 항의를 하는 것이었다. 선생의 냉담한 표정에 그녀는 화가 났던지 울기 시작했고 학생들은 술렁이기 시

## 알폰소의 피자 이야기

피자는 나폴리의 서민적인 음식으로 출발하여 이탈리아의 2대 국왕 움베르토(Umberto) 1세의 아내인 "마르게리타 여왕"이 토마토, 모짜렐라 치즈, 바질을 넣어 만든 지금의 마르게리타 피자를 좋아하면서부터 귀족들에게까지 피자가 전해져 오늘날의 전 세계인들이 선호하는 음식이 되었다. 나폴리의 음식이 점차 이태리 전 지역뿐만 아니

피자인증 마크

라 유럽 그리고 2차 대전 후에 이태리인의 이민과 미국 참전 병사들이 자신의 나라로 돌아가면서 미국으로 전파가 되었다. 이태리의 문화유산을 보기 위해 온 관광객들은 피자를 선호했고 급기야 현재는 나폴리의 피자를 보호하기 위해 "정통 나폴리 피자 협회"(Associazione Verace Pizza Napolitana)까지 만들어 피자 문화를 보호하고 있다. 협회는 해년 나폴리에서는 피자 축제를 열고 있으며 더 나아가 세계 피자 월드컵이라는 행사도 개최하고 있어 나폴리 피자를 자신의 음식임을 상기시키고 있다.

피자는 전 세계의 나라로 퍼져 나갔고 각 나라의 음식 문화에 따라 올리는 토핑과 반죽이 변화가 일어났다. 파스타와 같이 전 세계인들의 입맛을 사로잡은 피자는 이제 글로벌한 음식이 되어 있다. 이제 이들은 피자 문화를 보호하기 위해 협회를 구성하여 후손들에게 문화를 전해 주고 있다. '정통 나폴리 피자협회'가 규정한 나폴리 피자로서 인증을 받으려면 여러 가지 조항을 따라야한다. 조항은 다음과 같다.

1. 반죽은 밀가루, 소금, 물, 천연 효모만을 사용해야 한다.
2. 반죽은 반드시 손으로만 모양을 잡아야 한다.
3. 종 모양의 장작 가마에서 400℃이상에서 구워야 한다.
4. 협회에서 규정하는 '마르게리타' 피자는 토마토, 올리브 유, 바질, 후레쉬 모짜렐라 치즈만을 넣어서 만들어야 한다.
5. 마리나라(Marinara) 피자는 토마토, 올리브유, 오리가노, 마늘만을 넣어서 만들어야 한다.

마르게리타 피자

한국에서는 인증 마크를 받은 곳은 3곳이 있다.

- Pizzeria Volare 서울
- The Kitchen Salvatore Cuomo 서울
- Vera Pizza Napoli 서울

피자화덕

작했다. 그런 그녀를 토닥거릴 순간조차 포착하지 못했고 그녀는 카운터 그리고 교장에게까지 찾아가 불만을 토로했지만 돌아온 건 유감이다라는 미디스 피아체(Mi Dispiace)였다. 나는 속으로 그녀의 행동이 이해가 가지 않았다. 그녀의 요리감각, 언어수준, 그리고 수업태도 등이 타인으로 하여금 우호감과 친숙함을 주지 못했다는 것을 알

### 나폴리 피자 축제를 아시나요?

벌써 3년째에 접어든 나폴리의 축제는 매년 9월이면 나폴리의 피자의 정열을 느낄 수 있다. 40여 개의 나폴리 스타일의 피쩨리아(Pizzeria)들이 축제장에 나와 자신들의 맛있는 피자를 고객들에게 판매를 하여 자신들의 피자를 알리는 행사가 벌어진다. 가수들의 공연무대로 볼거리도 있고 직접 나폴리 스타일의 피자를 만들 수 있는 프로그램도 있어 이 기간에 여행한다면 한번 들러 그들의 피자에 대한 사랑을 지켜볼 수 있고 직접 참여 할 수도 있다. 과연 나폴리 피자 협회에서 규정지은 나폴리 피자의 맛과 모양이 궁금하다면 잠시 들러 확인해도 좋을 듯하다. 또한, 매년 축제 기간에 세계 피자 선수권 대회도 있을 예정이어서 볼거리도 풍부하다.

나폴리 피자

나폴리 전경

피자축제

피자축제

고 있었다. 그녀는 점수를 용납하지 못하겠다며 졸업장을 교실 밖에 버리고 울면서 가버렸다. 어리둥절해 하는 선생들과 학생들 그리고 학교 관계자에게 나도 유감이라는 말밖에 할 수 없었다. 한편으로는 졸업점수가 중요한 건 아니었고 이렇게 민감하게 받아들일 수 있는 문제도 아닌 것 같았다. 그동안 정들었던 학생, 동무, 그리고 선생들과 아쉬운 작별을 고하고 학교에서 나왔다. 난 이건 그녀가 이성적으로 돌아오면 후회할 행동임을 알았기에 졸업장을 주어 담아 같이 묵고 있는 민박집으로 가져왔다. 그녀는 민박집에 이미 도착하여 한숨을 자고 일어난 모양이었다. 머리가 헝클어져 있었고 일어나 뜨개질을 하고 있는 중이었다.

## 부온 카포단노 투띠(Buon Capodanno Tutti)!

나는 피자 스쿨을 마쳤고 이제 한국으로 돌아갈 준비를 해야 했다. 다시 일을 찾아야 하며 다시 복잡한 서울 생활에 적응을 해야 한다는 것에 속이 답답하기도 하고 머릿속은 공허함이 밀려와 참담했다. 어느덧 한해의 마지막 주다. 시내는 곳곳마다 트리가 장식이 되어 있고 크리스마스 이브에는 지하철도 8시에 모두 끊어졌다. 카톨릭 국가여서 그런지 축제 분위기인 듯하다. 모두들 바티칸에 미사를 보기 위해 모여들고 시내 곳곳의 상점과 대형 할인 매장에서는 크리스마스 용품들과 선물 포장지 등이 크리스마스 분위기를 한층 고조시켜주는 듯했다. 이탈리아인들은 크리스마스 때가 되면 파네토네(Panettone)나 판도로(Pandoro)와 같은 달달한 빵을 구매하여 친척, 이웃 주민들과 서로 주고받으며 새해 인사와 건강을 기원한다. 부온 나탈레! (Buon Natale: 즐거운 성탄절 보내세요!) 라고 인사를 주고받는다. 그리고 연말에 는 부온 카포단노(Buon Capodanno: 새해 복 많이받으세요.)라고 새해 인사 를 하며 코테키노(Cotechino) 라는 족발에 소를 채운 소시지류를 먹고 건강하게 한 해 동안 지내고 렌티키에(Lenticchie)라고 하는 제비 콩을 먹으면 재물을 많이 번다는 의미로 연말에는 이 두 가지 음식을 많이 먹는다. 또한 발포성 와인을 터뜨려 옷에 뿌리거나 접시를 깨뜨리는 등의 풍습도 가지고 있다. 연말에는 대체적으로 가족과 함께 조용한 분위기에서 한해를 보내고 맞이한다. 나는 연말이 지난 후 1월 어느 날 이탈리아를 떠나왔다.

## 이태원은 지금 피자 전쟁터

요즘 이태원 일대를 거닐다 보면 전 세계의 레스토랑이 다모인 듯 하다. 이탈리안 레스토랑, 스페인, 그리스, 동남아, 멕시칸 레스토 랑이 즐비하다. 그중 저렴한 비용과 쉬운 기술로 배워 창업할 수 있 는 것이 피자이다. 원형 피자에서 팔라 피자(Pala), 뗄리아 피자(Teglia Pizza) 그리고 이탈리안 전형적인 스타일의 포카치아(Focaccia)까지 다양 하게 판매가 된다. 이런 피자는 다른 발효 방법을 사용하고 있다. 피

부자피자 　　　　　　　　　　　　트레비아　피자리움

자 도우를 내일 사용하려면 오늘 반죽을 쳐서 냉장고에 자연적으로 숙성과 발효를 거쳐서 사용한다. 하지만 이태원에서 소위 잘 나간다는 부자피자는 2-3일 정도의 저온 숙성 과정을 거쳐서 반죽이 만들어진다. 성형과 굽는 과정을 거쳐 나온 피자는 질감이 쫄깃하고 내부의 기공이 크고 오래 보관할 수 있는 장점을 가지고 있다. 또한 피자 팔라(Pala), 뗄리아(Teglia) 등도 발효 시간이 길다. 그러나 이 반죽은 원형 피자에 없는 비밀스런 반죽법을 사용한다. 제빵 수업을 잠시라도 접한 사람이 있다면 이해할 수 있겠지만 본 반죽을 24시간 냉장 숙성을 거쳐 분할하고 또 다시 발효 과정을 거쳐 만들어지는데 두 반죽의 공통점은 손으로 이동과 취급이 정말 힘들어 다루기가 난해하다. 반죽이 질어서 판이나 손목까지 적절하게 사용해야하는 어려움이 있어 반죽을 능숙하게 다루는것도 그 사람이 얼마나 피자를 만들어 봤는지 알 수가 있다. 대표적인 트레비아(Trevia)나 피자리움(Pizzarium)과 같은 피자집에서 이태리식 사각피자로 성업을 이루고 있다. 트레비아는 포카치아, 피자 팔라를 주력 메뉴로 피자리움은 팬에 성형하여 만든 피자 텔리아에 주력하여 판매를 하고 있다. 이들 영업장의 사장들도 이태리 로마 피자학원의 졸업생이기도 하다. 물론 이태원 일대의 유사한 피자집은 현지 피자와 100% 같지 않지만 유사한 맛을 내고 있고 외국인들뿐만 아니라 한국인들 입맛을 서서히 잠식하고 있다.

# 감자와 시금치로 소를 채운 리가토니

Rigatoni ai Pure di Patate, Pancetta e Spinaci

**TIP**

쫄깃한 리가토니면과 부드러운 식감의 감자 메쉬와 치즈가 함께
어우러져 고소한 풍미를 제공하는 그라탕 형태의 파스타다.

재료 1인분
리카토니(Rigatoni) 60g, 감자 120g, 생크림 60g
베이컨 50g, 데친 시금치 40g, 파마산 치즈 30g, 버터 10g
피자치즈 50g, 토마토소스 70g, 다진 양파 10g


이렇게 만드세요

**1** 삶은 감자는 체에 내려 생크림, 버터, 파마산 치즈를 넣어
메쉬(Mesh)를 만들고 데친 시금치는 다져서 팬에 양파를 넣어
같이 볶아둔다. 베이컨은 다져서 팬에 볶아 기름을 제거하고
감자 메쉬에 볶은 시금치와 베이컨을 같이 섞어준다.

**2** 짜주머니에 소를 넣고 삶은 리가토니에 넣어 피자치즈를 올
려서 오븐에 노릇하게 구워준다.

**3** 데운 토마토소스를 접시에 깔고 구운 리가토니를 올려준다.

# 06

# 알폰소
# 드디어 이탈리안
# 셰프 되다

나의 이탈리아 요리 실력과 메뉴가 부족한 모습에 깨닫고 좀 더 유행을 타고 참신한 요리를 배우기 위해 나는 자유 배낭여행을 계획을 했고 여기에 후배 재승은 나와 동참하여 우리는 이탈리아로 떠나는 준비를 단단히 했다. 목적이 없는 여행은 아니었다. 말 그대로 미식 기행이다. 레스토랑 두 곳에 공문을 보내 현지 주방에서 실습을 하면서 새로운 메뉴와 트랜드를 볼 수 있는 기회를 마련한 것이다.

어느덧 이탈리아 요리 유학과 여러 번의 미식 기행을 거쳐 나는 30대 중반을 넘어섰다. 20대 후반에 이탈리아 유학을 시작하여 이탈리아 음식 문화 그리고 그들의 생활상에 빠져 있었는데 현실을 직시하지 못한 채 이상만을 생각하고 있었다. 30대 중반의 나이에 남들은 결혼을 하고 자식을 키우는 일을 하고 가족 중심으로 삶을 영유했지만 나는 제때 갖는 집도 가지고 있지 않았다. 난 아무것도 없었다. 내가 가지고 있는 건 건강한 몸과 배움에 대한 열정만을 가진 영혼이었다. 이태리에서 돌아온 후 나는 이탈리안 레스토랑 부 주방장으로 일을 시작했다. 서울에 잘나간다는 청담동에 위치한 가정집을 개조한 레스토랑의 분점에 부티크 백화점에 오픈 레스토랑에 준비를 하면서 짧은 기간 동안 근무를 했다. 더 큰 무대와 근무 조건을 생각하면서 호텔리어의 꿈을 꾸었다.

나는 한국 내 일반 레스토랑에서 일을 많이 해왔다. 20대 중반부터 두드려온 호텔 취업은 인맥도 없고 실력 탓 하면서 호텔 문은 멀게만 느꼈다. 그러던 어느 날 동료에게 걸려온 호텔 구인과 관련된 전화 한 통은 나의 인생을 바꿔놓았다. 이치이프(ICIF) 동기인 상성은 호텔 이탈리아 주방에 세컨 요리사를 구한다는 말과 함께 빨리 연락을 해보라고 했다. 양복 한 벌 없는 나에게는 많은 준비를 해야만 했다. 호텔 취업도 쉽게 이뤄지지 않았다. 호텔 취업에 필요한 면접은 3차로 이뤄졌다. 우선은 취합된 이력서는 조리부장님에게 건네져 한 명씩 면접을 봐야했다. 내겐 스펙만 있지 이론 공부도 부족했고 현장에서는 요리 경험과 경력이 부족하다는 단점이 있었기에 이번 기회도 쉽지 않겠다라는 느낌을 받았다. 2차는 간부 면접인 총지배인님과 사장님 면접이 있었고 마지막은 인사과 직원으로부터 간단한 영어회화 실력을 점검 받아야만 했다. 젊었을 때 많은 노력에도 열리지 않았던 내게 준비된 자에게는 기회가 온다는 말이 맞는 듯했다. 유학을 다녀온 후에도 일반 레스토랑에 일하면서도 나의 이탈리아 요리 공부는 게을리 하지 않았고 그 결과 "이탈리아 요리용어 사전"을 국내 처음으로 출판을 하여 이탈리아 요리를 하는 사람들에게 음성적으로 알려져 있었다. 초보 요리사는 20대 초반에 호텔에서 시작하여 경력을 쌓았겠지만 난 달랐다. 호텔 입문을 이제 30대 중반에 들어와 늦은 나이로 시작을 했다. 이제는 호텔에서 일을 하며 좀 더 전문적으로 배우자라는 마음가짐을 하며 내 머릿속에 인식을 시켰다.

### 알폰소는 파스타 전문가

첫 출근은 나를 파스타 요리사로 빠지게 만들었다. 일반 레스토랑에서는 섹션 별로 나눠서 일을 하지 않았고 빵을 하고 전채, 디저트, 파스타, 그리고 메인 등 많은 일을 번갈아 가면서 하며 맡아왔다. 그래서 기존에 일하는 동료들보다는 장점이 많았다. 하지만 텃새를 무

총 지배인과 주방장

시 못했다. 호텔은 개방적이지 않았고 새로운 조리기술, 식재료 등이 유입되는 것은 많은 시간이 필요로 했다. 나는 그런 시스템에 무료함을 느꼈지만 호텔 시스템에 서서히 적응해 나갔다. 그러던 차에 늦게 들어간 호텔이지만 다른 사람에 비해 빠른 진급으로 어느새 입사 후 4년이 지난 후 데미 셰프(Demi chef)에 올랐다. 그러던 어느날 같은 업장의 후배 재승은 이태리에 가고 싶다며 이태리 미식 기행에 관한 책을 기획하도록 나를 자극했다. 이태리를 다녀온 지 오래됐고 서울 생활에 무료함은 날 떠나야 하는 상황까지 만들었다.

나의 이탈리아 요리 실력과 메뉴가 부족한 모습에 깨닫고 좀 더 유행을 타고 참신한 요리를 배우기 위해 나는 자유 배낭여행을 계획을 했고 여기에 후배 재승은 나와 동참하여 우리는 이탈리아로 떠나는 준비를 단단히 했다. 목적이 없는 여행은 아니었다. 말 그대로 미식 기행이다. 레스토랑 두 곳에 공문을 보내 현지 주방에서 실습을 하면서 새로운 메뉴와 트랜드를 볼 수 있는 기회를 마련한 것이다. 나는 호텔 이탈리안 레스토랑에서 근무를 하면서 3년 동안을 피자와 파스타 요리를 담당하는 섹션 장을 맡아 메뉴 구상과 프로모션에 신경을 써왔다. 부족한 나의 모습을 알기에 노력하지 않으면 안 되었다. 이런 나의 모습을 보고 있던 후배인 재승

알폰소 셰프

은 같이 가서 배우고 싶다는 의사를 늘 표출했고 우린 회사에 승낙을 받고 짧은 기간이지만 한 달 정도 시간적인 여유를 확보했고 물론 메뉴 개발이라는 무거운 굴레를 가지고 있었지만 이탈리아를 간다는 부푼 꿈에 우린 마음이 설렜다.


## 기다려라! 사쎄요 레스토랑(Sasso Restaurante)

이태리로 떠나기 전에 나는 사세오 레스토랑의 오너 셰프인 반쥴리 (Vanzuli)와 메일을 주고받으며 우리가 도착하는 시간, 숙소 그리고 체류 기간 등에 관해서 충분한 조율을 했다. 반쥴리는 훌륭한 레스토랑에서 오랫동안 경력을 쌓았고 이태리 요리의 살아있는 전설 '세르지오 메이'(Sergio Mei) 셰프 밑에서 일을 했다. 세르지오 메이는 이태리

요리의 마에스트로 칭호를 받는 사람 중 한 명으로 밀라노 포시즌 호텔의 총 주방장으로 오랫동안 요리사들을 지휘하며 요리를 해온 셰프 중의 셰프이다. 한국에도 그 셰프 밑에서 일한 훌륭한 셰프가 한 사람이 있다. 한국 내에 이탈리아 요리의 질을 한껏 업그레이드 시킨 '어윤권' 셰프다. 그는 이태리 밀라노 포시즌 호텔에서 일을 했으며 귀국 후 청담동에 그의 이름을 건 리스토랑테 '에오'(Ristorante Eo)를 오픈하여 한국 내의 이태리 요리를 고급화시킨 장본인이다. 어느날 그가 일 천트로(IL Centro)라고 하는 레스토랑을 오픈할 당시 간단한 와인을 즐길 기회가 있어 그로부터 들은 얘기지만 '요리사는 현장에 있을 때가 가장 멋있다.'라는 표현을 사용했는데 이때 세르지오 메이와의 추억을 듣게 되었다. 어느날 주방에서 힘든 일을 한 후 세르지오 메이는 돔 페리뇽(Dom Perignon)을 주방으로 가져와 오늘 노고에 격려와 찬사를 보내고 같이 비싼 와인을 마시며 와인처럼 그에게 여러분들도 소중하다는 말을 건넸다고 했다. 현장에서 노병이 일하는 모습에 반할 수밖에 없는 이유를 어 셰프를 내게 설명했다. 세르지오 메이와 같이 일을 하기만 했어도 그 사람의 요리 실력을 인정받을 정도로 훌륭한 인맥을 형성할 수 있는 것이 이탈리안 요리 업계에 있어서 세르지오 메이의 저력이다.

반쥴리는 이미 내가 졸업한 이치이프(ICIF) 요리학교의 초빙 강사로 일하기도 했으며 한국에 이탈리아 요리 초빙 강사로 이탈리안 요리학원인 "일 꾸오꼬"(Il Cuoco)에 오기도 했어서 나는 그때쯤 알고 지냈다. 학원에서 강의를 할 쯤 통역 선생이 필요했는데 학교 동기인 인숙 누나가 그 일을 하며 우리는 만날 수 있었다. 그는 모든 일정을 마치고 편의점에서 자신이 아이스크림을 사겠다며 선뜻 호의를 베풀었고 전형적인 이탈리아인답지 않은 배려심을 가지고 있었다. 이번 레스토랑 스테이지도 인숙 누나가 소개를 시켜줘 흔쾌히 승낙을 받아냈다. 그러면서 나의 또 다른 이탈리아 기행이 성사되었다.

이제는 가슴이 떨린다. 이태리로 떠나려는 준비인 비행기 티켓도 구매를 했고 짐을 꾸리는 것도 완료를 했다.

나는 저렴한 비용으로 계획을 했지만 회사에서 비행기 요금 값의 반 정도를 지원을 받아 저렴한 항공권을 알아보며 일본 경유하는 티켓을 구매를 해서 떠났다. 난 비행기만 타면 졸음이 마구 밀려왔고 그렇지 않으면 승무원에게 레드 와인을 요청하여 한 병을 마신 후 늘 잠을 청했다. 김해 공항에서 일본 나리타에 내려 하룻밤을 공항 호텔에서 묵고 다시 비행기를 타고 로마로 들어가는 노선을 택하였고 로마 테르미니(Termini)역에서 다시 민박집에서 하룻밤을 묵었다. 그 다음날 유로스타를 타고 볼로냐를 거쳐 사세오 레스토랑을 가기 위해서는 다시 볼로냐에서 내렸다. 잘짜여진 노선일까라는 생각이 문득 들었다. 이번 여정에는 미식의 주(州)인 에밀리아 로마냐(Emiglia-Romagna)는 없었기에 이태리 요리에 관련 미식의 도시라고 해도 과하지 않을 정도로 많은 식재료가 생산되는 곳이었기에 볼로냐에서 갈아타는 열차를 기다리는 시간이 넉넉하게 있었기에 3시간 정도는 구경을 할 수가 있어 볼로냐 역에서 식재료 구경을 시작했다. 역에 내려 독립의 거리라고 하는 중심도로를 걸어서 올라가면 끝 광장 주변이 모두 다 볼거리들이 많은 곳들이다. 난 유학시절 이곳에 종종 시간을 보낸 적이 있었기에 살라미, 치즈류, 라비올리, 야채 그리고 생선류 등이 많아서 이 주의 도시들을 여행하지 못하더라도 먹거리를 한 눈에 볼 수가 있어 주어진 시간에 식재료 위주로 관광을 시작했다. 오래전보다 시장에 식재료들은 다양해진 것은 같은데 도심은 전혀 변하지 않아 보였다. 유학 시절이나 5년이 지난 후에도 이곳은 늘 똑같았다. 거리며 공원이며 바뀐 곳을 찾아보기가 힘들 정도다.

우린 자그마한 트라토리아(Trattoria)에서 점심을 간단히 파스타로 먹으며 허기진 배를 채웠다. 나는 대파가 듬뿍 들어간 삼겹살 스파게티를 시켜서 먹었다. 다시 인테르시티(Intercity) 열차로 갈아타서 알렉산드라(Alessandra) 역에서 다시 지역열차를 타고 30분 동안 달렸다. 드디어 우린 레스토랑에서 가장 가까운 역인 스트라델라(Stradella)역에 내렸다. 피곤한 몸을 이끌고 플랫폼에서 내려 역 밖으로 나갔다. 어제 반쥴리와 통화를 한 후 그의 말에 의하면 역에 도착하여 전화를 하면 바로 나가겠다고 했다. 나는 역 밖으로 나온 후 공중전화를 찾았지만 너무나 작은 간이 역이므로 전화가 없었고 다행히 바가 있어 안에 전화가 있는 것을 확인 한 후 전화카드를 꺼내 그에게 전화를 했다. 10분 정도가 흐른 후 레스토랑 홀에서 근무하는 남자 직원이 우리를 마중 나왔다. 반쥴리는 급한 일이 생겨 집에 갔다가 저녁쯤에 온다고 했고 루카라는 홀 직원의 자가용을 얻어 탔고 이 지역이 와인으로 유명한 곳으론 알고 있었지만 경치 또한 훌륭한 곳인지 몰랐다. 20분 정도 포도밭이 낀 포장도로를 달리다보니 언덕 위에 하얀 집이 연상되는 듯 높은 언덕에 레스토랑이 보이기 시작했다. 레스토랑에 도착했을 때는 마치 별장인 듯싶었고 정원에는 꽃들과 잔디로 꾸며져 있어 마치 우리가 여름휴가를 가는 착각을 불러일으킬 정도로 큰 별장과도 같았다. 우리를 반갑게 맞이해 주는 레스토랑 직원들과 인사를 하며 잠시 차에서 짐을 내리는 시간이 지나고 오너 셰프인 반쥴리(Vanzuli)가 왔고 우리는 이탈리안 식 인사인 바치(Baci)로 인사를 나눴다. 나는 그와 간단히 안부인사를 하고 한국 내 그를 좋아했던 졸업생들의 근황을 전달했다. 그는 짐을 풀고 쉬라며 레스토랑 근처의 숙소로 안내했다.

## 포도 밭 속 별장

우리 둘은 비명을 질렀다. 숙소는 집 한 채를 모두 사용하는 별장이었다. 이탈리아는 유명한 와인산지들이 많기에 여름과 포도수확을 할쯤에 와인산지나 와이너리 등에서 관광객을 위치할 목적으로 나타난 와인관광의 한 형태인 '아그리투리스모'(Agriturismo)라고 하여 와인산지 등지에서 많이 성업을 하고 있었다. 이태리에서 너무나 유명한 몬탈치노(Montalcino)나 바롤로(Barolo) 그리고 바르바레스코(Barbaresco)

등 전 세계적으로 유명한 산지에서만 성업을 했던 건 아닌 듯했으며 이런 문화가 이미 오래전부터 관광의 한 형태로 이어져 오고 있었다. 우리가 찾은 기간은 10월 중순이므로 관광하기에는 늦은 시기이지만 우린 그런 목적이 아니었다.

우리는 저녁을 레스토랑에서 먹겠다고 예약을 했고 시간이 되면 데리러 오겠다며 홀 직원인 루카는 우릴 숙소에 내려주고 가버렸다. 우리를 방기는 집 주인은 우리에게 간단히 집을 안내해 주었고 응접실 그리고 거실 등을 안내하며 우리 방 외에도 거실과 주방을 사용해도 좋다는 말과 함께 주방 냉장고에 준비된 주스 그리고 가벼운 스낵 류 등은 아침 식사로 챙겨 놨다는 말까지 전했다. 깨끗하게 사용해 달라며 숙박비 가격은 하루에 1인당 30유로라며 마지막 날에 반줄리에게 건네 달라며 열쇠를 주고 가버렸다. 우리는 3층으로 되어있는 방을 이곳 저곳을 돌아다니며 주의 깊게 살펴보았다. 층층 마다 방들이 많았고 미로처럼 되어있어 처음에는 우리 방을 찾지 못했다. 3층에는 2개의 침대가 놓여져 있었고 창문을 여니 발코니가 있고 크고 긴 의자가 올려져 있었고 일광욕을 즐길 수 있는 광경이 상상되었다. 멀리 보이는 포도밭이 우리의 저택을 감싸고 있는 광경이 답답한 맘을 한결 편하게 만들어 줬다. 우리는 각자 짐을 풀고 단잠을 자고 일어나 주변을 돌아보며 루카가 오기를 기다렸다. 그날 저녁은 레스토랑 홀보다는 잔디가 보이고 시원한 밖의 테이블에서 식사를 하며 한가한 저녁시간을 보냈다. 나는 이탈리아 음식을 음미하기보다는 레스토랑의 분위기와 잔디가 깔려 있고 테이블에 세팅되어있는 테이블 웨어 등에 우선적으로 눈이 들어왔고 흐르는 칸조네 가수인 쥬케로(Zucchero)음악에 매료되고 말았다. 나는 노래가 너무 좋았고 가수 이름과 노래 제목을 알아냈고 나중에 사서 듣고 흥얼거렸다. 난 분위기에 그리고 올트레포 파베제(Oltrepo Pavese)의 레드 와인에 이미 취해버렸다. 이곳에서는 대중적인 레스토랑이므로 코스보다는 입맛에 맞는 단품으로 선택하여 식사를 했다.

도착한 날은 이렇게 언덕 위에 하얀 집에서 저녁 식사를 하며 분위기에 취하고 피곤함에 떨어졌다.


### 쿠치나 반쥴리(Cucina Vanzulli)

다음날 아침 우리는 일찍 일어나 회사에서 가져간 흰색의 유니폼을 입고 우리를 대리로 올 루카 차를 기다렸다. 레스토랑 주방에 들어가 우린 낯선 주방에 적응해 나갔다. 반쥴리는 보조 요리사 한명을 두고 저녁에 있을 단체 손님에게 필요한 요리를 준비하고 있었다. 반쥴리는 체구가 정말 컸기에 그가 다니면 주방이 빈약해 보였지만 필요한 주방 동선을 확보하고 있었다. 큰 체구를 조금만 움직이면 닿을 수 있도록 스토브, 면 탕기 그리고 오븐까지 손만 뻗으면 닿을 수 있는 공간에 적절하게 레이아웃이 정돈되어 있어 자신의 요리 스타일에 맞게 배치되어 있음을 알 수가 있었다. 그 외에 준비 주방은 구석에 따로 작업 테이블이 설치가 되어있었으며 그곳에 대형 냉장고와 냉동실이 있었다. 공산품은 지하에 따로 창고가 있어 우리는 먼저 모든 재료의 위치를 파악하고 어떤 식재료를 사용하는지 초롱초롱한 눈빛을 쏘면서 한참을 둘러보았다.

　셰프를 도와 우린 점심 장사를 준비를 하고 있을 쯤 홀 직원인 루카 외에 홀 직원이 출근하여 인사를 나누었고 직원 식사를 위해 반쥴리는 리조또를 준비를 하고 있었다. 그건 다름 아닌 콩팥 리조또 였다. 나는 셰프와 주방직원들과의 눈을 서로 교차해가면서 눈이 마주치며 이걸 어떻게 먹을 까? 하는 생각을 교류하고 있었다. 그리고 리조또에 사용할 육수는 저녁 파티에 사용 할 소혀를 오랫동안 끓이고 있었고 소혀 육수를 부어가면서 쌀을 익히고 있었다. 콩팥 리조또보다는 요리를 쉽고 능숙하게 하는 반쥴리 모습을 보며 우리는 부러워했다. 그가 요리를 하는 과정에서 궁금증이 유발되면 우리는 질문을 하고 하나하나씩 알아나갔다. 점심 식사는 치욕이었다. 우리에게 따뜻한 밥이 그리웠지만 현실은 콩팥 리조또 였다. 접시에 지나치게 많은 신장이 올려 져 재승은 눈치를 보며 신장을 골라냈고 한 접시를 다 비우지 못했다. 난 허기진 배를 채우기 위해 질긴 신장을 제

콩팥 리조또

외하고는 쌀은 다 비웠다. 점심 식사를 마무리하고 우리는 저녁에 가져온 기념품을 그에게 전달했다.

첫날 우리에게 주어진 조리 업무는 물에 담가 둔 염장대구를 손질하는 것부터 시작되었다. 우리는 혹 대구에 가시가 있는지 손으로 먼저 핀셋을 이용해서 잔가지를 발라냈다. 손질된 대구는 반쥴리 손에 쥐어져 프라이팬 속에 담겨 그의 덩치에 비한다면 너무나 작은 존재인 것처럼 삶아지고 볶아지고 하여 순식간에 퓨레 형태가 되었다. 그는 삶은 감자 약간, 이태리 파세리 그리고 올리브 유를 넉넉하게 넣어 믹서에 갈았다. 그런 다음 파마산 치즈를 듬뿍 넣어 간이 맞는 듯 입맛을 다셨다. 준비된 소를 우리에게 건네며 오늘 저녁 단체 손님에게 쓸 전채라며 춘권피를 얇게 펴서 소량의 딥을 넣고 돌돌 말았다. 끝은 계란 물을 발라 봉합을 한 후 마무리 지었다. 우리는 점심 장사 내내 대구 전채 요리를 준비하는데 시간을 다 보냈다.

2주 동안의 시간이 쏜살같이 지나고 우리는 주방에서 마지막 시간을 보냈다. 늦은 저녁 단체 손님을 위한 저녁 식사는 마무리가 지어지고 반쥴리는 우리에게 많은 걸 배웠는지 그리고 고생했다는 말과 함께 우리에게 선물을 건넸다. 그건 다름 아닌 와인 상자다. 올트레포 파베제(Oltrepo Pavese)레드, 화이트 와인이 한 병씩 들어 있었고 부모님께서 직접 만든 와인이라며 여기 머물렀던 추억을 생각하며 마셔달라며 그는 우리에게 이태리의 문화를 선물했다. 반쥴리는 잠시 창고에 다녀오겠다며 했고 잠시 후에 그는 파스타 4봉을 들고 나왔다. 반줄리는 서울에서 여러 번 이탈리아 요리 강좌를 한 바가 있어 한국 내 수입 된 파스타 종류에 대해 얼추 알고 있었다. 한국에는 아직 호밀로 만든 파스타가 없다고 하며 자신이 덩치가 있기에 좀 더 맛이 있고 칼로리가 적은 호밀 스파게티를 좋아한다며 돌아가면 가족과 함께 맛있는 파스타 요리를 만들어 즐기라는 말을 하며 우리에게 아쉬움을 토로했다. 그는 마지막으로 한 가지 더 줄게 있다며 이층에 있는 사무실에서 자신이 정리해 둔 레시피 한 묶음을 주었고 한국 돌아가면 메뉴 작업을 할 때 참고를 하라며 내게 건넸다. 난 그처럼 한국인의 감정과 인정 그리고 배려심을 간직한 이태리인은 처음이었기에 그로 하여금 또 다른 이태리인의 개성을 볼 수가 있었다. 아침에 숙소에 시간 맞춰서 오겠다며 우리는 레스토랑 직원들에게 마지막 인사를 했다. 다음날 우리는 일직 일어나 짐을 꾸리고 그동안 지냈던 빌라와 주변 그리고 발코니에서 바라보는 포도밭의 정경을 다시 한 번 머릿속에 각인시키며 떠남을 아쉬워하며 반줄리를 기다렸다. 우리는 그에 차를 타고 스트라델라 역에 내렸다. 우리는 그의 호의에 대해 깊은 감사를 표하고 주인 아줌마를 만나지 못했고 그동안 묵었던 두 사람의 숙박비를 그녀에게 전해달라며 숙박비와 자물쇠를 건넸고 우린 작별을 고하고 피사(Pisa)로 가는 열차에 올랐고 기차는 포도밭의 풍경을 간직한 스트라델라 역을 출발하고 있었다.

## 귀족의 저택 '에노테카 핀키오리'(Enoteca Pinchiori)

우린 반줄리 레스토랑을 떠나 피사를 잠깐 들러 피사의 사탑을 관광했다. 그런 후 피렌체 시내로 들어갔다. 민박집에 짐을 푼 후 피렌체 시내를 잠시 둘러본 후 민박집으로 들어와 피랜체에 별급 레스토랑인 에노테카 핀키오리(Enoteca Pincchiori)에 예약을 했기에 좀 더 깔끔한 복장으로 갈아입었다. 레스토랑은 시내 중심가 부근에 자리하고 있었다. 처음에는 지도를 보며 거리 이름과 번호만을 찾으려는 것이 막막했지만 주변 상가 주민에게 물어 위치를 쉽게 파악할 수 있었다. 드디어 레스토랑입구에 도착을 하여 들어가려는 순간 영업시간이 저녁 7시임을 알 수가 있어 정문 앞에서 20여분 정도를 기다려야만 했다. 드디어 오픈 시간이 되어 유리로 되어있는 현관문을 밀고 들어갔는데 안내를 하는 지배인이 우리를 보는 눈초리가 이상함을 난 느꼈다. 내게 예약을 했는지 확인을 하며 여기는 정장 차림을 할 수 있어야 입장이 가능하다며 우리를 당황스럽게 했다. 지배인은 우리를 힐끗 쳐다보며 잠시만 기다리라며 위층으로 올라갔다. 그가 잠시 후에 내려오면서 양손에 든 것은 정장 재킷이 들려있었다. 우리에게 각자 맞는 사이즈를 건네며 입고 퇴실할 때 반납해 달라며 부탁을 하고 예약된 좌석으로 인도를 했다. 밖으로 나가 정원을 통해 큰 룸으로 우리를 안내를 했는데 정원은 마치 중세시대 공작들이 생활하는 궁전의 호화스런 고풍을 연상케 했다. 정원 중앙에는 오래된 대리석으로 된 분수가 끊임없이 물을 내 뿜고 있었고 갖가지 꽃들이 피어 경치가 너무 좋았다. 정원을 지나 우리의 예약석은 큰 룸에 5개 정도의 테이블이 높여진 곳이었고 걸린 액자 또한 예사롭지 않은 고가의 예술 작품의 그림으로 보였고 의자가 2개 있는 테이블에 우리를 안내했고 우리는 착석을 했다. 잠시 후에 담당 웨이터가 인사를 했으며 우리에게 메뉴와 와인 리스트를 건넸다. 나는 우선 무거운 와인 리스트를 펼치기 시작했다. 여러 장으로 된 와인리스트는 이태리 전 지역의 유명한 와인을 다 구비하고 있어 우리를 놀라게 했다. 거기다가 프랑스와인을 찾는 고객들을 위해서 특정 와인도 구비를 하고 있었다. 아무튼 유학시절 미슐랭 가이드 별급 레스토랑에서 일을 해봤지만 이처럼 규모가 크고 고풍스런 서비스 및 테이블 웨어(Table Ware)를 가지고 있는 곳은 처음이었다. 고객을 먼저 분위기로 매료시켜 버렸다. 모든게 최고다. 메뉴판에 적힌 요리는 다양하지 않았지만 코스요리가 두 종류 그리고 각 전채, 메인, 파스타 위주의 각 코스마다 있는 메뉴가 단품요리 메뉴에도 중복으로 구성되어 있는 걸 확인했다. 단연 질로 승부를 거는 레스토랑임을 알 수가 있었다. 우리는 메뉴를 선정하고 첫 아페르티보(Apertivo)인 음식과 발포성 와인을 즐겼다. 그러나 아직 주문한 음식이 나오지 않았음에도 불구하고 우리들 앞에 높여진 자그마한 빵들이 놓여있었는데 포르치니의 향과 올리브유의 부드러움이 입속에 들어가는 순간 포르치니 빵은 더 이상의 빵이 아닌 음식의 그 이상이었다. 빵은 이미 우리의 오감을 잠에서 깨웠다. 그 후에 나오기 시작한 음식은 환상 그 이상이었다. 음식이 나올 때마다 우리는

에노테카 핀키오리 입구

에노테카 핀키오리 셰프

카메라의 플래시를 터트려가면서 음식을 추억에 담고 싶었지만 혹 다른 테이블의 식사를 방해가 되지 않을까 하는 염려를 하면서 우리는 사진을 찍는 것조차 잊고 있었다. 테이블마다 담당 웨이터가 식사를 제공했으며 큰 룸에 5테이블 정도가 있었지만 한국내 레스토랑에서는 한 사람이 맡아서 서비스를 하겠지만 여기는 달랐다. 말 그대로 1대1 서비스를 하고 있었다.

우리는 담당 웨이터에게 계산서를 요구하고 나서 테이블에 팁을 높고 주방장과 사진을 찍을 수 있는지 확답을 받고 나왔다. 응접실에는 우리 배웅하려 나온 셰프가 우릴 기다리고 있었는데 그 행동에 대해서도 깊은 감동을 받았다. 재승과 사진을 찍으며 받은 음식과 서비스 모든 것이 최고였음을 그녀에게 설명을 한 후 우린 기념 촬영 후 헤어졌다. 우리는 빌렸던 재킷을 반납을 한 후 이렇게 피렌체에서의 마지막 밤을 보낸 후 로마로 향했다. 우리는 이제 피렌체의 추억을 뒤로하고 로마행 야간 유로스타를 타고 지친 몸을 뒤로 한 채 각자 사색을 즐기며 열차 안에서 시간을 보냈다.

## 새로운 변화의 바람 '오아시스 리스토란테'(Oasis Ristorante)

우리는 다시 로마에서 하룻밤을 즐기며 휴식을 취했고 다음날 아침 로마 테르미니 역 근처의 한인 민박집을 근거로 하여 무거운 짐은 남겨놓고 속옷과 가벼운 짐만을 꾸린 채 아침 일찍 테르미니(Termini) 역을 떠나 근처에 있는 티부르티나(Tiburtina) 역으로 이동을 했다. 오아시스 레스토랑은 나폴리에서 2시간 반을 가야함으로 기차보다는 풀만으로 이동하는 것이 수월했기 때문이다. 아침 8시 30분에 그로타미나르다(Grottaminarda)까지 가는 이층 버스를 타고 지루하게 달렸다. 걸리는 시간은 2시간 반 정도가 걸렸고 1시간 반을 버스를 타고 가다 보니 멀리 보이는 베수비오(Vesuvio)산이 눈앞에 펼쳐지고 있었다. 나폴리, 폼페이 등이 근처에 왔음을 알 수가 있었지만 오아시스 레스토랑이 위치한 자그마한 마을 발레사카르다(Vallesacarda)는 캄파냐 주와 풀리아 주의 경계에 있는 마을로 풀리아 주의 큰 도시인 포지아(Foggia)에서 더욱 가깝다. 그러니 한참을 더 가야한다는 의미이다.

우리는 오랫동안 여행을 해서 그런지 지쳐있었다. 하지만 난 같이 데리고 간 가이드며 상사이며 인솔자이므로 그로 하여금 힘든 내색을 보이려 하지 않았다. 물론 나도 사람인지라 한 달여 가까운 여정에 힘든 건 마찬가지 였다. 그렇게 우린 그로타미나르다(Grottaminarda) 정류장에 내려 레스토랑 주인 카르미네(Carmine)에게 전화를 걸었다. 로마에서 차를 타면 몇 시에 도착할 건지 전화를 하려던 사람이 마중을 나오겠다는 말을 믿었는데 그는 아무 곳에도 없었다. 이곳은 시골

촌구석으로 낯선 동양인들을 보고 신기해하는 듯 했다. 전화를 걸어 자초지정을 듣고 나니 서운했던 감정과 화가 잠시 주춤했다. 갑작스럽게 할머니가 몸이 안 좋아 병원에 갔다는 것이다. 우리가 핸드폰을 소지하지 않고 있어서 연락할 방법이 없었다는 것이다. 우리에게 버스를 타고 오라는 것이었다. 순간 서운한 감정이 밀려왔지만 어쩔 수 없는 상황이었다. 오는 도중 멀미로 인해 힘들었기에 내려서 편하게 자가용으로 가겠다는 부푼 꿈을 가진 건데……

순간 모든 꿈이 날아갔다. 우린 다시 터미널에서 발라타(Vallata)까지 버스를 탔고 가는 길은 정말 험했다. 버스를 타고 가는 길이었기에 산골 마을을 전부 들러 한 시간 정도 걸려서 도착하여 발라타의 정류장에 내리니 바로 앞에 반가운 버스가 보였다. 뒤에서 보니 발레 사카르다까지 가는 버스인 걸 확인하고 우린 뛰어 올라탔는데 이 시간에는 학교를 마친 어린 학생들로 버스 안은 빼곡했고 아이들은 우리가 정말 이상하게 생겼다라는 듯한 표정들로 우릴 주시했다.

리나와 할머니

20분이 지나 드디어 오아시스 레스토랑 정문에서 내렸다. 언제 봐도 정겨운 거리며 건물들을 보니 가슴이 뭉클했다.

우리를 반기는 일행들이 참 많았다. 주방에 리나, 마리아,

오아시스 레스토랑 주방 식구들

나의 친구 니콜라, 실바나 그리고 논나 등등…….

다시 찾은 알폰소를 반겨주는 동료들이 많아 참 기뻤다. 우리는 간
단히 주방에 인사를 하고 친구인 니콜라가 우리를 손님 전용 숙소에
안내했다. 그는 씻고 식사를 하러 오라는 말에 난 기뻤다. 아침에 일
찍 버스를 타야만 했기에 제대로 음식을 먹을 시간도 없었다. 우리
는 다시 레스토랑으로 갔을 때 레스토랑 안에는 점심 식사 시간이 끝
나지 않아서 다른 손님이 한 테이블이 있었고 카르미네는 우릴 테이
블로 안내해 코스로 식사를 제공해 주었다. 그는 이번 가을에 새롭게
선보이는 메뉴라면서 은근히 자부심을 강조한 듯 보였다. 식사하는
내내 옆에 앉아서 그동안 살아온 것에 대해 언급했다. 왜 아직까지
결혼 안했니! 그리고 서울 어디서 일하냐! 등등 끊임없는 질문을 쏟

카르미네와 와인 저장고 앞

아냈다. 마지막에 디저트가 나왔고 그는 무거운 말을 내게 건넸다.
루치아가 올 여름에 하늘나라로 간 사실에 대해 넌 알고 있니? 난 그
사실에 깜작 놀라지 않을 수 없었다. 작년에 한번 통화하고 목소리
가 안 좋아 무슨 일이 있느냐는 통화만 했는데 그녀는 조금 아프다
는 말만 했었는데 그때 암으로 투병한 시기였기에 난 얼마나 루치아
가 힘들어했는지 알 수가 있을 듯했다. 나의 아버지도 위암으로 세
상을 떠나보내야만 했기에 옆에서 간호하는 모습도 아직 가슴 속에
생생하기 때문이다. 나는 한동안 아무런 말도 잇지 못했다. 그리고
오래전 유학시절 그녀와 같이 만들던 라비올리 그리고 장난치던 그
모습이 순간 떠올랐다. 식사 후 한국에서 준비해온 기념품과 선물
등을 그에게 전달했다.

우린 오랜 여정으로 많이 지쳐 있었다.

오아시스는 5년 전과 달리 레스토랑의 메뉴를 훨씬 간결하고 전통적인 메뉴로 세련미 있게 가다듬은 듯 보였다. 주방 시스템도 물론이다. 깔끔하고 현대적인 주방 시스템에 놀라지 않을 수 없었다. 이곳은 깊은 산골이다. 난 잊고 있었던 사실이 있다. 이곳은 미슐랭 가이드 스타급 레스토랑인 걸⋯⋯.

웬일인가! 주방에는 젊은 요리사가 보였다. 현대적 감각에 맞추기에는 젊은 요리사들이 필수였던 걸까! 배우는 실습생이 아닌 프로 요리사가 있지 않은가? 순간 놀랐다. 우리는 주방 구경을 하고 나서 저녁부터 일을 하면서 배우겠다고 확답을 받고 6시에 저녁 장사를 시작하니 5시 반에 와서 저녁을 먹고 주방 일을 도우면 된다는 것이다. 저녁에는 제법 예약 손님이 있었다. 재승과 같이 주방에는 있어도 주로 하는 업무는 달랐고 공간도 달랐다. 반쥴리 레스토랑에서는 주방이 작아 일을 하면서 통역을 해주면서 일을 하기에는 문제가 없었다. 하지만 오아시스 주방은 넓어 각 섹션 별로 일을 분담하는 체제로 일이 진행되었다. 전채와 디저트 코너, 파스타 코너 그리고 메인 코너 이렇게 세 구역으로 나누고 준비와 음식이 만들어져 일이 분업화되었다. 재승은 전채와 디저트 코너 난 파스타와 메인 요리 코너를 왔다 갔다 하면서 일을 도왔다. 이런 이유로 그를 통역하기에는 힘든 상황이었고 언어를 못했던 그로는 처음 유학 시절에 겪었던 스트레스를 지금 겪는 것 같아 한편으론 안쓰럽기도 하고 한국에 돌아가 열

오아시스 웨이터들

장난꾸러기 마리아

심히 언어 공부를 하게 될 모티브가 되었으면 하는 기대감도 들었다. 다음날 오전에 근무를 하던 중에 재승은 심한 두통으로 침대에 드러 누웠다. 리나에게 말을 하고 오늘 저녁에는 재승은 일을 못하겠다는 의사를 전달하고 우리는 휴식을 취했다. 그날 저녁 재승은 식사도 하지 않은 채 그동안 힘들었던 미식 기행인 듯 잠만 잤다.

나는 늘 여기 발레사카르다에 올 때면 들르는 곳이 루치아 집이었다. 루치아는 없지만 그녀의 묘지에는 한번 가고 싶었다. 오아시스 레스토랑의 뒤쪽 계단으로 올라가면 오르막으로 되어있는 계단을 이용하면 바로 루치아 집이다. 집에 도착하여 초인종을 누르니 루치아의 막내딸이 나왔다. 그녀는 나를 한눈에 알아보는 눈치였다. 그녀도 학생티를 벗고 이제는 의젓한 숙녀가 되어있었다.

집에는 결혼하여 두 아이의 자녀를 둔 큰 딸이 와 있었고 그녀 역시 엄마인 루치아의 외모를 꼭 닮았다. 순간 착각할 정도로 뚱뚱한 외모나 이미지가 그러했다. 나를 부엌 겸 응접실에 안내했고 기다리는 동안 아버지인 루치아의 남편에게 전화를 하는 소리가 주방까지 들렸다. 잠시 후에 루치아의 남편을 보니 오래전 그의 모습이 생각이 났다. 그는 내게 공동묘지에 같이 가자며 자동차를 타고 10분 거리에 있는 묘지로 그와 같이 동행했다. 묘비 안에 있는 루치아의 사진을 보고 가슴이 뭉클했고 나도 모르게 눈물이 쏟아졌다. 먼저 그는 아내의 사진이 담긴 비석을 만지며 그리움을 표현하며 울었다. 나에게 인사를 하라며 가까이 다가서게 했다. 나도 모르게 이태리어로 아쉬움의 표현을 달래며 그녀에게 말을 하고 있었다. 옆에서는 대성통곡하는 음성이 내 가슴을 저리게 만들었다. 우린 잠시 동안 그녀를 아쉬워하며 나도 모르게 그의 묘비 앞에 서서 흥얼거리며 정갈하게 울었다. 그의 집으로 돌아온 후 우리는 루치아의 기억에 대해 잠시나마 얘기했고 우린 현실로 돌아와 간단한 커피를 마시며 한국 생활과 오아시스 레스토랑에 대해서 화제를 돌려서 웃음이 끊이지 않은 늦은 저녁 시간을 보냈고 그들은 순박하고 자신들의 주어진 삶과 가족에 대해 노력하며 살아가는 모습을 보며 부러웠다.

## 새침데기 제라르다

　루치아와 나는 환상의 콤비였다. 오래전 첫 유학시절 루치아는 메인 요리, 난 파스타 어시스트 그리고 영업시간이 종료되고 준비시간에는 우린 많은 시간을 생면 만드는 데 보냈다. 루치아는 주로 아침에 일을 시작하여 4시 정도에 마감을 했다. 점심 장사를 주로 같이 했으며 그녀와 나는 메인요리와 파스타를 같이 하면서 순조롭게 서로를 도와가며 장난을 치면서 윙크도하며 장난을 치기도 많이 했다. 특히, 주말에는 결혼식 손님들이 많을 때는 다른 요리사를 부르는데 제라르다(Gerarda)는 그때만 우리와 같이 일했다. 그녀 또한 장난기 많은 순수함이 있는 50대 후반의 두 아이를 둔 아줌마다. 시간이 지남에 따라 루치아와 내가 친해진 상황을 보며 시기를 했다.

　그녀는 일하는 도중에도 장난을 많이 쳤다. 담배를 태우지 않으면서 골초로서 역할을 잘 표현했던 그의 연기며 라비올리를 삶아서 30명 분의 접시에 순간적으로 옮기는 행동들 그리고 주방장인 리나와 마리아를 흉보는 것들……. 모두들 그립다. 그녀는 프랑스에 살다가 이쪽으로 이주를 해오면서 오랫동안 이곳에서 살아오고 있다고 한다.

　숙소 아랫길로 내려가다 보면 할머니 논나의 비밀 주방을 지나 3분 거리에 위치하고 있는데 우리 식으로 말한다면 골짜기에 위치한 그녀의 집이다. 그날도 제라르다는 집에 있었다. 그녀의 남편과 그리고 그녀의 막내딸만이 집에 있었지만 그의 아들은 군 복무 중이라며 근처에 나가있다고 얘기를 했다. 그녀의 집에 놀러 올 때면 그녀는 나를 위해서 커피를 직접 끓여서 준다. 나폴리 식의 커피 기계에 물과 분말커피를 넣어 물이 끓으면 주둥이로 커피 향을 따라내는 기구를 이용해서 항상 나를 위해 준비해 준다. 난 여기에 늘 노란설탕 두 스푼을 넣어 마시곤 했다. 우리는 옛 추억과 저 세상에 있는 루치아 등 많은 얘기를 하며 수다를 떨었다. 나오기 전 매번 이곳에 올 때마다 그녀에게 건넨 선물이 있다. 한국식 거울이다. 늘 동양적인 문양에 관심이 있고 좋아했기에 문양이 새겨진 거울을 좋아하여 이번에도 선물을 주니 너무나 좋아했다. 저녁을 먹기위해 레스토랑에 가니 오늘 저녁은 문을 열지 않는다며 저녁 식사는 필요한 것을 가지고 가서 숙소에서 해결해야 할 것이라며 내게 양해를 구했다. 나는 냉장고에서 포도, 귤 그리고 빵과 프로쉬우또 등 다양한 먹거리와 탄산물을 챙겨 숙소로 돌아온 우린 조촐한 마지막 밤의 식사를 마무리지었다.

아쉬운 건 요리사로서 많은 요리적인 지식이나 조리기술을 떠나 이탈리아 가정생활이 어떤지 보여주고 싶었지만 그가 몸이 아픈 관계로 아쉬움으로 남았던 여행이 되었다. 아침 일찍 레스토랑 모든 사람과 마지막 인사를 하고 친구 니콜라는 우릴 나폴리행 풀만을 타기 위해 풀리아–바리 고속도로 정류소에 우릴 내려줬다. 우리는 점심 나절에 소렌토 근처에 레스토랑에 예약을 해놓았지만 시간이 빠듯했다. 아침에 리콜라는 레스토랑 관계자에게 전화를 해놓겠다고 잘 부탁한다는 말까지 해 놓을 것이니 잘 찾아가라는 말과 함께 우린 헤어졌다. 나폴리 중앙역 근처에 버스가 정차하여 우린 소렌토로 가는 사철을 타고 폼페이를 지나고 베수비오 활화산의 풍경이 펼쳐져 웅장함에 무언지 모를 감동을 느꼈다. 기차는 소렌토를 몇 정거장을 남겨 놓고 갑자기 철로에 섰다. 안내 방송이 나오면서 갑작스런 기차의 고장으로 지연이 될 듯했다. 언제 고쳐질지 우리의 인내심을 자극하게 만들었다. 난 레스토랑 예약시간을 보고 더 맘이 초조했다. 3시까지 영업이지만 최소한 2시 반 까지는 레스토랑에 도착을 했어야만 했다. 시간은 2시를 지나고 있었다. 기차는 15분 후에 다시 움직여서 소렌토 역에 2시 반에 도착을 했다. 길을 물어 레스토랑에 도착을 했지만 이미 3시 10분전이어서 레스토랑은 정리를 하고 있었다. 지배인은 오아시스 레스토랑에서 왔느냐는 질문에 대답을 했다. 그러나 지금은 식사 종료를 한 시간이어서 식사를 하기 힘들다며 우리에게 아쉽다는 말을 했다. 우린 식사는 하지 못하지만 주방장과 만나 주방시설을 구경해도 되냐는 식으로 낯선 주방 구경을 원했다. 마침 우린 베로나에서 같이 일할 어린 셰프를 찾고 있는 중이어서 셰프에게 구인을 요청하고 주방시설을 둘러볼 수 있었다. 이곳도 역시 별급 레스토랑이어서 그런지 주방 시설이 대단했다. 우리는 식사를 하지 못한 채 소렌토를 구경하는 걸로 아쉬움을 달랬다.

시내에서 다시 해변가를 만나기 위해 언덕 아래로 내려 가다보니 바다 냄새가 우리를 기다리고 있었고 해변의 가로수는 레몬이 주렁

주렁 달린 레몬나무들이 이색적인 색채를 내 뿜고 있었으며 기념품 가게에는 원색으로 색칠한 모자이크 제품과 알록달록한 접시들이 한 눈에 들어왔다. 우리는 몇 시간 동안 구경을 하다 보니 요깃거리가 필요해 단 과자점에 들어가 재승은 주먹만 한 크기에 바바(Baba)를 집어 들었다. 계산 후 하나를 게눈 감추듯 바로 먹어 해치웠고 걸어가는 도중에 먹어서 그런지 약간 취기가 오른 듯했다. 바바에는 원래 알코올을 시럽에 넣어 만들기에 큰거나 다량 섭취하면 취할 수 있다. 이제는 한국으로 떠나야 한다. 다시 나폴리 행 사철을 타고 나폴리에서는 로마행 인테르시티를(Intercity)타고 단골 민박집에 도착하여 잠시 피로를 풀었다.

음악가의 파스타

엔리코 카루소(Enrico Caruso, 1873년 2월 25일~1921년 8월 2일)는 이탈리아의 테너 가수이다. 나폴리에서 출생하였으며 롬바르디에게서 성악을 배웠다. 1894년 카세르타에서 파우스트를 노래하여 데뷔하였다. 1902년 모나코의 몬테카를로에서 푸치니 작곡의 '라보엠'을 소프라노 가수 멜바와 함께 공연하여 성공을 거두면서 이름을 알렸다. 이듬해 미국으로 건너가 뉴욕의 메트로폴리탄 오페라 하우스에서 '리골레토'를 공연하여 성공하였다. 이후 세계적인 테너 가수로서 명성을 얻었다.

스파게티 알라 카루소(Spaghetti alla caruso)라고 하면 그가 좋아했던 재료로 만든 파스타 소스를 의미하는데 그는 특히 닭 간을 좋아했고 여기에 버섯, 산 마르자노(San Marzano) 토마토, 양파, 마늘 등을 넣어 만든 소스를 특히 즐겼다. 그가 죽고 난 후 이소스를 카루소 스타일이라고 하여 스파게티뿐만 아니라 다양한 이탈리안 요리를 '카루소 스타일'에 맞게 즐겨 먹고 있다. 카루소 스타일 파스타(alla caruso)는 닭 간, 버섯, 산 마르자노(San Marzano) 토마토, 양파, 마늘 등을 넣어 소스와 같이 만든 파스타를 말한다.

## 요리를 디자인 하는 셰프 '헤인즈 벡'(Heinz Beck)

로마에 힐튼 호텔 총주방장은 헤인즈 백이다. 그는 독일요리사이지만 이태리 셰프로 유명하다. 그의 요리는 창의적이며 간결하고 늘 의미를 부여하고 현재 트랜디한 분자요리 등 다양한 각도에서 그의 요리세계를 펼치고 있다. 여러 권의 요리책이 출간되어 있으며 파스타 회사인 데체코(Dececo)와 광고를 하면서 그의 이름과 얼굴이 전 세계적으로 잘 알려졌다. 난 늘 그의 요리를 맛보고 싶었다. 한국에서 떠나기 전에 미리 예약을 했으며 오늘 저녁이 매우 기대 되었다.

우리는 호텔이 위치한 근교까지 열차를 타고 내려 다시 버스로 갈아타서 20분을 걸어서 도착할 수 있었는데 너무 외진 곳이었다면 택시를 이용할 걸 하면서 힘든 걸음을 재승과 나는 옮겼다. 호텔은 크진 않았지만 고풍스런 분위기를 내뿜고 있었다. 우리는 안내를 따라 아주 크고 널찍한 테이블에 식사를 하기 시작했다. 우린 코스와 단품 요리 여러 개를 주문을 했다. 음식은 자그마한 크기와 나오는 음식들은 형형색색 맛과 모양 빛깔을 달리하며 우리의 미각을 매료시켰다. 우리는 단숨에 접시들을 마구 삼키겠지만 이들의 레스토랑 식 문화는 그렇지 않다. 천천히 식사하면서 일행과 근황과 담소를 즐기면서 다음 코스요리를 기다린다. 그러다 보니 식사시간이 기본 3시간은 필수다. 난 중간에 나오는 시간이 오래 걸려 도중에 꾸벅꾸벅 졸기도 했으며 그런 날 보며 재승은 비디오로 촬영을 해놓고 늘 놀려댔다. 바쁜 여정으로 몸이 많이 피곤한 상태였기에 별급 레스토랑에서 졸고 있다는 것은 돈이 정말 아깝다는 것인데 음식이며 접시 그리고 인테리어 등 모든 것이 배울 거리였지만 몸이 피곤하여 빨리 자고 싶다는 생각이 들 정도였다. 우린 식사를 마무리하고 호텔 입구로 나와 택시를 타고 민박집이 있는 테르미니 역에 도착하여 우리의 미식기행의 일정을 마무리지었다.

### 로마에는 파스타 박물관밖에 볼 것이 없다

우리는 아침에 일찍 일어나 떠날 준비를 위해 로마시내에서 기념품을 사고 미처 보지 못한 관광을 하며 마지막 남은 하루의 여정을 보냈다. 로마는 하루 아침에 이루어지지 않았다는 말이 있다. 고대 로마 시대가 남긴 수많은 문화 유적과 유물로 인해 해년마다 수많은 관광객들이 끊이질 않는 곳이다. 나는 여러 번 이태리를 왕복하면서 관광지에서 추억의 장을 이미 만들었기에 이제는 로마 시내를 걸어도 더 이상의 감흥이 일지 않는다. 그런 내게 로마 파스타 박물관이 있다는 소식은 흥분이 일게 만들었다.

트레비 분수에서 매번 행운의 동전이 되길 바라면서 잔돈을 던지며 추억을 만들기에 노력했는데 분수에서 뒤돌아 파스타 박물관이라는 자그마한 이정표를 왜 보지 못했을까 아쉬움을 생각하며 박물관에 들어섰다. 자그마한 입구에 들어가니 박물관 점원은 입장표를 구입해야 한다는 것과 이어폰을 끼면 영어나 이탈리어가 나오며 설명

파스타 홀릭                         박물관의 몰드

을 들으며 박물관에 역사를 볼 수 있다고 했다. 입구부터 심상치가
않았다. 파스타에 필요한 듀럼 밀의 형체부터 나타났고 모든 물건은
손을 대거나 사진촬영과 동영상 또한 금지가 되어 있었다. 우리밀과
어떤 특징이 있는지 궁금하여 주위를 살피며 몇 알 정도를 쥐고 호주
머니에 넣었다. 밀의 역사에서 파스타가 만들어진 역사가 이어폰을
통해 나왔지만 이태리어에 능통하지 않았기에 도무지 어떤 내용인지
알 수가 없었다. 2층에는 파스타에 사용되는 도구와 기계 등이 전시
가 되어져있고 기계화된 후에 사용된 대형기계나 몰드 등이 전시가
되어있어서 모두 신기하고 흥미가 있었다.

　30분 동안 구경을 하고 나오는데 출구에서 여직원이 나를 불러 세
웠다. 그녀는 내게 듀럼밀을 손댔다며 큰 소리로 야단을 치기 시작했

으며 그런 내 행동에 반성을 하게 되었다. 직원들은 이미 모니터로 모든 관람객들의 행동을 지켜보고 있었다. 나는 미안하다는 말을 건네며 부끄러운 행동에 반성을 했으며 밀 자체가 우리밀에 비해 매우 단단하고 색이 노란 빛을 띠고 있는 걸 쉽게 알 수 있는 것으로 만족해야만 했다. 파스타 박물관은 로마 뿐만아니라 나폴리의 자그마한 마을 그라냐노(Gragnano)에도 박물관이 있어 다음에는 이곳을 방문하고 싶다는 생각을 하며 이탈리아 여정의 아쉬움을 달랬다.

## 늘 가슴에 간직하고 푼 30대 나의 이탈리아 여행기

지금도 늘 부푼 꿈을 가지고 셰프로서의 생활을 하지만 그 부푼 꿈 속에 늘 30대 이탈리아에 미친 내 모습을 상상하고 있다. 그러다 보면 주방에서 일어나는 모든 일로부터 받은 스트레스는 순식간에 없어지고 만다. 항상 가슴에는 이탈리아의 유학생활, 와인 미식기행, 그리고 피자스쿨의 모습과 추억을 간직을 하고 있다. 그 중에서도 한적한 시골 발레사카르다(Vallesacarda)의 오아시스 레스토랑의 주방에서 아줌마 요리사들과 같이 일하면서 배우고 익힌 이탈리아식 식문화는 늘 가슴 뭉클한 감동으로 자리하고 있으며 이야깃거리가 되며 현재를 살고 있는 셰프 알폰소의 삶의 밑거름이 되고 있다. 대학에서 조리과 강의를 할 때나 이탈리아 요리학원에서 파스타 강의를 할 때면 난 당당하게 유학해서 얻은 정보와 이야기 소재를 바꿔가면서 삶의

베로나 주방 후배들

진솔한 면을 토로하면서 학생들에게 다가선다. 그때는 시간 가는 줄도 모르게 난 참으로 신난다. 자신이 전공하지 않은 과목을 하는 것이 아니다. 내 전공 이탈리아 요리를 가르칠 때면 나는 폭발적인 힘이 솟구친다. 나는 죽을 때까지 요리와 특히 이탈리아 요리를 사랑할 것이다.

오늘도 주어진 주방업무와 사랑하는 요리를 위해서 자그마한 주방 공간에서 삶의 보람을 느낄 것이다. 자! 그럼 칼을 잡으러 주방으로 들어가 볼까요! 그리고 이제는 트랜디한 교수가 되고 싶고 푸드 칼럼리스트로 활동을 하고 싶은 것이 나의 미래의 모습이다. 이제 나는 또 다른 꿈을 꾸기 위해 늦은 나이에 호주로 어학연수를 떠날것이다. 이글을 읽는 여러분 다시 돌아올 알폰소를 기억해주세요.

# 해산물소스를 곁들인 루콜라 딸리올리니
## Tagliolini alla Rucola con Mare

**TIP**

부드러운 생면의 질감이 살아있는 루콜라 면과 풍부한 해물 맛이
잘 어우러지는 파스타다.

재료 1인분

*루콜라 딸리올리니(Rucola Tagliolini) 80g, 마늘 4g, 올리브유 20g
관자 2개, 바지락 3개, 모시조개 2개, 중 새우 (21~30) 2마리
화이트 와인 20㎖, 루콜라(Rucola) 10g, 방울 토마토 10개
이태리 파슬리 3줄기

이렇게 만드세요

1 팬에 올리브유를 두르고 마늘을 넣어 향을 낸 후 조개를 넣어 볶다가 새우와 관자 순으로 볶아준다. 와인을 넣어 비릿한 맛을 제거하고 방울 토마토를 넣어 은근한 불에서 졸여면 물을 넣어 소스를 완성한다.

2 삶은 면을 넣어 소스와 잘 어우러지도록 단시간 볶고 불을 끈 후 루콜라와 올리브유를 넣어 향을 낸 후 접시에 담아낸다.

**루콜라 딸리올리니 만들기**

강력분 100g, 데친 루콜라 60g, 계란 1/3개, 올리브유 10g, 소금 2g

만드는 방법

데친 루콜라는 계란과 올리브유, 소량의 물을 넣어 핸드 브라인더에 갈아 색소를 만든다. 밀가루에 색소, 소금을 넣어 반죽을 한 후 10분 동안 치댄다. 치댄 후 30분 정도 휴직을 준 후 면발이 가는 딸리올리니 면을 뽑아낸다. 완성된 면은 실온에 잠시 말린 후 사용한다.

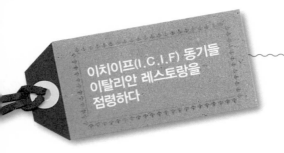

태호형과 소피아(분당 이탈리안 레스토랑 솔레미오 오너 셰프)

그와 그녀는 유학시절 이태리에서 만나 서로에게 호감을 가지고
있어 이태리에서 사랑의 꽃을 피웠다. 1년 동안 이태리에 있으면서
연애를 한 후 귀국 후에 결혼을 했으며 지금은 자식을 키우며 분당에
서 이탈리안 레스토랑을 경영을 하고 있다. 그는 아직도 매일 놀러오
라는 말을 한다. 곧 그 의미는 술 한 잔 하러 오라는 말이다.

강석진(목당 이탈리안레스토랑 스카이 뷰) 셰프

석진은 이탈리아에 다녀온 후 젊은 나이부터 셰프로 시작을 했다.
실력과 부지런함을 겸비한 그로서 유학을 다녀 온 후 15년 동안 꾸준
하게 셰프로 일을 하고 있으며 스페인과 프랑스에 요리를 직접 배우
러 가는 열정으로 지중해 요리에 견문을 넓혔다. 지금은 목동에 스
카리뷰라고 하는 이탈리안 레스토랑에서 셰프로 일을 하고 있다. 지
금 이 시간에도 끊임없이 요리에 노력을 하고 있을 그에게 찬사를 보
낸다. 그는 얼마 후 미국의 유명 레스토랑인 퍼쉐(Per Se)에서 주방장
으로 근무를 한 '코넬리' (Cornel Lee) 가 오픈한 레스토랑에 스테이지를
하기 위해 떠날것을 계획하고 있다.

### 김민경(잡지, 외식 전문 기자 및 편집장 )

그녀는 나의 짝꿍이었다. 방배동의 이치이프(ICIF) 예비학교 시절부터 같은 테이블에서 실습을 했으며 그녀는 나를 짝꿍이라고 불렀다. 그녀는 미식 관련 기자로 일을 하기도 했으며 푸드 코디네이터로서 일을 한 적도 있으며 지금은 외식 관련 기자로 프리랜서로 일을 하고 있으며 단란한 가정도 꾸려서 요즘은 '깨 볶는 재미에 산다'는 말을 한다.

### 임도경 오너 셰프(이태원 이탈리안 레스토랑 bombomb)

도경 누나는 이탈리아에 다녀 온 후 찜닭 집을 전문점으로 경영을 했으며 그후 이탈리안 레스토랑의 사장으로 지금은 이태원에서 봄봄(Bombomb)이라는 이탈리안 레스토랑의 오너 셰프로서 경영과 요리를 맡아하고 있다.

### 전수민(이탈리안 셰프)

수민은 당당한 여장부 기질을 가지고 있으며 어린 나이에 유학을 다녀온 후 다시 요리에 열정을 위해 다시 한 번 언어 및 요리유학을 다녀온 억척 여성이다. 다녀온 지 10년이 지났고 이제는 그녀도 30대 중반으로 이탈리안 레스토랑의 여성 셰프로 활동을 하고 있다.

### 윤 상령(이탈리안 레스토랑 카페 안토니오) 셰프

상령은 동기 중 막내로 많은 관심과 사랑을 받았고 그는 안토니오 심 원장님의 처남이기도 하다. 이탈리안 레스토랑 '루콜라'의 오너셰프로 그리고 일 꾸오꼬 이탈리안 요리 학원의 강사로 일을 해왔으며, 지금은 매형인 안토니오 심의 레스토랑인 "카페 안토니오"의 셰프로 근무를 하고 있다.

### 선희 누나

선희누나는 나와 인연이 많다. 이태리를 다녀온 후 학원에서 강사로 일을 할 때 다른 학원을 오픈하기 위해 나를 스카우트를 하려고도 했고 그리고 남부 이탈리아 미식기행을 같이 했으며 로마에 있는 피자스쿨 아타볼라콘로셰프(Atavolaconlochef)의 피자 전문가 과정을 같이 수료도 했다. 그는 결혼을 하여 외식업에 종사하진 않지만 남편사업인 폐기물 기계 관련 일에 홍보 및 관리 등 전반적인 일을 맡아하고 있다.

### 손진아 셰프

유학 후 국내에서 이탈리안 셰프로 근무를 했으며 피자 컨설팅 그리고 지금은 자신이 직접 운영하는 레스토랑과 피자 전문점을 오픈하여 성황리에 운영을 하고 있으며 그녀는 이태원 일대에 직접 만든 이탈리안 빵을 만들어 다른 레스토랑에 납품을 하기도 했다. 지금은 이태원 이탈리안 레스토랑 트레비아(Trevia)를 운영하고 있고 그녀는 일에 대해 억척스러운 모습을 가지고 있지만 사진을 찍는 데도 훌륭한 감각을 가지고 있다.

임혜천 셰프

어린 나이에 이탈리아 요리를 배우기 시작하여 여러 이탈리안 레스토랑을 오픈과 주방장으로서 근무를 했고 자신의 레스토랑까지 경영을 한 적 있다. 그는 삼청동과 가로수 길에 이탈리안 레스토랑을 성공적으로 론칭을 하여 이름을 날리기도 했으며 지금은 이태원에서 이탈리안 레스토랑 도미닉에서 셰프로 일을 하고 있다.

김양수 셰프

귀국 후 청담동에 이탈리안 레스토랑 빠싸파롤라에서 셰프로 일을 했으며 엘지 아워 홈의 외식사업부에서 메뉴 개발 팀장으로도 일을 해왔다. 지금은 청담동의 이탈리안 레스토랑 셰프로서 근무를 하고 있다.

이상성 셰프

많은 이탈리안 레스토랑을 론칭을 하며 이탈리안 레스토랑 업계에 많은 인맥을 쌓고 있는 그다. 그는 이치이프(ICIF) 8월 반으로 이태리 현지에서 알게 되었고 귀국 후 그와 몇 차례 일을 같이 한 적이 있었다. 그로부터 많은 이탈리안 요리를 접했고 그의 이탈리안 요리의 사랑은 대단하다. 지금도 새로운 요리책을 다독하며 흰 접시의 여백에 열정적인 맛을 그리고 있다.

그 외에 철환, 형욱 형, 희택이도 이탈리안 레스토랑의 셰프로 일을 하고 있으며 마지막 동기인 태인이는 법대 출신인 특수한 이력의 소유자로 강원도 춘천에 살고 있고 그녀와 연락이 되는 동기들은 아무도 없으며 무엇을 하며 사는지 무척 궁금하다.

이렇게 한국 외식업에 종사하는 이치이프(ICIF)예비학교 동기들 15명은 한국 내에서 각자의 요리의 영역을 넓혀가며 생활을 하고 있다.

# [ 부 록 ]

## 이탈리아 지역별 파스타 축제

### 시칠리아(SICILIA)
**파스타 축제**(La Pasta, tra salute, arte e cultura)
5 Agosto 2003
Acquaviva Platani (AG)
Manifestazione che si tiene in occasione dell'apertura di un mulino nel comune di Acquaviva Platani, con la collaborazione dell'Unità Operativa di Educazione alla Salute dell'Ospedale V. Cervello di Palermo. L'evento rappresenta un momento per recuperare una antica tradizione locale. Come scriveva il geografo Al-Idrisi(1150) la Sicilia è stato un luogo in cui c'è stata una lunga tradizione legata alla Pasta, che veniva fabbricata in molti mulini sparsi nell'isola.
Per informazioni: Dott. Siciliano Salvatore eps@ospedalecervello.it

### 칼라브리아(CALABRIA)
**마케로니 축제**(Sagra dei maccheroni )
Luglio
Ferruzzano (Reggio Calabria)
Per informazioni: Tel. 0964-991916
Festa con degustazione di piatti a base di maccheroni.

### 폴리바(PUGLIA)
**오레끼에떼축제**(Sagra delle orecchiette)
Agosto
Sannicandro di Bari (Bari)
Per informazioni: Tel. 080-9936111
Degustazione del tipico piatto e della gastronomia locale.

캄파냐(CAMPANIA)

**팬네떼 축제(Festa delle pennette)**

Luglio

Fisciano (Salerno). Per informazioni: Tel. 089-891511

Festa con degustazione di pennette condite in vari modi.

Sagra dei cavatelli e fusilli

Luglio

Teora (Avellino)

Per informazioni: Tel. 0827-51005

Festa con degustazione di pasta fatta in casa e fusilli.

Sagra degli spaghetti

Luglio

Mercato San Severino (Salerno)

Per informazioni: Tel. 098-879533

Festa con degustazione di spaghetti di tutti i tipi.

Sagra dei fusilli al tegamino

Luglio

San Mango Piemonte (Salerno)

Per informazioni: Tel. 089-631031

Manifestazione con degustazione di fusilli al tegamino.

Sagra dei maccheroni

Luglio

Ferruzzano (Reggio Calabria)

Per informazioni: Tel. 0964-991916

Festa con degustazione di piatti a base di maccheroni.

Sagra dei cavatelli

Luglio

Morigerati (Salerno)

Per informazioni: Tel. 0974-982016

Festa con degustazione di pasta fatta in casa con ragù e vino.

Sagra del fusillo e della trippa

Luglio

Montecorvino Pugliano (Salerno)
Per informazioni Proloco: Tel. 098-801254
Festa con degustazione di trippa e fusilli.

### 오레끼에떼 축제(La sagra delle orecchiette)
Luglio-Agosto
Monteforte Irpino (Avellino)
Per informazioni Proloco: Tel. 0825-753040
Manifestazioni sportive, tornei, gare, spettacoli teatrali, musicali a cui si accompagna la degustazione delle orecchiette.

### 스파게티, 산세버섯축제(Sagra degli spaghetti e funghi porcini)
Agosto
Salza Irpina (Avellino)
Per informazioni: Tel. 0825-981175
Festa con degustazione di piatti a base di funghi porcini.
Sagra dei cavatelli lagane e ceci
Agosto
Rocca San Felice (Avellino)
Per informazioni: Tel. 0827-45031
Manifestazione con degustazione di cavatelli, lasagne e ceci.

### 푸질리, 파프리카축제(Sagra dei fusilli e pepperoni)
Agosto
Paternopoli (Avellino)
Per informazioni: Tel. 0827-71002
Manifestazione con degustazione di piatti a base di fusilli e peperoni.

### 푸질리 축제(Sagra dei fusilli)
Agosto
Lioni (Avellino)
Per informazioni: Tel. 0827-71002

Manifestazione con degustazione di piatti a base di fusilli.

Sagra dei fusilli

Agosto

Sant'Angelo dei Lombardi (Avellino)

Per informazioni: Tel. 0827-23094

Manifestazione con degustazione di fusilli.

Sagra del fusillo e del prosciutto

Agosto

Pietradefusi (Avellino)

Per informazioni Proloco: Tel. 0825-962396

Festa con degustazione di fusilli conditi con prosciutto.

Sagra del fusillo

Agosto

Felitto (Salerno)

Per informazioni Proloco: Tel. 0828-945028

Festa con degustazione della pasta fatta dalle massaie, condita con ragù e servita con buon pecorino.

Sagra della braciola di capra e dei fusilli

Agosto

Corbara (Salerno)

Per informazioni: Tel. 081-930265

Festa con degustazione di primi piatti con sugo di braciola di capra e fusilli.

Sagra della "Maccaronara"

Agosto

Castelvetere sul Calore (Avellino)

Per informazioni Proloco: Tel. 0827-65130

Degustazione di pasta fatta in casa.

Sagra della pasta fatta in casa

Agosto

S. Gregorio Magno (Salerno)

Per informazioni: Tel. 0828-955244

Festa con degustazione di pasta fatta dalle massaie del luogo.

Sagra dei maccheroni

Settembre

Gragnano (Napoli)

Per informazioni: Tel. 081-8011067

Festa con degustazione di piatti di maccheroni.

Festa della Pasta

Settembre dal 12 al 14

Pontecagnano Faiano (Salerno)

Per informazioni: associazione PROMO-PICENTIA

Massimo Mario Tel. 347 6767423


몰리세(MOLISE)

Sagra degli spaghetti

Agosto

P. Mazzini, 14 - 86010 Tufara (Campobasso)

Per informazioni: Tel. 0874-718121

Festa con degustazione di piatti locali a base di spaghetti.


라지오(LAZIO)

Gara della pastasciutta

Gennaio

Farnese (Viterbo)

Per informazioni: Tel. 0761-458381

Nella festa di S. Antonio Abate, gara della pastasciutta.

Sagra delle fettuccine

Maggio

P. Vittime Civili Guerra, 03020 Vallecorsa (Frosinone)

Per informazioni: Tel. 0775-67017

Festa con degustazione di fettuccine.

Macarunata collepardese

Luglio

Collepardo (Frosinone)

Per informazioni: Tel. 0775-47021

Gara cronometrata per divoratori di pastaciutta.

Gara degli spaghetti

Luglio

Falvaterra (Frosinone)

Per informazioni: Tel. 0775-90015

Gare di velocità tra divoratori di spaghetti.

Festa degli spaghetti all'amatriciana

Agosto

Amatrice (Rieti)

Per informazioni: Tel. 0746-826344

Festa con degustazione di spaghetti all'amatriciana.

Sagra deli maccheroni

Agosto

P. dei caduti, Acquafondata (Frosinone)

Per informazioni: Tel. 0776-584432

Festa con degustazione di piatti a base di maccheroni.

Sagra dei rigatoni con guanciale

Settembre

Posticciola - Roccasinibalda (Rieti)

Per informazioni IAT: Tel. 0746-203220

Festa con degustazione dei rigatoni con il guanciale e di altri piatti tipici della tradizione locale.

Giornata Mondiale della Pasta

Ottobre

Roma (Galleria Borghese)

Per Informazioni: Tel. 06-8548577

Gran galà per la giornata mondiale della pasta; Gianfranco Vissani prepara e presenta un menù a base di pasta.

Museo Nazionale delle Paste Alimentari

Roma

Piazza Scanderbeg 117

Tel. 060-9691119 / 6991120

Aperto tutti i giorni compresa la Domenica dalle 9.30 alle 17.30

Chiuso per le feste nazionali italiane.


아브루쪼(ABRUZZO)

Festa di Sant'Antonio

17 Gennaio

Scanno (L'Aquila) Festa del celebre santo con cucina e distribuzione di sagne, fettuccine di pasta fresca benedette con una speciale formula medioevale.

Sagra della pasta

Agosto

Fara San Martino (Chieti)

Per informazioni: Tel. 0872-980155

Un appuntamento per i golosi della pasta.


움브리아(UMBRIA)

Sagra della tagliatella

Luglio

Loc. Cartiere - Gualdo Tadino (Perugia)

Per informazioni: Tel. 075-916647

Festa con degustazione di tagliatelle e piatti di cucina locale.

Sagra dello spaghetto

Agosto. Loc. Casacastalda, Valfabbrica (Perugia). Per informazioni: Tel. 075-901120 / 075-901164

Festa con degustazione di piatti locali a base di spaghetti.

MARCHE

Spaghettata di Quaresima

Marzo

Mondolfo (Pesaro)

Per informazioni Regione Marche Servizio Turismo-Ancona: Tel. 071-8062284

Festa con degustazione di spaghetti.

Sagra della pappardella

Luglio

Colmurano (Macerata)

Per informazioni Regione Marche servizio Turismo-Ancona: Tel. 071-8062284

Festa con degustazione di pappardelle.

Sagra delle pappardelle al cinghiale

Agosto

P. dei Martiri, 5 60010 - Ostra (Ancona)

Per informazioni: Tel. 071-68051

Festa con degustazione di pappardelle a base di cacciagione.

Sagra delle pappardelle

Agosto

Rotella (Ascoli Piceno)

Per informazioni Regione Marche Servizio Turismo-Ancona: Tel. 071-8062284

Festa con degustazione di pappardelle.

Sagra dei maccheroncini

Agosto

Campofilone (Ascoli Piceno)

Per informazioni Regione Marche Servizio Turismo-Ancona: Tel. 071-8062284

Festa con degustazione dei maccheroncini.


토스카나(TOSCANA)

Sagra della lasagna

Maggio

Castel del Piano (Grosseto)

Per informazioni: Tel. 0564-955323

Festa con degustazione di lasagne.

Sagra della pastasciutta

Luglio-Agosto

San Pietro Belevedere (Pisa)

Per informazioni: Comune di Pisa Tel. 050-574603 / 050-503006

Sagra estiva con degustazione di pappardelle.

Sagra della pappardella

Agosto

Monteverdi Marittimo (Pisa)

Per informazioni: Tel. 0565-784222

Sagra estiva con degustazione di pappardelle.

에밀리아 로마냐(EMILIA ROMAGNA)

Sagra dei maccheroni di Ponticelli

1° domenica di Quaresima

Imola (Bologna)

Per informazioni Comitato organizzatore: Tel. 0542-681921

Festa dei maccheroni.

Sagra del maccherone

Giugno-Luglio

Pieve di Cento (Bologna)

Per informazioni Proloco: Tel. 051-974593

Festa con degustazione di maccheroni, intrattenimenti, musica e balli.

Festa del tortello

Luglio

Vigolzone (Piacenza)

Per informazioni Proloco: Tel. 0523-870609

Festa con degustazione di tortelli e vino.

Festa di San Nicola e sagra del tortellino

Settembre

Castelfranco (Modena)

Per informazioni Comitato Promotore: Tel. 059-921665

Festa paesana con degustazione ed esposizione di tortellini, vini e prodotti gastronomici tipici.

리구리아(LIGURIA)

Festa mercato del basilico

Maggio

Diano Marina (Imperia)

Per informazioni: Tel. 0183-496112

Festa con esposizione e vendita del basilico, semplice o preparato in salse.

Degustazione di pasta al pesto.

Sagra delle trenette al pesto

Luglio

Borganzo - Diano San Pietro (Imperia)

Per informazioni: Tel. 0183-49212

Festa con stand gastronomici dove è possibile degustare le trenette condite con il pesto.


프리울리 베네지아 쥴리아(FRIULI VENEZIA GIULIA)

La pasta e l'acciaio

Febbraio

Torreano di Martignacco (Udine).

Per informazioni: Tel. 0432657336

Portate fumanti saranno servite al termine del convegno sull'acciaio promosso da Camef, presso la Fiera di Udine.


롬바르디아(LOMBARDIA)

Bigolada

Febbraio

Castel d'Ario (Mantova)

Per informazioni: Tel. 0376660638

Nella piazza principale la tradizionale Bigolada. La festa è chiamata così per i bigoli, tipici spaghetti del luogo.

Festa del tortello amaro

Giugno

Castel Goffredo (Mantova)

Per informazioni: Tel. 0376-7771

Festa con degustazione di piatti a base di tortelli.

Festa dei Pizzoccheri

Luglio

Teglio (Sondrio)

Per informazioni: Tel. 0342-780085

Festa con degustazione di piatti con pizzoccheri.

Festa del Raviolo

Luglio

Rea (Pavia)

Per informazioni: Tel. 0385-96123

Stand gastronomici e intrattenimenti con degustazione di ravioli e pasta.

Palio della Pastasciutta

Agosto

Pozzolengo (Brescia)

Per informazioni: Tel. 030-918364

Sul Lago di Garda, durante il Palio di San Lorenzo, si tiene il Palio della pastasciutta.

Festa dal Turtel a Villanova de Bellis

Agosto-Settembre

S. Giorgio di Mantova (Mantova)

Per informazioni: Tel. 0376-27311

Stand gastronomici e degustazione di tortelli di zucca tipici della zona.


피에몬테(PIEMONTE)

Sagra del Raviolo Casalingo e della Carne

Giugno

Merana (Alessandria)

Per informazioni: Tel. 0144-99100.

Festa con degustazione di ravioli e carne.

Sagra dell'agnolotto

Luglio

Ozzano Monferrato (Alessandria). Per informazioni Ass. Polisportiva: Tel. 0142-487117

Festa con degustazione di agnolotti.

Alla ricerca del Ravio-agnolotto

Novembre

Sala Conferenze Biblioteca Civica, Via Marconi, 26 - 15067 Novi Ligure (Alessandria)

Per informazioni: Tel.01437721
Dibattito sulle origini, storia, leggenda e aneddoti del più famoso piatto di pasta
ripiena del nostro territorio.

## 참고사이트

**부록부문**(http://www.pasta.it/)

**이미지 출처**

http://www.pizzavillage.it/it/

http://www.festadelgnocco.it/sijo/index.php?option=com_zoom&Itemid=37

http://www.prolocosticciano.it/

http://www.lungarotti.it/fondazione/moo/photos-2/foto_muvi.php

http://www.fieradimodena.com/listafoto.asp?top=48&idcat=2&lingua=IT&idrub
=&colonne=4&inizio_pag=0&fine_pag=25

http://www.pizzanapoletana.org/eventi.php

http://www.agricoltura.regione.campania.it/tipici/tradizionali/fusillo-felitto.htm

http://www.sicilianexquisiteness.it/IT/Colatura%20di%20alici_s102.html

ttp://www.museodelsale.it/foto_raccolta.php